U0173592

经济学学术前沿书系

SHIPIN ZHILINAG XINXI KE ZHUISU DE JINGJIXING JIQI GUANKONGJIZHI YANJIU

食品质量信息可追溯的经济性及其管控机制研究

金海水 林小平 刘永胜 等 著

经济日報出版社

图书在版编目（CIP）数据

食品质量信息可追溯的经济性及其管控机制研究 / 金海水，林小平，刘永胜著. —北京：经济日报出版社，2020.12

ISBN 978-7-5196-0739-5

Ⅰ.①食… Ⅱ.①金… ②林… ③刘… Ⅲ.①食品安全-安全管理-研究 Ⅳ.①TS201.6

中国版本图书馆CIP数据核字（2020）第244231号

食品质量信息可追溯的经济性及其管控机制研究

作　　者	金海水　林小平　刘永胜　等
责任编辑	梁沂滨
助理编辑	陈礼滟
责任校对	刘　颖
出版发行	经济日报出版社
地　　址	北京市西城区白纸坊东街2号A座综合楼710（邮政编码：100054）
电　　话	010-63567684（总编室）
	010-63584556（财经编辑部）
	010-63567687（企业与企业家史编辑部）
	010-63567683（经济与管理学术编辑部）
	010-63538621　63567692（发行部）
网　　址	www.edpbook.com.cn
E-mail	edpbook@126.com
经　　销	全国新华书店
印　　刷	北京九州迅驰传媒文化有限公司
开　　本	710×1000毫米　1/16
印　　张	18.75
字　　数	263千字
版　　次	2021年1月第1版
印　　次	2021年1月第1次印刷
书　　号	ISBN 978-7-5196-0739-5
定　　价	56.00元

项目组成员：

林小平：北京交通运输职业学院

刘永胜：北京物资学院

盛　浩：北京物资学院

郭红莲：北京物资学院

张玉红：北京物资学院

武玉萍：北京物资学院研究生

前　言

“民以食为天，食以安为先”。然而，日趋严峻的食品质量安全问题却挑战着人们对于食品安全的底线。一些不良企业生产的不安全食品已严重影响了消费者的身体健康和生命安全，让公众产生了一定程度的恐慌，也使提供同类安全食品的企业蒙受着较大的经济与声誉的损失。与此同时，这在一定程度上也给国家的国际声誉和政府形象造成了不良的影响。显然，各级政府部门、食品企业和广大消费者必须对食品质量安全问题予以高度的关注。

保障食品质量安全是一个复杂的系统工程。一方面，伴随着食品生产方式的专业化和贸易模式的全球化，食品由原料生产到最终消费者的供应链日益复杂，食品质量安全涉及到食品供应链上的食品生产、加工、流通、消费等多个环节，与食品的供给者、消费者及政府监管者等众多主体相关联，任何一个环节出现问题，都将最终导致食品质量安全问题。另一方面，食品供应链中各个环节拥有众多的行为主体，这些行为主体作为供给者由于追逐自身利益的动机，因信息不对称会导致在食品质量安全问题上出现不同的行为选择，容易引发道德风险和逆向选择，从而使食品质量安全问题发生的概率提高。此外，伴随着全球经济的快速发展，工业废弃物污染水源、大气、土壤等外部环境以及新兴技术的不确定性等诸多综合因素也都为食品质量安全带来隐患。

针对食品质量安全问题的研究发现，导致食品质量安全问题频发的直接原因，可以归结为生产和加工原料的不合格、生产经营企业缺乏积极性以及质量安全监管不到位等，但潜藏在这些直接原因背后的深层次原因是食品市场的生产企业与消费者乃至政府监管部门之间存在着的信息不对称问题。因此，只有尽可能从降低或消除信息不对称入手，才有可能从根本上解决食品质量安全问题。但信息不对称是一定社会经济条件下的客观存在且很难消除，故有助于克服或降低信息不对称的监管机制将是保障食品质量安全的有效手段之一。

食品质量信息可追溯体系，作为食品质量安全信息披露的一种工具，利用质量信息传递机制，一定程度上弥补了国际通用的食品质量安全控制方法、良好操作规范、卫生标准操作程序、危害分析与关键控制点等主要针对单一行为主体内部的生产、加工等环节进行控制的缺陷。它将食品供应链条全过程的信息衔接起来进行监控，有助于克服或缓解食品市场的信息不完全和信息不对称，有助于食品质量安全责任的界定。

为保障食品质量安全，国际社会和世界各国相继采取了一些措施，并制定了相应的标准、法规和政策。中国应该实施怎样的食品质量信息可追溯体系这已经成为建立、健全和完善中国食品质量信息可追溯体系迫切需要解决的重要问题。这一问题的解决不仅需要从技术、法律层面探讨具体的实施方案，而且需要从经济、管理层面探讨实施食品质量信息可追溯体系所涉及的不同利益主体的经济行为，构建既全面考虑不同利益主体的行为，又较契合中国实际的食品质量信息可追溯体系。

本报告是2016年北京市社会科学基金项目《食品质量信息可追溯的经济性及其管控机制研究》（项目批准号：16GLB022）的最终成果。希望本项目成果能够为相关领域的学术研究、防控食品质量安全危害的实践提供素材，为政府有关部门制定食品质量安全危害防范相关政策提供依据。由于作者的水平所限，报告中的相关研究难免挂一漏万，相关结论尚有许多值得商榷、完善之处，恳请各位专家、学者给予批评指正！

课题组

2020年9月16日

摘要

在食品质量安全的管理过程中，越来越多的国家通过实施食品供应链质量信息的可追溯系统，提高信息和物流管理水平，来减少食品的安全危害。虽然一些国家的食品质量信息可追溯系统的应用很大程度上是自愿的，是应消费者的需求而实施的，但在另一些国家，这一系统的应用则是在法律强制要求下实现的，其目的是借此推动并恢复消费者对国家食品安全供应的信任。食品质量信息可追溯系统建立的关于食品来源、品质、生产和加工过程“从田间到餐桌”的信息途径明细化，有利于提高食品供应链质量安全的透明度。

随着全球预制食品消费的增长，各类新型的食品质量安全危害呈上升趋势。过去单一的各类食品供应链逐渐趋于整合，以满足多成分、预制食品生产加工的需要。在多成分预制食品的供应链中实施质量信息的可追溯将有利于减少食品的质量安全危害风险。

食品质量安全信息的需求，以及提高对食品质量信息可追溯呼声的回应，在全球层面上至少引发两类关切：一是政策制定，二是产业发展。前者涉及世界不同地区的人们对食品质量安全政策的不同理解和取向；后者与经济的全球化及日益复杂的食品制造和供应链有关。就那些预制食品而言，这种需求与关切更是如此。

从经济性角度看，明确什么驱使了相关方实施食品质量信息可追溯系统至为关键。为解决这一问题，本研究尝试从两个方面进行研究，一是分析食品质量信息可追溯的经济性理论问题；二是在农村层面就食品质量信息可追溯的实施进行实证分析。

本研究主要由理论研究、实证分析和政策建议三个部分组成，共分为

9个章节。其中第一部分是关于在食品供应链中实施质量信息可追溯的理论研究，第二部分是一个关于在农村层面实施食品质量信息可追溯的实证研究，第三部分为基于发达国家实施食品质量信息可追溯体系成功经验，我国开展食品质量信息可追溯体系建设的政策建议。在理论研究部分，本研究首先探讨了在单一成分食品供应链中首选自愿或强制实施可追溯系统的条件；其次研究了在多成分食品供应链中全面采用、部分采用和不采用可追溯系统的条件。实证研究部分探讨的是影响我国蔬菜产业在农村田园一级层面实施质量信息可追溯的因素。本研究的总目标是探讨网络效应如何影响沿单一成分或多成分食品供应链质量信息可追溯系统的经济性及其应用水平。

关于在食品供应链中实施质量信息可追溯的经济性，本研究认为：如果某类食品质量安全存在大规模的公共利益，强制实施食品的质量信息可追溯是必然的，因为此时仅强调企业的责任心是不够的，而监督检查则能起到较好的督促效果。在多成分食品的供应链中实施全面的质量信息可追溯是可行的，但实施部分的食品质量信息可追溯，由于可以降低相关企业可追溯系统的运营成本，可能是更为现实的选择。生产组织、零售商和农业生产特点对食品质量信息可追溯系统应用的水平有明显的影响；网络效应对质量信息可追溯系统的应用水平有正面的影响，但对消费者的价值支付意愿产生负面影响。就食品供应链中的上游农业企业的利益而言，网络效应的效果取决于食品质量信息可追溯系统的成本结构和沿供应链的利益分布状况。

关于单一成分食品供应链自愿和强制性可追溯模型分析的主要结论是：私营部门（个体企业）不实施食品质量信息可追溯的决定将导致不完全的信息可追溯性，这有可能阻碍有效地预防和减少食品质量安全风险；提供社会最优选择水平的强制可追溯性规定，仅仅在食品安全隐患发生概率高、涉及大量的私人和社会损失、且很容易进行检测和执行时适用；网络效应对食品质量信息可追溯的实践水平，和由此而产生的保险费用有着相反的影响；可追溯性水平随消费者支付的边际溢价水平、食品质量安全危害发生概率及可追溯性社会外部效应的提高而提高。如果用 U 形曲线来衡量食品企业构建可追溯系统的平均成本，则当可追溯水平等于或低于有效的可追溯性规模时，食品供应链质量信息可追溯水平的高低对食品供应链上第一层级的企业而言其保险费用的支出是零，或者是负数。

关于多成分食品供应链实施质量信息可追溯模型分析的主要结论：一是食品质量信息的全面可追溯是可行的，但部分的质量信息可追溯可能是一个现实的选择，这主要源于更经济和理性的诉求。因为，一些多成分食品中的部分添加成分在最终产品中的数量有限，其产生的质量安全危害的概率较低，若对其进行信息的可追溯，企业为此付出的成本和由此获得的收益是不匹配的。二是在分析多成分食品供应链实施质量信息可追溯时，必须全方位考虑网络效应的影响。研究表明，横向网络效应对促使第三层级的供应链企业输出真实成分信息是有益的，但第三层级的供应链企业对于更高水平的可追溯要求可能是不愿意的，除非可追溯性水平涉及大量的与质量安全相关的信息。垂直网络效应对食品供应链第三层级企业的影响，会随着消费者对可追溯性的溢价支付意愿及食品安全危害发生概率的不同而不同。研究表明，当消费者提升可追溯溢价的支付意愿，或食品安全危害发生的概率增加时，垂直网络效应有助于第三层级食品供应链企业向其上游企业要求更多的真实可追溯信息。但这种变化对沿供应链的企业而言是好事还是坏事？尚不清楚。这取决于可追溯系统的成本构成及其带来的利益分配状况。

第二部分对质量信息可追溯系统在山东寿光蔬菜种植合作社基地一级的适用性进行了实证分析。研究表明，可追溯系统在蔬菜种植合作社基地一级的适用性可依据一个两步骤决策过程加以阐述。种植户首先选择他们愿意销售产品的市场，然后根据市场的要求实施相应的可追溯水平。那些遵守质量保证体系，如原产地保护（Protected Designation of Origin，PDO）的大合作社基地，以及与大的产业化组织相关联的专业种植户有更高的意愿采纳更严格的可追溯性标准，如良好农业规范标准及认证体系（Good Agricultural Practice，GAP）等。另一方面，较高的生产率水平，较低的受教育程度和产地位于蔬菜消费中心区域位置可能会诱发种植户降低采用GAP体系的意愿。

这些发现对公共政策及企业战略决策的制定有着重要影响。正如本研究所述，企业实施食品质量信息的可追溯性起源于企业（或个人）和政府（或公共部门）的诉求。一些已经构建了食品质量信息可追溯系统的龙头企业的管理者表示，食品质量信息可追溯系统虽然需要相当大的投资，但由于可借此改进和提高企业的信息管理方式和水平，他们已经收回了初始投资。研究表明，政府（或公共部门）不妨与产业化组织合作，以确定在乡村一级如何实施食品质量信息的可追溯性，比如：信息收集和管理的规模，以及当种植合作社决定投资建立可追溯系统时如何避免其注册登记的分支机构网络外部性的发生等。

Abstract

In the process of food quality and safety management, more and more countries implement traceability system of food supply chain quality information to improve the level of information and logistics management to reduce food safety hazards. While the application of food quality information traceability systems in some countries is largely voluntary and implemented in response to consumer demand, in others it is implemented under legal compulsion to promote and restore consumer confidence in national food safety supplies. The establishment of food quality information traceability system makes the information about food source, quality, production and processing "from field to table" clear and detailed, which is beneficial to improve the transparency of food supply chain quality and safety.

With the increase of global consumption of prepared food, all kinds of new food quality and safety hazards are on the rise. In the past, the single food supply chain has gradually become integrated to meet the needs of multi – component, prepared food production and processing. Implementing traceability of quality information in the multi – component prepared food supply chain will help reduce the risk of food quality and safety hazards.

The need for food quality and safety information and increased response to calls for traceability of food quality information have raised at least two types of concerns at the global level: policy formulation and industrial development. The former involves people's different understanding and orientation of food quality and safety policy in different parts of the world. The latter has to do with the globalization of the economy and the increasing complexity of food manufacturing and supply chains. This need and concern is all the more so in the case of prepared foods.

From an economic point of view, it is critical to identify what drives stakeholders to implement food quality information traceability systems. In order to solve this problem, this study attempts to study from two aspects: one is to analyze the economic theory of food quality information traceability; The second is an empirical analysis on the implementation of food quality information traceability in rural areas.

This study consists of three parts: theoretical research, empirical analysis and policy Suggestions. It is divided into eight chapters. Of which the first part is about the implementation of quality information in the food supply chain traceability of theoretical research, the second part is a information about implementation in rural food quality traceability of empirical research, the third part is based on the developed countries food quality information traceability system successful experience, China food quality traceability information system construction of policy recommendations. In the part of theoretical research, this study firstly discusses the conditions of voluntary or mandatory implementation of traceability system in single component food supply chain. Secondly, the conditions of full adoption, partial adoption and non – adoption of traceability system in multi – component food supply chain are studied. The part of empirical research discussesthe factors that influence the implementation of quality information traceability in China's vegetable industry at the rural pastoral level. The overall objective of this study is to explore how network effects affect the economy and application level of quality information traceability systems along single or multi – component food supply chains.

About the implementation of quality information in the food supply chain traceability of economy, this research that: if certain kinds of food quality and safety of mass in the public interest, enforcement of food quality information traceability is inevitable, because only the enterprise's responsibility is not enough, and supervision and inspection to better supervise the effect. It is feasible to implement comprehensive quality information traceability in the supply chain of multi - ingredient food, but it may be a more realistic choice to implement partial food quality information traceability, because it can reduce the operating cost of traceability system for relevant enterprises. The characteristics of production organization, retailer and agricultural production have obvious influence on the application level of food quality information traceability system. Network effect has a positive effect on the application level of quality information traceability system, but a negative effect on consumers' willingness to pay for value. For the benefit of the upstream agricultural enterprises in the food supply chain, the effect of network effect depends on the cost structure of food quality information traceability system and the distribution of benefits along the supply chain.

The main conclusions of the model analysis on voluntary and mandatory traceability in the single ingredient food supply chain are as follows: Decisions by the private sector (individual enterprises) not to implement food quality information traceability will lead to incomplete information traceability, which may hinder the effective prevention and reduction of food quality safety risks; Mandatory traceability provisions that provide a socially optimal level of choice apply only when food safety hazards have a high probability of occurrence, involve substantial private and social losses, and are easy to detect and enforce; Network effects have opposite effects on the practical level of traceability of food quality information and the resulting insurance costs; The level of traceability increases with the increase of the marginal premium paid by consumers, the probability of occurrence of food quality and safety hazards and the traceable social externalities. If the U - shaped curve is used to measure the average cost of establishing the traceability system for food enterprises, when the traceability level is equal to or lower than the effective traceability scale, the level of food supply chain quality information traceability is zero or negative for the enterprises in the first level of the food supply chain.

The main conclusions of multi – component food supply chain implementation quality information traceability model analysis are as follows: First, comprehensive traceability of food quality information is feasible, but partial traceability of quality information may be a realistic choice, which mainly stems from more economic and rational demands. Because the amount of some added ingredients in some multi – ingredient foods in the final product is limited, the probability of quality and safety hazards is low. If the information can be traced, the cost paid bythe enterprise is not matched with the income obtained therefrom. Second, network effect must be considered comprehensively when analyzing traceability of implementation quality information of multi – component food supply chain. The research shows that horizontal network effect is beneficial for the third – tier supply chain enterprises to output real component information, but the third – tier supply chain enterprises may be reluctant to require a higher level of traceability, unless the traceability level involves a large amount of information related to quality and safety. The impact of vertical network effect on the third – tier enterprises in the food supply chain varies with consumers' willingness to pay premium for traceability and the probability of occurrence of food safety hazards. Studies show that when consumers increase their willingness to pay for traceability premiums or the probability of food safety hazards increases, vertical network effect helps third – tier food supply chain enterprises to ask their upstream enterprises for more real traceability information. But is this change good or bad for companies along the supply chain? It's not clear yet. This depends on the cost composition of the traceability system and the distribution of the benefits it brings.

The second part of the quality information traceability system in Shandong Shouguang vegetable planting cooperative base level of the applicability of empirical analysis. The study shows that the applicability of traceability system at the base level of vegetable planting cooperative can be illustrated by a two – step decision – making process. Farmers first select the market in which they are willing to sell their product, and then implement the traceability level required by the market. Large cooperative bases that comply with a quality guarantee system, such as Protected Designation of Origin (PDO), and professional growers associated with big industrial organizations would be more willing to adopt more stringent traceability criteria, such as Good Agricultural Practice and certification system. On the other hand, higher levels of productivity, lower levels of education, and a core of producing areas around the centre of vegetable consumption will reduce the willingness of growers to adopt the GAP system.

These findings have important implications for the formulation of public policy and corporate strategic decisions. As described in this study, the traceability of food quality information implemented by enterprises originates from the demands of enterprises (or individuals) and governments (or the public sector). Managers of some leading enterprises that have built food quality information traceability systems say that although the food quality information traceability system involves considerable investment, they have recouped the initial investment because it can improve and improve the way and level of information management of enterprises. Research shows that the government (or public sector) may wish to cooperate with industrial organization, to determine how to implement at the village level traceability of food quality information, such as: the size of the information collection and management, as well as when planting cooperatives decided to invest in establishing traceability system how to avoid the occurrence of the registration of the branch network externalities, etc.

目　录

图目录

表目录

第一章　导论

第一节　研究背景和研究意义

一、研究背景

食品是关系到人类生存繁衍、国家安危和社会发展的最基本的生活必需品，但食品中可能含有或被污染、或有害于人体健康的物质。为了规避食品风险，人们一般不会主动去食用对自身健康有不良影响的含有毒素或其他有害物质的食品。随着社会的进步、科学技术的发展，以及人们对自身健康的更多关注，人类控制食品风险和保障食品质量安全的能力大大增强了。但自 20 世纪 90 年代以来，世界范围内各种重大食品安全事件频发，例如英国的“疯牛病”、比利时的“二噁英”、日本的“雪印”牛奶等大规模中毒事件，都对各国现行的食品安全管理体系提出了挑战：食品安全的责任难以界定，造成的问题不能尽快解决。食品安全问题也同样制约着我国食品参与国际竞争的能力，进而导致近年来我国出口食品被进口国拒绝、扣留、退货、索赔和终止合同的事件时有发生。

食品质量安全事件的频繁发生在世界范围内引起了人们对食品质量安全的普遍关注。它严重损害了消费者的利益和信心，严重制约了食品产业的可持续健康发展，甚至干扰了整个社会的经济发展和社会稳定。因此，保障食品质量安全就成为了人们的普遍呼声和应对食品安全危害的必由之路。

食品质量安全是一个复杂的系统工程。一方面，随着食品生产方式的专业化和贸易模式的全球化，食品由原料生产到最终消费的供应链条日益复杂，中间环节越来越多。食品质量安全涉及生产、加工、存储、运输、销售等整个供应链环节，客观上增加了引发食品质量安全问题的概率，其中任何一个环节出现问题，都将最终导致食品质量安全问题的发生。另一方面，食品供应链的各环节中存在诸多供给者追逐自身利益的动机，导致他们对待食品质量安全问题有不同的行为选择，甚至引发一些道德风险和逆向选择行为，从而使食品质量安全问题发生的概率进一步提高。

人们在研究食品质量安全问题的过程中发现，虽然从表面上看，导致食品质量安全问题时有发生的直接原因，可归结为生产和加工原料的不合格、生产经营企业缺乏责任心以及质量安全监管体系存在缺陷等，但潜藏在这些直接原因背后的是食品市场上的企业、消费者乃至政府之间存在的信息不对称。因此，只有尽可能地从降低或者消除信息不对称入手，才能从根本上解决食品质量安全问题。然而，由于信息不对称在一定的社会经济条件下是客观存在的，且难以消除，故有助于克服或降低信息不对称的政府监管必将成为保障食品质量安全的有效措施之一。

作为食品质量安全信息披露的一种工具，食品质量信息可追溯体系利用食品质量安全信息传递机制，将食品供应链条全过程的信息衔接起来进行监控，弥补了现有的国际通用的食品质量控制方法（ISO9000、ISO22000）、良好操作规范（GAP）、卫生标准操作程序（SSOP）、危害分析与关键控制点（HACCP）等主要针对单一行为主体内部生产、加工等环节进行控制的缺陷，这既有助于克服或缓解食品市场上的质量信息不完全和信息不对称，又有助于对食品质量安全责任的界定。

为保障食品质量安全，国际社会和世界各国相继采取了一些措施，并制定了相应的法规和政策。如欧盟、美国、加拿大、日本等国家和地区都建立了结构完善、机制合理、运行有序的食品质量信息可追溯体系。其他国家也都结合本国的食品生产、消费和贸易状况，建立了较为系统、完善的食品质量信息可追溯体系。尽管世界各国的食品质量信息可追溯体系各有差异，但一个重要的共同点，各国都特别重视食品“从农田到餐桌”全过程质量信息的透明与完整，并以此来界定食品质量安全的责任主体、克服或缓解食品市场的信息不完全和信息不对称。鉴于食品质量信息可追溯系统的这种追根溯源的特殊性能，它已成为各国食品质量安全保障体系建设的重要内容，我国也不例外。虽然食品质量信息可追溯体系的具体应用对象主要是初级农产品及农产食品原料（如生鲜果蔬、水产品、畜产品等），但各国实施食品质量信息可追溯体系的模式却存在较大差异，如以欧盟成员国和日本为代表的国家实施强制性食品质量信息可追溯体系，不仅在其全国范围内实施，而且对某些农产品实行严格的全过程信息可追溯；以美国为代表的国家实施自愿性食品质量信息可追溯体系；而巴西、阿根廷等发展中国家仅仅在出口领域实施强制性食品质量信息可追溯以增强其出口产品的竞争力等。

随着主要食品贸易伙伴对食品质量信息可追溯性的要求，以及国民对食品质量安全意识的提高，我国食品行业也开始积极推进食品质量信息可追溯体系的建设。自 2002 年起，我国逐步制定了一些相关的标准和指南。例如，为应对欧盟在 2005 年开始实施的水产品贸易可追溯体系要求，原国家质监总局出台了《出境水产品溯源规程（试行）》。除此之外，一些地方和企业也初步建立了部分食品的质量信息可追溯体系，进行了食品质量信息可追溯体系建设的初步试点。如 2004 年山东寿光田苑蔬菜基地和江苏洛城蔬菜基地进行了蔬菜质量信息可溯源系统的探索；2005 年上海正式投入猪肉监控可追溯系统，在上海市及华东地区 57 家大型猪场运行使用；2007 年北京市为确保奥运食品安全，启动了首都奥运食品安全可追溯系统的建设等。

我国应该实施怎样的可追溯体系？这已经成为健全和完善中国食品质量信息可追溯体系迫切需要解决的重要问题。为此，不仅需要从技术、法律等层面探讨具体的实施方案，而且需要从经济管理层面探讨实施食品质量信息可追溯体系所涉及的不同利益主体（消费者、生产企业和政府）的经济选择行为，充分考量食品供应链相关利益主体对食品质量信息可追溯的经济性，从而构建出既能全面考虑不同利益主体行为，又比较切合中国国情的食品质量信息可追溯体系。

二、研究意义

理论意义：是否构建食品质量信息可追溯系统是企业的一种经济性行为，涉及沿食品供应链上的企业间博弈、交易、信息共享等理论问题，同时与政府进行食品安全管控、消费者的信息安全需求及由此产生的对“可追溯性溢价”进行支付意愿相关联。显然，本研究对进一步完善食品质量信息可追溯的经济性相关理论是有价值的。

实践意义：食品质量信息的要求，以及对提高食品质量信息可追溯呼声的回应，在全球层面上至少引发两类关注：一是政策制定，二是产业发展。前者涉及世界不同国家或地区的人们对食品安全政策的不同理解和取向；后者与经济的全球化及日益复杂的食品制造和供应链有关。本研究将有助于厘清这两类问题，对制定相应的食品质量信息可追溯管控措施具有实践应用价值。

第二节　文献综述

一、食品质量信息可追溯的概念、内容及其建设

食品法典委员会（CAVC）、欧盟（EU）、国际标准化组织（ISO）等国际性组织，以及世界各国针对自身经济发展的需求都对食品质量信息可追溯性进行了概念的界定。尽管在质量信息可追溯体系建设中，可追溯性（Traceability）是一个基础概念，但世界各国和有关国际组织对“可追溯性”的定义尚未达成共识，并不能形成一致的意见。

莫欧（1998）认为，可追溯体系包括产品路线和有效追溯范围两部

分，理想的可追溯体系应该包括对产品及相关活动的可追溯；可追溯体系按照可追溯的范围可以划分为企业间可追溯体系和企业内可追溯体系。戈兰（2003）认为，可追溯体系是指在整个加工过程或供应链体系中跟踪某产品或产品特性的记录体系，对于可追溯体系的衡量标准有：广度、深度和精确度。方炎（2005）认为，中国食品可追溯体系建设的主要内容应该包括记录管理、查询管理、标识管理、责任管理及信用管理。显然，食品质量信息可追溯体系涵盖的内容界定是不同的。

在食品质量信息可追溯体系的建设方面，目前世界上已有几十个国家和地区根据国际物品编码协会（GSI）开发的应用于食品跟踪与追溯的全球统一标识（EAN · UCC）系统，运用条码或射频识别技术（RFID），通过扫描等方式自动获取数据，实现了对部分农产品的跟踪与可追溯，取得了良好的经济效果。其他如全球农业定位系统、故障模式影响及危害性分析（FMECSA）、电子标签等技术方法也已逐渐应用到食品质量信息可追溯的实践中，并通过这些技术的应用提升了食品供应链管理的效率，完善了食品质量信息的可追溯体系（拉奇兹，2004；斯塔夫，2005；斯泰切尼.托瑞，2005；道永，2006；贝托利尼，2006；瓦格尼．杜奈，2004；张谷民，2005；文向阳，2005）。

二、国外食品质量信息可追溯的相关研究成果

1. 食品质量信息可追溯的基础理论研究

关于食品质量信息可追溯的基础理论，国外学者主要是基于信息经济学和供应链管理理论来开展相关研究的。

基于信息经济学理论的研究主要有：纳尔逊（1970）、卡斯韦尔 · 帕德伯格（1992）、维兹克－汉夫（1992）等开创性地将商品分为搜寻品、经验品和信用品。安特尔（1995）将信息分为不对称不完全信息和对称不完全信息，认为信息缺失发生于食品链的整个过程，并随着食品链条的延长，食品安全信息的缺失呈递增效应。维特等（2002）认为，通过纵向一

体化可解决消费者无法识别质量特征的信任品市场上存在的道德风险问题。韦弗·金（2001）和哈德森·菲利普（2001）对食品供应链中的契约协作进行了理论探讨和实证分析。布尔（2003）通过对欧盟正在实施可追溯体系的6个成员国的企业对比研究发现，实施食品质量信息可追溯有助于克服食品供应链内的信息不对称问题。霍布斯（2004）提出食品质量信息可追溯发挥功效的基本原理就是利用质量信息的传递机制，将质量信息作为市场信息，解决或缓解食品市场内的信息不完全和不对称问题。

基于供应链管理理论的主要研究结论是：在食品行业内实施质量信息可追溯体系可以提高食品企业的供应链管理效率，即通过对供应链上各环节产品信息的跟踪和可追溯，实现上下游各成员企业间的信息共享和紧密合作，可提高食品的质量安全，并增强食品供应链上不同利益方之间的合作和沟通，优化供应链的整体绩效（莱考姆特，2000；奥帕拉，2003）。

2. 食品质量信息可追溯体系下生产企业的行为研究

关于食品质量信息可追溯体系实施者（农户与食品生产经营企业）的研究主要集中在以下两方面：

（1）农户实施食品质量信息可追溯体系的实证分析

目前，国内学者这方面的研究还比较少。杨永亮（2006）基于实地调查，对浙江省农户参与农产品质量信息可追溯体系行为、意愿的影响因素及参与可追溯体系的收益情况进行了研究。结果表明：认知程度、文化程度、经营规模、有无支持农产品质量信息可追溯体系发展的政策、价格预期等因素对农户参与农产品质量信息可追溯体系建设的行为有显著性影响；农产品质量信息可追溯体系还没有给农户带来明显的经济效益，在一定程度上降低了农户参与该体系建设的积极性；产业化组织及政府政策对农户参与农产品质量信息可追溯体系建设的意愿有重要影响。周洁红等（2007）通过对浙江省302户蔬菜种植农户的蔬菜质量信息可追溯体系参与意愿和行为的调查表明：总体上蔬菜种植农户参与可追溯体系的比例不高，当前农产品质量信息可追溯体系的建设是政府主导型；有关可追溯体系的法规不完善、政策宣传不到位及政府监督力量薄弱等因素，是导致农户参与农产品质量信息可追溯体系建设积极性和意愿不高的主要原因；各种类型的产业化组织对农户参与农产品质量信息可追溯体系建设的意愿和行为都有重要影响。

（2）影响企业（个人）实施食品质量信息可追溯体系的因素分析

主要结论有：生产规模不同的企业在实施食品质量信息可追溯体系时，对政府管制的态度不同，中小企业更希望政府帮助其实施食品质量信息可追溯体系，而规模较大的企业则更希望自愿实施食品质量信息可追溯体系（塔夫雷尼尔，2004）。食品行业发生食品安全事件的概率、政府对实施食品质量信息可追溯体系的政策、市场惩罚、责任成本及外部成本是影响企业实施质量信息可追溯体系的关键因素。行业中发生食品安全事件的概率越大、政府实施强制可追溯体系的概率越大、市场惩罚和责任成本越大、外部成本越大，则企业越倾向于实施食品质量信息可追溯体系（霍布斯，2004）。影响企业实施食品质量信息可追溯体系的主要因素是食品可追溯体系建立和运行的成本（斯塔夫，2005）。企业有效实施食品质量信息可追溯体系依赖于食品供应链各环节经济活动参与者间的合作（卡利诺娃等，2005）。

3. 消费者在食品质量信息可追溯体系中的行为研究

消费者（主要受益者）在食品质量信息可追溯体系中的行为研究主要集中在以下两方面：

其一，消费者对可追溯性食品的认知态度。相关学者在欧盟成员国、美国、加拿大、俄罗斯、日本、中国等地都进行过多次涉及消费者认知的调查（伯努斯、鲁森等，2003；麦卡锡，2004；基索夫、库克勒，2004；霍布斯等，2005；卡利诺娃，2005；周应恒等，2004；周洁红等，2004；韩杨，2007），不过，这些调查研究主要是涉及消费者对食品质量信息可追溯体系及相关食品的认知进行描述的定性分析。

其二，消费者对可追溯性食品认知态度的量化分析。这一方面的研究主要有：卡斯特罗（2002）关于消费者收入与可追溯性食品支付价格的关系研究；迪生等（2005）关于欧盟与美国食品可追溯体系的政策分歧比较研究，并给出了两地消费者关注的安全食品可追溯信息；洛雷罗等（2003）关于消费者对可追溯信息中原产国标识支付意愿的研究等。

4. 食品质量信息可追溯体系中的政府行为研究

政府在食品质量信息可追溯体系中的行为研究主要涉及以下三个方面的内容：

第一，食品质量信息可追溯体系中相关政府机构的建设。欧盟委员会于2002年初正式成立欧盟食品安全管理局（FSA），对食品从农田到餐桌的全过程进行监控。欧盟食品安全管理局由管理委员会、咨询论坛、八个科学小组和科学委员会等部门组成，其主要功能是对欧盟内部所有食品以及与食品相关事物进行统一管理，负责与消费者就食品安全问题进行直接对话，建立成员国食品卫生和科研机构的合作网络，向欧盟委员会提出决策性意见等。美国食品安全系统主要涉及六个部门，即卫生部食品药品监督管理局（FDA）、农业部食品安全检查局（FSIS）、环境保护局（EPA）、商业部国家渔业局（NMFS）、动植物健康检验局（APHIS）、卫生部疾病控制和预防中心（CDC）等，这些部门的职责和管理对象各不相同。加拿大是由其农业部及所属的食品检查机构来实施对食品安全的管理，该检查机构负责所有食品的法定检测、动物疾病防治，并向加拿大农业部报告食品安全情况。加拿大的食品质量安全管理方式，被公认为是世界上最好的农产食品管理体制之一。

第二，食品质量信息可追溯体系相关法律法规的颁布和实施。欧盟《通用食品法》对食品的内涵、可追溯性、追溯范围及经营责任等相关概念给予了详细说明，并规定自2005年1月1日起，在欧盟范围内销售的所有食品都需能够进行跟踪和可追溯，否则就不允许上市销售（斯切瓦格纳，2005）。2003年9月22日，欧洲议会通过并于同年10月18日实施《转基因食品及饲料管理条例》，要求所有涉及食品运输、配送和进口的企业均需建立并保全食品流通的全过程记录。2004年加拿大政府开始建设由企业推动的国家食品质量信息可追溯体系。截至2018年底，加拿大产食品从农产品原料到零售的质量信息可追溯基本实现。由此可见，相关法律法规的制定对食品质量信息可追溯体系的健康发展起到了重要推动作用。

第三，食品质量信息可追溯体系中政府公共信息的选择。采用什么样的信息载体将食品质量可追溯信息方便快速地传递给公众，是各国食品监管机构面临的一个共同问题，不同的国家均尝试采用了不同的标签系统加以应对（卡斯韦尔等，1996）。所谓标签系统，是通过对食品的生产属性加以标识把食品使用生物技术的这类信任属性转变为经验属性，达到实现食品质量安全属性信息有效传递目的的一种识别系统。

5. 食品质量信息可追溯体系的主要研究方法

贝利等（2002）运用比较分析法研究了在以欧盟为代表的国家实施强制性食品质量信息可追溯体系和以美国为代表的国家实施自愿性食品质量信息可追溯体系中，消费者购买可追溯性食品时的支付意愿的差异，并估算了这两种不同类型国家的消费者对可追溯性牛肉食品的支付意愿。

戈兰等（2004）首先假设企业对成本与收益的权衡决定了食品质量信息可追溯的效率水平，然后利用成本收益分析法研究影响食品企业收益和成本的因素，并比较了不同行业间实施食品质量信息可追溯体系的效率差异。该研究表明食品质量信息可追溯体系在实际推广中必须要根据相关食品的特性实施不同标准、不同程度的可追溯体系。

霍布斯（2004）从信息经济学视角运用博弈论方法研究了实施强制性或者自愿性食品质量信息可追溯体系情况下的企业行为选择。该研究表明政府政策是影响企业实施食品质量信息可追溯体系的关键性因素之一。

韦贝克等（2006）运用 Porbit 模型，选取比利时 278 个消费家庭为样本，就其牛肉及制品的可追溯性、质量标志和原产国标志的认知程度进行计量分析，研究了欧盟实施强制性食品质量信息可追溯体系对消费者食品选择行为的影响，明确了消费者在进行牛肉消费选择过程中最感兴趣的信息和消费者对牛肉实施可追溯体系的支付意愿。迪奥戈等（2004）运用 Logistic 模型验证了食品行业内的企业规模与优先采用食品质量安全信息管理对食品质量信息可追溯体系的实施具有积极影响。

三、国内食品质量信息可追溯体系的研究

1. 食品质量信息可追溯体系的构建及影响因素研究

周应恒等（2002）从可追溯体系产生的背景、食品安全危机发生的机理、发达国家的经验及食品可追溯体系的意义四个方面分析了中国建立食品质量信息可追溯体系的必要性。国内的一些学者还研究了 EAN · UCC 系统在牛肉和鱼肉产品（孔洪亮等，2003）、水果、蔬菜（王东风等，2004）、鳗鱼（杨林利，2005）的质量信息追踪与可追溯体系中的应用。此外，白云峰等（2005）对肉鸡安全生产监控可追溯体系进行了研究。谢菊芳（2005）采用系统开发方法研究了猪肉生产并构建了猪肉可追溯体系组建的模型。于辉（2005）分析了中国蔬菜出口企业实施食品质量信息可追溯体系的影响因素。乔娟等（2007）分析了中国实施食品可追溯体系的重要性与限制性因素。韩杨等（2007）实证分析了北京市消费者购买可追溯食品意愿的影响因素。杨永亮（2006）通过对浙江省农户的调查认为，影响农户参与农产品可追溯体系建设行为及意愿的因素很多。周洁红等（2007）通过对浙江 302 户蔬菜种植农户的蔬菜质量安全可追溯体系参与意愿和行为进行初步研究，研究发现各种类型的产业化组织对农户参与农产品可追溯体系建设的意愿和行为都有重要影响。

2. 国外食品质量信息可追溯体系建设的经验借鉴研究

于辉（2005）对国外企业实施食品质量信息可追溯体系的目的、可追溯体系的宽度、深度、精确度以及技术基础等进行了比较分析。周德翼（2002）对泰国农产品质量信息可追溯体系的建设和运行模式进行了研究，并探讨了基于小群体合同农业的食品质量信息可追溯体系建设中政府机制的作用。方炎（2005）在对日本农林水产省《食品可追踪系统指导手册》进行介绍的基础上，探讨了日本的食品质量信息可追溯体系的特点。邢文英（2006）认为，美国农产品质量信息可追溯体系主要由三个体系构成，即生产环节的可追溯体系、包装加工环节的可追溯体系以及运输销售过程的可追溯体系。

四、国内外相关研究述评

综上所述，随着可追溯体系引入食品行业，国内外关于食品质量信息可追溯以及相关问题的研究日渐增多。但是，已有的国内外研究更多的是采用宏观层面上的定性方法，分析食品质量信息可追溯的概念及内容和食品质量信息可追溯产生的背景、功能及实施所需要的技术等。国外学者对部分食品尤其是初级农产品质量信息可追溯体系中各利益主体（消费者、农户、食品生产企业）的行为及影响因素进行了初步研究，对扮演监管者的政府行为也开展了初步探讨。但所有的这些研究都是针对特定国家的个别食品质量信息可追溯体系进行的。

国内多数学者的研究更多只是停留在我国食品质量信息可追溯自身的发展和国外可追溯实践经验借鉴的研究方面；只有少数学者针对国内部分食品尤其是初级食用农产品（如肉类、蔬菜等）质量信息可追溯体系进行了初步探讨，且只是研究食品供应链中单一环节的主体行为（已有文献中只有供应链中的生产企业、农户行为研究和可追溯体系在出口食品企业中的应用研究），并没有涉及食品质量信息可追溯体系的全部关键利益主体的系统行为研究。因此，虽然国内外已有的研究为本研究奠定了一定基础，尤其是国外已有研究成果为本研究提供了相关理论基础和研究方法的借鉴，但还不能直接指导本研究的顺利进行。

第三节　研究目的、相关概念界定与主要研究内容

一、研究目的

本研究的主要目的是以供应链协同理论、信息不对称理论和行为选择

理论为基础，以“单一成分和多成分”食品供应链模式为线索，以“食品质量信息可追溯的经济性”为核心，以“激励食品供应链企业披露和传递食品质量信息的行为，约束虚假信息传播，将供应链全过程的食品质量信息衔接起来进行监控”为关键，开展食品质量信息可追溯的经济性及管控机制问题研究。

二、相关概念界定

本研究所涉及的主要概念界定如下：

1. 食品

是指可直接食用的初级农产品和以农业原料及初级农产品为主要原料的二次或多次加工食品，尤其指以可直接食用的初级农产品及原料（粮油、果蔬和畜产品）。

2. 食品质量信息

食品质量信息涉及食品自身以及相关活动两个方面。食品自身的质量信息是指食品自身的各项技术指标与卫生指标符合国家或相关行业标准的信息；食品相关活动的质量信息是指用于消费者最终消费的食品在生产、加工、储运、销售等各个环节免受有害物质污染，使食品有益于消费者身体健康所采用的各项措施的信息。

3. 食品质量信息可追溯性

是指通过记录标识的方法能够追溯食品在生产、加工和流通过程中任何特定阶段质量信息（本研究主要关注食品质量安全信息）的能力。

4. 食品质量信息可追溯体系

是指在食品生产、加工和流通过程中对食品各种质量信息进行记录、存储并可追溯的保证体系，包括由单一生产企业（从生产、加工、包装到仓储、运输等环节）独立完成的可追溯和与供应链各环节企业（从原料供应到生产、加工、包装、仓储、运输、销售等环节）合作完成的可追溯的保证体系。

5. 食品质量信息可追溯体系的分类

根据可追溯载体的不同属性、特征及国际食品可追溯体系的发展，食品质量信息可追溯体系可做如下分类：按照食品种类的不同可划分为初级农畜产食品质量信息可追溯体系（肉类、果蔬、水产品、谷物粮油等追溯体系）与加工食品质量信息可追溯体系；按照食品质量信息可追溯体系实施的推动力的不同可分为政府导向型、市场导向型的食品可追溯体系；按照食品质量信息可追溯体系实施责任主体的不同可分为强制型、自愿型、强制与自愿相结合的食品可追溯体系；根据食品质量信息可追溯体系实施领域的不同可分为出口食品可追溯体系（根据出口国家不同具体细分）与国内食品可追溯体系（全国或者局部范围内）；根据食品质量信息可追溯体系实施可追溯范围的不同可分为企业内部可追溯体系与供应链内可追溯体系；根据食品质量信息可追溯体系实施可追溯信息的深度不同可分为浅层次可追溯体系与深层次可追溯体系等。

6. 食品质量信息可追溯体系的利益主体

食品质量信息可追溯体系的利益主体是指食品可追溯体系的主要利益相关者。本研究涉及的利益主体主要包括：食品可跟踪与可追溯关键节点的食品质量信息可追溯体系的实施者——食品生产企业、农户；食品质量信息可追溯体系的主要受益者——消费者；食品质量信息可追溯体系的推动者与监管者——政府监管机构。

7. 食品质量信息可追溯的经济性

所谓经济性，是指一项经济活动能以最少的活劳动与物化劳动消耗，取得最大经济成果的能力。一般而言，在经济活动中存在两种形式的经济性问题，即：（1）是指对技术方案综合评价中的经济评价。对各种方案进行比较，计算出投资有效利润和投资利润率等，用以判断哪个方案最为经济合理；（2）是指一项经济活动能以最少的活劳动与物化劳动消耗，取得最大经济成果的能力。

食品质量信息可追溯的经济性源于可追溯系统构建的经济性。可追溯系统是一个信息系统，借此位于供应链上不同层级的公司可以分享关于食品原料的来源、属性、生产及加工过程的信息，因而可以提高食品质量信息的透明度和安全性。显然，食品可追溯系统的构建涉及食品供应链上不同层级的公司为获取相应的质量信息而进行的投资，以及消费者为获取食品质量安全信息而愿意支付的食品价格溢价。加之，由于食品安全具有一定的社会性，政府及相关监管部门往往会对食品质量信息可追溯系统的构建给予相应的政策支持和补贴，所以本文认为食品质量信息可追溯的经济性是指食品供应链企业对构建食品可追溯系统的投资成本和从消费者、政府处获得的收益的权衡。

8. 食品质量信息可追溯体系的管控机制

食品质量信息可追溯体系的管控机制是指为达成食品质量信息可追溯体系的利益主体经济行为和利益博弈的相互制衡机制或制衡体系，相关政府管理部门所采取的规范相关市场、企业和行业发展的监督与管理的方式。

三、主要研究内容

本研究的主要研究内容由以下六个部分组成。

第一部分，食品质量信息可追溯的理论分析。这部分在阐述信息不对称理论、公共选择理论与制度理论、供应链管理理论与利益相关者理论、农户生产行为理论与消费者行为理论、博弈论与交易费用、激励机制理论等理论的基础上，对食品质量信息的可追溯性进行经济理论分析，进而为本研究奠定相应的经济理论基础。

第二部分，我国食品质量信息可追溯体系的发展及其评价。首先对我国食品质量信息可追溯体系的发展概况进行梳理，然后主要分析开展食品质量信息可追溯体系较早的两个城市——北京市和寿光市的食品质量信息可追溯体系的发展情况，并对其进行评价。这部分将为后文的食品生产经营者和消费者的行为研究提供实证基础。

第三部分，“单一成分”食品供应链利益主体与食品质量信息可追溯的经济性研究。主要研究供应链企业之间的耦合关系、利益联结与风险预防对食品质量信息可追溯的影响；供应链企业对食品质量信息供给的认知和态度、是否自愿提高信息透明度、披露食品质量信息的主要内容、针对不同的目标市场披露和传递的食品质量信息是否相同等行为选择，分析食品质量信息可追溯的效果；研究“单一成分”供应链模式下的食品质量信息控制水平，真实完整披露食品质量安全信息的成本、虚假提供信息的惩罚成本和责任成本等因素对食品质量信息可追溯系统的影响，分析食品质量信息可追溯系统的经济性与食品质量安全信息真实、生动、可追溯的关系，明确监控的关键点。

第四部分，“多成分”食品供应链模式相关利益主体行为与食品质量信息可追溯系统的经济性研究。主要涉及：“多成分”食品供应链模式生产加工的食品进入流通后，与批发商、物流服务商、零售商（重点研究超市）之间的利益互动关系及食品质量安全风险防范措施；研究食品质量信息传递过程中，各相关利益主体的利益变化、对食品质量信息的关注程度、食品质量信息的变化情况；研究批发商、物流服务商、零售商的食品质量安全控制水平，真实完整披露食品质量信息的成本、虚假提供信息惩罚成本与责任成本等因素对食品质量信息可追溯系统的影响；分析食品质量信息可追溯系统的效益及其食品质量信息真实、生动、可追溯的关系，明确监控的关键点。

第五部分，农场水平食品质量信息可追溯经济性实践，山东寿光蔬菜产业的实证分析。主要研究蔬菜质量信息不对称产生的搜寻成本，防御成本及风险成本等对安全食品消费的影响；研究消费者对蔬菜质量安全问题的反馈机制，对蔬菜质量信息透明度不同的购买行为与支付意愿，对促使生产经营者真实、有效传递蔬菜质量信息的“货币选票”的作用等。以及研究政府对自愿性质量信息可追溯与强制性质量信息可追溯如何界定；制定什么样的政策法规来进行激励约束；如何保证规制成本的合理性与规制效果的有效性；怎样协调生产经营者与消费者之间的信息供给与需求矛盾；以及如何保障信息透明，“优质优价”得以实现。

第六部分，食品质量信息可追溯的管控机制构建及相关政策建议。基于上述理论分析与实证研究，并通过深入分析欧美等发达国家食品质量信息可追溯的管控策略、方案、组织制度、法律法规等，从食品供应链企业及其员工非理性行为表现与食品供应链风险关系出发，运用风险管理理论构建集组织保障机制、内部控制机制、排查机制、监测与预警机制、应急机制、考评机制、责任追究机制、修正优化机制、教育培训机制等为一体的具有中国特色的食品质量信息可追溯的管控机制，并结合我国食品供应链企业及其员工的非理性行为实践给出相应的政策建议。

第四节 研究方法与技术路线

一、主要研究方法

本研究主要采用理论探讨与实证分析相结合的研究方法。具体的研究分析方法主要包括：

1. 实地调查

依据研究目标和拟解决的关键技术问题，为提高调查的信度和效度以及研究结果的可靠性，对供应链上关键节点的主体调查采用跟踪调查法；运用消费者问卷调查方式，了解消费者对食品质量信息可追溯的认知程度和关注的食品质量安全信息、对食品质量安全信息透明度不同的食品购买行为和支付意愿；对不能通过问卷调查和二手资料获得的数据，拟用典型调查方式获取。

2. 计量模型分析

运用 Binary Logistic 模型，定量分析主体实施食品质量信息可追溯的意愿，自愿或强迫实施质量可追溯的主要影响因素。运用 Interval Censored 回归模型，定量分析影响主体不同成本支付的因素。运用 Multionmial Logistic 模型，定量分析消费者对食品质量信息透明度不同的食品购买行为和支付意愿。

3. 数理模型分析

由于信息的真实有效程度对食品供应链上各利益主体之间的互动博弈起着十分重要的作用，而各利益主体之间的合作与协调关系又与食品质量信息可追溯系统的实施相关。因此，将通过两阶段和多阶段的完全信息博弈模型和不完全信息博弈模型来实证分析食品质量信息的可追溯性对供应链上各利益主体之间的互动博弈与合作协调关系的影响。

此外，因素分析法、比较分析法等也都是本研究中所应用到的研究分析方法。

二、技术路线

本研究的技术路线参见图 1 - 1 所示。

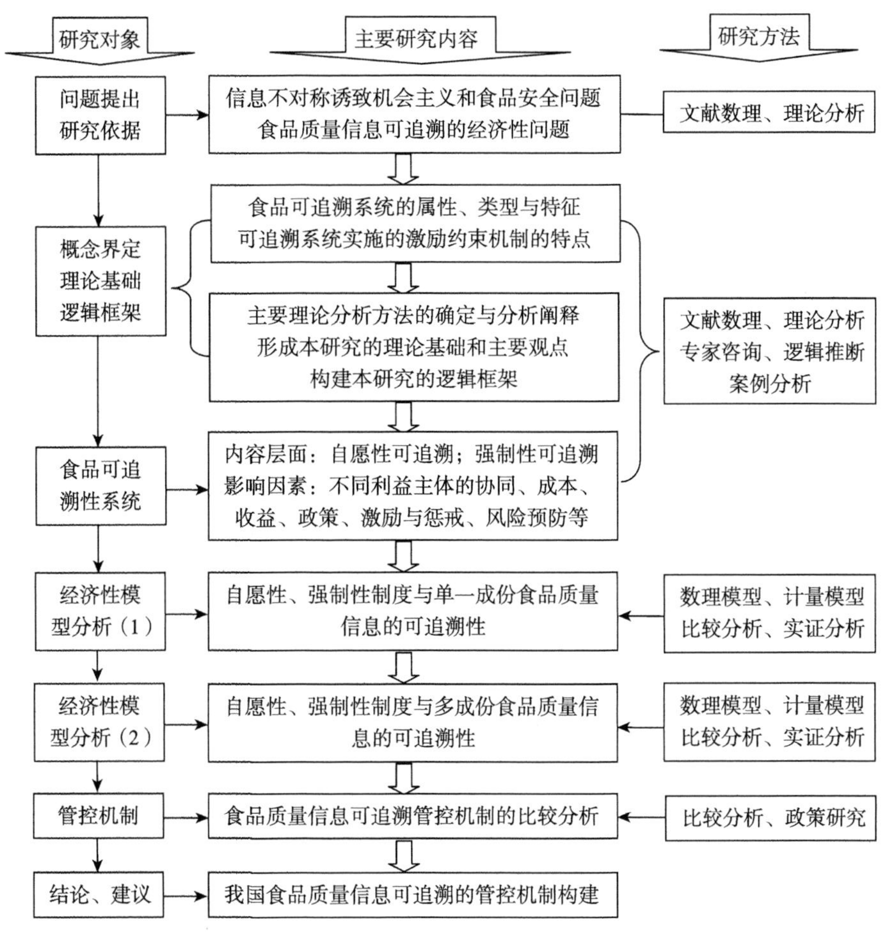

图 1－1　本研究的技术路线

资料来源：本研究自行整理。

第五节　研究特色

本研究的特色主要体现在以下 4 个方面：

（1）通过跟踪调查和比较研究，探究食品质量安全信息源的确定、信息收集、分类、信息获取、路径选择、统计发布、甄别评估、反馈矫正以完成食品质量信息沿供应链的可追溯，为食品质量信息可追溯的经济性研究提供了新的视角。

（2）将代理理论、契约理论、行为选择理论、博弈论等同时应用于食品质量信息可追溯的经济性研究是以往尚未实现的尝试。

（3）厘清“单一成分和多成分”食品供应链模式如何通过正式和非正式制度安排的选择、应用与利益分配与风险防范机制的关系以保障食品质量信息的可追溯性，并构建这些关系模型。

（4）以行为激励和约束为主线构建有助于实现供应链企业进行食品质量信息可追溯系统优先性选择的管控机制，既能充分保障各方合理利益，又有利于食品全程质量可追溯、监控，提高监管效率。

第二章　食品质量信息可追溯性的相关理论

本章主要基于信息不对称理论、公共选择理论与制度经济学理论、供应链管理理论与利益相关者理论、农户生产行为理论与消费者行为理论、博弈论与交易费用等理论，对食品质量信息可追溯性进行经济理论分析，为本研究奠定经济理论基础。

第一节　信息不对称理论、公共选择理论与制度经济学

一、信息不对称理论与食品质量信息的可追溯性

1. 信息不对称理论

信息经济学源于1959年马尔萨克的《信息经济学评论》一文。马尔萨克认为，一项观察信息的后验条件分布一般都与先验分布有所差别，这种概率分布的差别正是获取信息的结果。乔治·斯蒂格勒也指出，信息与其他商品一样，获得它们需要付出代价；市场主体只能获得它们所必须得到的那一部分信息，而不是获得对它们有用的全部市场信息，结果不完全信息将导致市场价格更加僵化和资源的错误配置，而这些又是政府干预难以奏效的市场的基本特征；当市场价格呈现一定波动时，投机者出现，并能从中获利。

1970年提出“柠檬市场”理论的乔治·阿克洛夫认为，在只有卖方了解产品质量信息而买方不了解产品质量信息的情况下，即因交易双方拥有的产品质量信息不对称，将导致拥有质量信息优势一方（卖方）的逆向选择行为，其直接后果会使高质量的产品市场难以存在，或者市场只能提供低质量的产品。

对称信息是指在某种相互对应的经济人关系中，对应双方都掌握着对方所具备的信息量。比如，在一般商品市场上，买主了解卖主所掌握的有关商品的信息，卖主也掌握买主具有的知识和消费偏好等信息。事实上，由于社会劳动分工和专业化的发生使得每个人都拥有完全信息的假定是不成立的，不对称信息是社会劳动分工和专业化在经济信息领域中普遍存在的具体形式。对称信息是市场的追求，而不对称信息是市场的常态，因为不对称信息比对称信息更具有经济的现实性。就一般产品市场而言，市场上存在着不同品种、不同类别、不同质量的产品，而这些产品的具体特点和价格也千差万别。要获得关于这些产品的完全信息是需要花费许多时间和精力的，即便不以货币形式来计量，市场主体为此也需要付出极高的社会代价，这几乎是所有市场主体都认为不值得做的事情。因此，信息不对称就是在相互对应的经济人之间就有关某些事件的知识或概率不作对称的分布。由于市场信息在市场主体之间作不对称分布，产品市场呈不对称的特征也就自然而然（王可山，2006）。

2. 信息不对称与食品质量安全属性

食品，作为与人类生存休戚相关的特殊商品，同时具有搜寻品、经验品和信任品的三种特性（纳尔逊，1970；卡斯韦尔等，1992；冯·维泽克等，1992）。所谓搜寻品特性主要是指消费者在消费之前就可以直接了解到的商品内在和外在特征，如食品的色泽、香气等；经验品特性是指消费者只有在消费之后才能够了解到的商品内在特征，如鲜嫩程度、质地、口感、味道和烹饪特征等；而信任品特性是指即使在消费之后，消费者自身也没有能力了解到的有关食品安全、营养水平等方面的特征，如涉及食品安全的生长激素含量、潜伏的过敏性物质、细菌与微生物含量及转基因成分，以及涉及营养与健康的营养成分含量和配方比例等。

食品的质量安全可以区分为可观察的质量安全和可验证的质量安全两类，前者指消费者能通过自己的经验在食品消费之前或消费之后即可判断的食品质量安全属性，而后者是指食品质量安全水平事先能在合约中被

(无成本地)描述出来，事后能为第三方(法院或其他监管机构)所确认。既能被观察又容易被验证的质量安全是消费者最容易判断的。有些质量安全是可以观察但难以被验证，而有些质量安全既难以观察又难以验证(如表2-1，侯守礼，2005)。

表2-1　食品的质量安全信息组合

		可验证性	
		容易	困难
可观察性	容易	食品的外在质量安全	食品的服务质量安全
	困难	食品中是否含有添加剂	食品的生产过程特征

资料来源：侯守礼．转基因食品的标签管制问题研究［M］．上海：上海交通大学博士学位论文，2005.

基于消费者视角，食品按照质量安全特性可区分为搜寻品、经验品和信任品三类。生产者与消费者拥有的关于生产过程及最终产品的信息是不对称的，这种信息不对称的分析判断依据是消费者获得这些信息的难度高于生产者。可观察性和可验证性质量安全特性的分类表现为一个矩阵组合，其中可观察性是指可观察到的消费者获得食品质量安全信息的难易程度，而可验证性则是针对第三方机构(消费者组织、专家、政府)等获得相关验证信息难易程度而言的。之所以引入可验证性，其目的是把食品质量安全信息可获得的难易程度转换成为一个成本(检验成本)问题，这将有助于对信用品进行分析。

食品的质量安全特性包罗万象，诸如安全特性(包括物理、化学和生物安全)、成分特性(如营养含量)、价值特性、过程特性(如动物福利、环境影响、劳动条件)等。同样，根据食品自身与外界条件的关系，食品的质量安全特性可分为食品内在特性与外在特性，前者包括颜色、光泽、大小、形状、成熟度、外伤、肥瘦、肉品肌理和新鲜程度等；后者则包括食品品牌、标签、包装、销售场所、价格和产品产地等(王秀清，2002)。如表2-2所示。

表2-2 食品的质量安全特性一览

特性分类	内在特性		外在特性	
	安全特性	成分特性	价值特性	过程特性
具体表现	食品自身的病原菌	热量	纯度	劳动条件
	重金属	脂肪和胆固醇	成熟度	环境影响
	农药残留	钠	形状	包装材料
	添加剂	碳水化合物与纤维	色泽	质量标签
	自然毒性	蛋白质	味道	其他事项
	兽药残留	维生素	加工特性	
		矿物质		
属性	信任品	信任品+经验品	经验品+搜寻品	信任品+搜寻品

资料来源：于辉．中国食品企业实施可追溯体系研究［M］．北京：中国农业大学硕士学位论文，2005.

根据食品的质量安全信息组合，可以推断出食品作为特殊商品的质量安全信息组合中哪些信息是属于食品的内在特性且不具有可观察特性和可验证特性，哪些特性易于观察并验证。食品质量安全问题一般是在其生产经营过程中形成和出现的，消费者仅通过对市场上的食品本身进行观察是难以判断其质量好坏、安全等级的。也就是说，食品市场上作为卖方的生产企业是质量安全信息占有的优势方，而作为买方的消费者则成为相关信息占有的劣势一方，这就是食品市场上质量安全信息不对称的缘由。

按照质量安全特征将食品进行分类，对于研究食品的质量安全问题非常必要。因为即便是同一种食品，在不同的情况下，这三种质量安全特征表现也可能是不一样的。如猪肉，在现货市场上，其蛋白质、脂肪含量等指标就属于信任品特征；但它被加工包装后，这些质量安全指标就成为了搜寻品特征。食品的一些质量安全特性，如农药残留、兽药残留、某些食品添加剂污染、病菌含量等，往往是具备信任品或经验品特征的，消费者对此一般很难加以识别。即便有时由信任品、经验品特征转换为了搜寻品特征，也需要花费很高的验证成本。

食品的这种经验品和信任品特征使得消费者和生产者都面临着严重的不完全信息和不对称信息问题。其中，不完全信息是指消费者或生产者不了解食品的全部质量安全特性，而不对称信息则指消费者和生产者关于食品质量安全特征的信息是不对称。食品质量安全信息对生产者而言可能是完全的，但对消费者而言则是不完全的，即消费者不知道生产者了解的一些食品质量安全信息。按照安特尔（1995）对食品的分类，如果将食品市场供应双方的信息问题分为不对称不完全信息（消费者而不是生产者的信息不完全）和对称不完全信息（生产者和消费者的信息都不完全）两类，则食品供应链中任何供求双方都将会面临不完全信息和不对称信息问题。

食品市场上，“买主了解卖主所掌握的有关食品的信息，卖主也掌握买主具有的知识和消费偏好等信息”是一种完全信息市场的理想状态假定。但由于人们对现实中的经济信息难以完全了解，以及某些经济行为人故意隐瞒事实、掩盖真实信息，这种具有完全信息特征的市场是不存在的。不同的市场都不同程度地存在着不完全信息。不对称信息是不完全信息的一种典型表现形式，是社会劳动分工和专业化在经济信息领域的具体表现，它使得市场上必然存在拥有信息不对称的双方：信息的优势方和信息劣势方。

3. 信息不对称与食品质量信息可追溯体系

因食品特征的不完全信息产生的食品质量安全问题，一般可以通过提高食品质量安全的科技支撑水平来逐渐解决，如食品质量安全性评价技术、食品质量安全检测技术、食源性危害检测技术、微生物污染检验方法、食品质量安全投入品及供应过程质量安全控制技术等。此外，建立食品质量安全标准体系和认证体系、完善食品质量安全的法律法规、提高生产者和消费者的食品质量安全意识也是非常必要的。通过这些技术和途径可以逐渐使食品市场的不完全信息为生产者和消费者所了解（张云华，2007）。不过，食品供求双方间因信息不对称产生的食品质量安全问题却很难运用以上方式加以解决。

在信息不对称的食品市场中，买方根据以往经验可以大致了解市场中的食品质量安全平均水平，并依据这个平均水平预期确定的价格来购买食品。这可能导致拥有质量安全信息优势的卖方（尤其食品生产企业）的逆向选择行为[1]，使得处于平均质量安全水平之上的食品购买量减少，从而被迫退出市场。随着高质量安全水平的食品退出市场，市场中的食品质量安全水平会下降，进而买方愿意支付的购买食品的价格也随之下降，卖方依据食品市场反应而减少生产质量安全水平高的食品。这种连锁反应将导致食品质量安全水平的进一步下降，最后将迫使质量安全水平高的食品退出市场，仅剩下劣质的不安全食品，出现食品市场上所谓的“劣币驱逐良币”的现象[2]。

理论上讲，“逆向选择”问题的解决办法就是要将有效信息传递给信息不完全的买方、或买方应诱使卖方尽量多地披露相关信息。为此，阿克洛夫（1970）提出了通过设计信息传递的方法来消除由信息不对称导致的逆向选择问题，即通过研究生产、企业的行为规律，设计出某种机制诱使具有较多信息的卖方自觉地向买方披露与食品质量安全相关的信息，从而让消费者据此易于判定食品的质量安全水平。事实上，无论生产者（生产企业）的行为特征与食品质量安全是否有关或存在何种关系，只要生产者（生产企业）的某个特征与某种特定食品质量安全类型的卖方构成函数关系，人们就可以把这一特征作为判断标准。这一被确定的标准将使得劣质品卖方的模仿成本足够高，迫使劣质品卖方基于成本考虑不表现出这一特征，这时信息传递模型的设计就成功了。

食品质量信息可追溯体系正是基于信息传递机理，在某种程度上通过使食品市场交易透明化来解决食品市场的信息不对称问题的信息系统。这一透明化的可追溯系统具有双重作用，一是可以引导消费者理性选购食品，维护买方权益；二是可以帮助卖方宣传产品，扩大产品销路，提高产

① 逆向选择行为是指在现实经济生活中，存在着一些和常规不一致的现象。如降低商品的价格，商品的需求量就会增加；提高商品的价格，商品的供应量就会增加是正常现象。但由于信息的不完全性和机会主义行为，有时候存在降低商品的价格，消费者也不会做出增加购买的选择；提高价格，生产者也不会增加供给的现象。

② 劣币驱逐良币，即“格雷欣法则（Gresham's Law）”。它是对这样一种历史现象的归纳：在铸币时代，当那些低于法定重量或成色的铸币——劣币进入流通领域之后，人们就倾向于将那些足值货币——良币收藏起来，最后，良币被驱逐，市场上流通的就只剩下劣币了。

品竞争力。由于不同消费者的消费偏好和风险承受能力不同，消费者实现理性消费需要增加的是食品质量安全信息而非直接干预市场，所以食品质量信息可追溯体系的构建应是市场化选择的结果。

食品质量信息可追溯体系作为一种食品市场上有效的信息传递工具系统，有助于修正消费者的需求偏好，同时将这种修正信息通过价格机制反馈给卖方，迫使卖者自愿提高食品质量安全标准。由于消费者（特别是生活水平相对较低的弱势群体消费者）对食品质量安全的来源、严重程度以及危害的认知很少，加之他们获取这方面的信息途径相对较少、成本较高；同时鉴于食品质量信息可追溯体系的实施者对可追溯食品的质量安全信息认识往往要比普通消费者多很多，除非有关部门强制要求市场内所有食品生产企业需把与食品质量安全相关的信息进行标识并建立完备的可追溯体系，否则一些食品生产企业就没有动力主动将食品中有关质量安全风险的信息传递给消费者，因而损害了消费者的权益。所以食品质量信息可追溯体系的建立与实施，应以政府制定和实施一系列强制性的法律法规为前提。

综上所述，对称信息是市场的追求，而不对称信息是市场的常态，不对称信息比对称信息更具有经济的现实性。食品可追溯质量信息在食品可追溯体系的利益主体之间分布是不对称的，食品市场经常存在着信息不对称现象。造成食品市场上信息不对称的根本原因是食品同时具有经验品和信任品的特性。

二、公共选择理论与食品质量信息可追溯体系

1. 公共选择理论

公共选择理论是以市场经济条件下政府行为的局限性或者政府失灵问题作为研究重点，通过分析政府行为的效率，来寻找政府最有效工作的规则与制约体系。公共选择理论认为，人类社会由两个市场组成，一个是经济市场，另一个是政治市场。在经济市场上，活动的主体是消费者和各类

企业（厂商），他们通过支出货币来选择能为他们带来最大满足的私人物品；在政治市场上，活动的主体是百姓、利益集团和各级政府官员，人们通过政治选票来选择能为他们带来最大利益的政府官员、政策和法律体系。前一类的选择行为是经济决策，后一类的选择行为是政治决策，人们在特定社会中所进行的活动主要就是做出这两类决策。公共选择理论试图把人的行为的两个方面重新纳入到一个统一的分析框架或理论模式中，用经济学的方法和基本假设来统一分析人的这两类决策行为，进而创立了融二者为一体的新政治经济学体系。

基于公共选择理论，政府是由政治家和政府官员组成的，政府的决策和行为均是由这些人群做出的。因此，政府行为和政府目标在很大程度上受政治家和各级政府官员的动机支配，而形成这些动机的缘由是政府和官员的自身利益以及他们背后的特殊利益集团的诉求。政府及其官员的目标也是追求效用最大化。公共选择理论进一步认为，造成政府官僚作风、效率低下的原因有三个：一是缺乏竞争。这是由于领导与其下属之间存在密切的利益关系和部门之间没有竞争压力造成的。二是对降低成本没有激励措施。主要原因是政府的活动成本与效益难以计量，而且政府所属各个部门大多具有垄断性，在提供公共服务时存在降低服务的质量和数量以节约组织成本、甚至利用垄断性进行寻租。三是监督不可能完备。绝大多数政府在进行社会管理过程中具有同时行使行政、监督两种管理职能，而行政、监督职能只有在相互独立的主体分别行使时才能起到很好的制约作用，如果由一个主体来分别行使这两种管理职能，其监督职能很难发挥相应的作用，甚至是形同虚设。

2. 食品质量信息可追溯体系是公共选择的一种特殊形式

作为食品质量安全的一种政府管制方式，食品质量信息可追溯体系是公共选择的一种特殊形式。尽管在市场经济条件下，经济活动主体具有自主选择行为的权力，“管制”仅仅局限于经济运行的某些特定时期。但是，由于食品质量安全问题关乎人们的身心健康和生命安全，食品质量安全引发的食源性疾病对社会已经造成了严重的危害；食品市场秩序混乱不仅对国内的广大消费者造成了严重的伤害，而且还极大地制约着市场经济的健康发展和国际间的贸易往来；加之食品质量安全问题给消费者所带来的伤害具有直接性、广泛性、不可逆性等特征，所以，世界各国政府对食品质量安全方面的管制历来都十分严格。同样，我国政府在转变政府职能满足市场经济要求的同时，也把建立与实施食品质量信息可追溯体系作为加强对食品质量安全管制的一种特殊有效手段。

通过建立与实施食品质量信息可追溯体系这一特殊手段来实现政府管制职能的主要理由如下：

（1）信息不对称。在现实的经济生活中，信息不对称的现象十分普遍。由于信息不对称，人们通常在市场环境中不能得到足够的信息以做出切合自身实际需要的决策。也就是说，如果消费者像生产者一样知道产品的“实质”内容，那么消费者的决策应该是一件轻而易举的事。如果不存在信息不对称问题，市场对资源的配置将会达到最优状态，也就不需要政府对市场进行干预了。但现实的问题在于消费者仅仅依靠自己的力量获得真实的、与食品质量安全相关的信息是困难或昂贵的，故食品质量信息可追溯体系的建立与实施将为减缓或消除食品市场上的信息不对称成为可能。

（2）昂贵的交易成本。一般情况下，私人间的谈判因为谈判过程中的成本比较高而导致资源配置的效率较低。这一交易成本至少包括三个方面：第一，谈判中可能有一些效果不大的投入，如花费在交流和提供交易信息上的成本；第二，对任一交易方而言，讨价还价的时间都存在机会成本；第三，如果不能如期获得交易的所得，交易一方或双方将来的效用将会减少，这也是一笔不小的成本。

食品质量安全信息涉及每一个人的切身利益，所以食品质量信息可追溯体系就具有了一种公共产品的属性。如果广大食品消费者花费大量的时间与生产企业进行谈判，那么其所带来的社会成本是不可估量的，且对于整个社会而言也是一种浪费。这时，作为公共利益代表的政府如果能建立并实施食品质量信息可追溯体系，那么就能在一定程度上有效地弥补市场机制的不足，降低交易成本，增加整个社会的福利。

（3）生产经营者的逆向选择和道德风险行为。按照经济学原理，市场经济中的人是追逐利益诉求的“经济人”。如果没有一定的约束，“经济人”就具有行使逆向选择和道德风险行为的倾向。信息的严重不对称为那些拥有信息优势的生产经营者通过生产劣质、不安全食品来谋取高额利润提供了机会。受利益的驱使，这些生产经营者可能倾向于提供不完全甚至虚假信息，于是市场上就出现了病死猪肉、“红心”鸭蛋、三聚氰胺等食品安全事件，这给处于信息获取劣势的消费者带来了巨大的物质和精神上的伤害。因此，政府非常有必要通过建立食品质量信息可追溯体系等手段来加强对食品产业链条上的各利益主体行为的管制，约束生产经营者的逆向选择和道德风险行为。

（4）市场失灵。仅仅依靠市场机制是不能有效实现食品的生产经营质量安全与消费质量安全需求之间的均衡的，其原因在于生产经营质量安全目标与消费质量安全需求目标的不一致，食品生产经营者很难达到“理性”的状态。这其中，一些食品生产经营者会采取各种手段从事非法活动，借以谋取高额利润，故政府必须对此加强监管。通过立法和实施法治管理；通过制定技术质量安全标准和产品质量安全标准；通过采取严格的质量安全监测、检验检疫、市场准入、质量安全认证、可追溯体系建设等确保食品从源头到餐桌的质量安全的一系列措施，政府以强制和非强制的手段迫使食品生产经营者回归“理性”状态，从而最终实现食品生产经营质量安全与消费质量安全需求之间的均衡。

（5）增进社会福利。政府管制可以解决由市场失灵导致的资源配置的非效率性和财富分配的不公平性，从而增进社会福利。劣质不安全食品在市场上出现，主要是由于信息不对称条件下生产经营者的机会主义行为所造成。由于食品质量安全信息关系到每个人的健康水平和生命安全，具有公共品的特性，因此政府对食品质量安全管制效率的高低可以直接影响社会效益和人们福利水平的提高。建立并实施食品质量信息可追溯体系以减缓或消除市场信息不对称，将有助于提高政府对食品质量安全管制的效率，从而增进社会福利。

三、制度经济学与食品质量信息可追溯体系

1. 制度经济学的相关理论①

制度是人类社会赖以形成秩序的保障。要实现社会的稳定，就必须形成一定的组织，依托这些组织，社会成员遵循一定的游戏规则进行各种层面的交流与交换活动，这就是制度的功能。

新制度经济学认为制度有三种类型，即宪法秩序、制度安排和规范性行为准则。新制度经济学认为，人理性地追求利益最大化是在一定约束条件下进行的，如果没有制度的约束，那么人人追求利益最大化的结果，将导致社会经济活动的混乱或者低效率。制度是社会游戏的规则，是人们创造的、用以约束人们相互交往的行为框架。因此，制度的形成与作用，经济制度与法律制度之间的相互关系，权力与信仰之间的相互关系，是制度的重要内容并最终决定个体的行为。

制度安排是指经济单位间的各项安排，通过合作或竞争的方式为成员提供一个可以合作的结构或一个能影响法律或产权变迁的机制。在制度安排下，社会将逐渐形成与该制度安排相融合的制度环境。制度安排和制度环境相互依赖、密不可分，共同构筑了特定社会游戏规则的内涵与特征。

规则能够发挥激励与约束的作用，促使社会按照某一特定的规范运行，使社会成员拥有较为准确的预期，从而有效地降低了信息搜寻成本。随着时间的推移，当习俗和规则被社会成员共同接受并变成他们的行为准则时，会产生规则的内部化倾向。此时，即使违反规则可能不会受到处罚，或者由此而受到的处罚大大小于因违规而得到的收益，但绝大多数成员也会遵守规则，因为他们会因违反规则而感到内心的不安（艾瑞克等，1998）。

---

① 艾瑞克·G. 菲吕博顿，鲁道夫·瑞切特. 新制度经济学［M］. 上海：上海财经大学出版社，1998.

2. 不同制度安排下的食品质量信息可追溯体系

就食品质量信息可追溯体系建设而言，社会需要考虑的是构建在政府引导下的强制性食品质量信息可追溯体系（正式制度安排下的食品质量信息可追溯体系），还是在食品行业内部自愿实施的食品质量信息可追溯体系（非正式制度安排下的食品质量信息可追溯体系）?

（1）正式制度安排下的食品质量信息可追溯体系

正式制度安排的产生需要有关各方明确认可，即使信息是完全的制度安排也需要在各方多次博弈后产生（王文举，2003）。然而，由于劳动分工和专业化程度的提高，信息往往是不完全的。个人为获取信息而需要花费的交易费用可能还十分昂贵，并且事先又不存在非正式或正式的制度安排可用以降低交易费用，因此，此种情形下的合作一般将难以达成。图2-1就表示了这种情形。

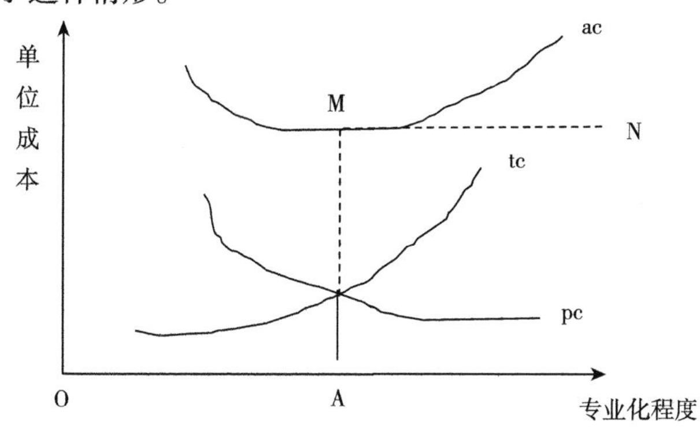

图2-1 正式制度安排下食品可追溯体系的成本

资料来源：王可山．中国畜产食品质量安全的市场主体与监管机制研究［M］．北京：中国农业大学博士学位论文，2006.

图2-1中的pc表示转化费用曲线，tc表示交易费用曲线，ac表示生产费用曲线，生产费用是转化费用与交易费用之和，即ac=pc + tc。这里的转化费用是指土地、劳动力和资金投入等生产要素直接转化的成本，交易费用主要是指人们在交易过程中为获取信息而支付的信息成本。传统经济学的生产费用只考虑转化费用，而事实上必须同时考虑交易费用才是完整的。随着生产力的发展和科学技术的进步，劳动力以及专业化程度将不

断提高，生产的直接成本（转化费用）将不断降低，而交易费用不仅在量上十分可观，而且会出现递增的趋势。

如果 tc 曲线比 pc 曲线的弹性更大，则在这两条曲线交点所决定的 A 点的右边，由 tc 和 pc 所决定的生产费用曲线 ac 不仅不会降低，反而将呈现上升的趋势。此时，如果一项正式的制度安排能够提供一种功能，使得交易费用 tc 降低到足以使生产费用 ac 降至 MN 水平线以下，则这项正式的制度安排就可能在大家的签约下得到确认。制度在这里提供了正式的规则，降低了交易费用和生产成本，给交易各方均带来收益，并使得相关的问题得以解决，从而导致了社会福利的提高。

一般而言，一种正式制度安排的改变需要集体的行动，因此不可避免地会出现外部效应和“搭便车”的现象。外部效应产生的原因是由于创造了一种新的制度安排并不能获得专利。当一项正式的制度安排被创造出来后，其他群体可以模仿这种制度安排，这样可大大降低他们组织和设计这种新制度安排的费用。因此，个别制度供给者的收益将小于作为整体的社会的收益。“搭便车”问题则是来源于制度安排的公共物品属性，因为一旦制度变迁完成，每一位生活在新的制度安排中的个人，无论是否承担了制度创新的成本和经历过初期的困难，他或她都可以得到同样的服务。由于外部效应和“搭便车”现象的存在，“制度市场”也会因此出现“市场失灵”的问题。为此，国家就需要政府代表整个社会来提供这种正式的制度安排，以弥补制度安排供给的不足，进而促进整个社会福利的提高。

食品质量信息可追溯体系建立和实施过程中存在的正式制度，主要表现在相关的法律法规制定等方面。众所周知，食品质量安全是人类生存和发展的基础条件，而信息不对称引起的市场失灵可能会诱使食品质量安全问题的发生，从而有可能破坏这一基础条件，损害消费者的权益。在中国，乃至世界各地不同时期推出的各种食品安全卫生法规都是为了解决这些问题、保障人们生存和发展这一基础条件而设计的。例如，1979 年改革开放初期出台的《中华人民共和国食品卫生管理条例》，1983 年出台的《中华人民共和国食品卫生法（试行）》，1995 年通过的《中华人民共和国食品卫生法》，以及2006年正式出台的《农产品质量安全法》和2009年6月《中华人民共和国食品安全法》成为中国食品安全监管体系中的法律体系核心，都是遵循了这一原则。尽管《中华人民共和国食品安全法》还缺乏食品质量信息可追溯的原则和标准等具体内容，但也已涉及到食品质量信息可追溯体系的相关范畴了。

（2）非正式制度安排下的食品质量信息可追溯体系

非正式制度安排的形成和发展是一个长期渐进的演化过程，是人们在实践中经多次重复博弈而得到的结果。在正式规则建立以前，人们基于行为的收益和效用最大化原则，在与他人发生不断重复的相互作用时，选择了某种相互合作的结果。这种合作的结果一旦成为人们的共识和习惯，便形成了非正式规则。

在非正式制度安排中，意识形态处于核心地位，因为它不仅蕴含了价值信念、伦理道德和风俗习惯，还在形式上构建了某种正式制度安排的“先验”模式。意识形态的存在源于现存世界的复杂性和人类理性的有限性之间的不对称性。当个人在错综复杂的世界面前因无法迅速、准确和费用低廉地做出理性判断，或者现实生活的复杂程度超出其理性边界时，他或她便会借助于价值规范、伦理道德、风俗习惯等相关的意识形态来帮助做决策。不仅如此，意识形态还能通过个人对于某项制度安排的内在认同和信赖，以淡化其机会主义行为（王文举，2003）。因此，对于非正式制度变迁，政府应通过意识形态的积极引导，甚至直接提供先进的意识形态，促使其向有利于生产力发展的方向转变。

我国食品质量信息可追溯体系建立和实施中的非正式制度安排主要表现在食品生产、经营企业自愿建立和实施食品质量信息的可追溯性方面。食品可追溯质量信息的内容多、可追溯标准的非统一性、可追溯信息的真实性、可追溯环节的复杂性以及不同类别的食品生产、加工工序差异性会造成食品可追溯质量信息的容量过多等问题，仅依靠正式制度安排难以形成社会合作力和聚合力来解决食品质量信息可追溯性的所有问题。所以，还需要同时依靠非正式制度的安排予以辅助，即形成食品生产、经营企业的自我约束机制以共同解决食品质量信息的可追溯问题。

信用是一种非正式制度的安排，是自我约束的核心。与法律相比，信用机制是一种成本更低的维持交易秩序的机制（张维迎，2002）。因此，在实施非正式制度安排下的食品质量信息可追溯体系建设过程中，应以全面提高食品安全水平为目的，以加强食品生产、经营企业自律建设为核心，大力改善与食品质量安全相关的可追溯信息供给的信用环境，培育食品质量信息可追溯体系建设中的生产、经营企业的信用意识，规范食品生产、经营企业的生产经营行为和食品市场秩序。坚持政府推动、部门联动、市场化运作、全社会广泛参与的原则，逐步建立起食品质量安全可追溯信息的信用管理制度、信用标准制定、信用信息征集制度、信用评价制度、信用披露制度以及信用奖惩制度，以充分发挥信用机制对食品质量信息可追溯体系建设的促进作用。

由此可见，利益主体追求最大化效用的本能，往往受到一定的行为规范的约束，这种约束的性质与强弱取决于特定历史阶段的制度安排。食品质量信息可追溯体系的建设既需要正式制度的安排，又需要非正式制度的安排。非正式制度安排可以在形式上构建某种正式制度安排的“先验”模式。食品质量安全可追溯信息的不对称性、高昂的交易成本、生产经营企业的机会主义行为和市场失灵的客观存在，使政府管制成为必然。食品质量信息可追溯体系的建设是公共选择的一种特殊形式。

第二节　供应链管理理论与利益相关者理论

一、供应链管理理论与食品质量信息可追溯体系

1. 供应链管理相关理论

供应链管理萌芽于20世纪80年代，源于纵向一体化引发的产业高度

集中所导致的企业管理效率低下、自身资源限制，无法快速敏捷地响应迅速变化的多样化市场需求。价值链思想是供应链管理产生的理论基础。迈克尔·波特在《竞争优势》一书中提出了价值链这一概念并认为，将一个企业作为一个整体看待，无法识别其竞争优势；企业的竞争优势源于其在生产及其辅助生产过程中所进行的许多相互分离的活动，价值链就是一种将企业分成的许多战略性相关环节链接起来的工具；通过价值链分析，企业将相对不具有优势的非核心业务外包，仅经营其具有竞争优势的核心业务。这就打破了原来的纵向一体化的企业经营方式，原来一个企业中的前后关联部门现在分别成为了所有权不同的产业链上的关联企业，企业间的关联关系决定着彼此间的依赖。为维系一种相对稳定的伙伴关系，波特提出了所谓横向一体化的供应链管理理论。供应链管理的实质就是借助其他企业的资源，通过优势互补，增强竞争实力，在实现供应链盈利水平最大化的前提下，实现供应链成员企业的各自利益目标（乔颖丽，2006）。

2. 食品供应链中的食品安全问题

一个完整的食品供应链主要由四个流程组成，即物流（食品的流通）、商流（交易的实现）、信息流（信息的传递）、资金流（货币的流通）。鉴于食品供应链属于供应链的一种类型，因此同样注重完整性及信息的重要性。按照供应链的原理及食品自身的特点，食品供应链的物流包括生产、加工、销售、消费等环节。其中，生产环节是开始环节，也是最基础的环节。从整个食品供应链来看，消费者限于自身对食品质量安全信息的缺乏，希望有一种途径可以提供其所关注的食品质量安全信息，尤其是食品生产、加工、流通中的质量安全信息等，因为很多食品安全隐患都产生在食品从生产到消费的物流过程中（金海水，2018）。

食品供应链的物流是整个食品链重要且不可或缺的环节之一。食品物流的跨功能边界、跨企业边界、跨行业边界、跨区域边界的特性决定了食品供应链的庞大、冗长和复杂。由于食品贸易模式的全球化导致了食品供给链条日益复杂化，食品由生产到消费的中间环节越来越多，就使得食品安全隐患涉及到生产、加工、存储、销售的整个食品供应链环节。这是因为：一方面，食品从生产到消费中间环节的增加，客观上增加了引发食品安全问题的几率①。影响食品安全的客观因素主要表现为食品物流过程中的各类污染：（1）生物性污染。生物性污染中首先是微生物对食品的污染，包括微生物对食品原料的污染、对食品加工过程的污染以及在食品贮存、运输、销售过程中的污染等；其次是生物制剂对食品的污染，如兽药、抗生素、激素类的残留污染等。（2）物理性污染。食品的物理性污染是食品在生产加工过程中混入的杂质超标或食品吸附、吸收外来的放射性元素所引起的食品安全问题。（3）化学性污染。主要是农药残留污染、重金属污染及其他化学品污染②（金海水，2018）。另一方面，食品供应链中各环节诸多供给者追逐自身利益的动机，会导致在食品安全问题上的不同行为选择，进而引发食品供给者的道德风险和食品市场内的逆向选择行为的出现。这主要包括滥用食品添加剂和非法添加物、标志和标签使用不规范、欺骗或误导消费者等，从而使食品安全问题发生的几率进一步提高。此外，食品工业技术发展带来的新食品质量安全问题，如食品添加剂、食品生产配剂、介质以及辐射食品、转基因食品等。这些食品工业的新技术多数涉及化工、生物及其他生产技术，虽然采用这些新技术加工的食品对人体有什么影响尚需要一个认识的过程，但显然这些不断发展的新技术的不确定性等诸多综合因素也都成为了食品安全隐患的诱因。

3. 食品供应链：食品质量信息可追溯的路径和载体

传统的供应链管理理论已经被应用到食品安全的监管中。食品供应链管理理论包含了食品质量信息可追溯体系的信息可追溯路径和载体等内容。

食品供应链由不同的环节和组织载体构成，主要包括产前的种子、饲

① 由于食品本身的特性、食品链前端（如生产环节和加工环节）的影响以及食品异地生产、加工或消费的趋势等诸多因素，导致食品在流通消费领域影响质量安全的因素增多。

② 导致化学污染的主要原因是：种植业中过量使用化肥、农药和滥用抗生素；环境污染如水资源和海域污染；垃圾焚烧及空气、土壤污染造成的食源性疾病；加工条件不符合食品安全法规和标准要求；食品贮藏、运输和销售环节的冷藏条件和安全措施不到位等。

料等生产资料供应环节（种子、饲料供应商）；产中的种养殖生产环节（农户或生产企业）；产后的分级、包装、加工、储藏、销售环节（加工企业、批发商、零售商、消费者）。这些环节可由图2－2简单地加以表示，通常被称为“从农田到餐桌”的食品供应链。由图2－2可见，食品生产、加工、配送和销售的流程构成了整个食品供应链体系，食品能否安全地从生产的源头到达最终消费者手中，与这个供应链中所有组织载体密切相关，即食品安全主要依赖于从生产、加工到销售的整个食品供应链每一个环节和组织载体的安全。

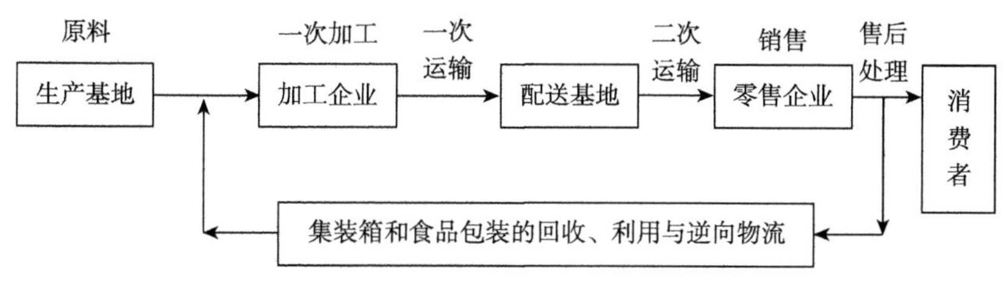

图2－2 食品供应链的物流模式

资料来源：本研究自行整理。

食品质量信息可追溯体系与食品供应链既有相同的地方，也有不同之处。相同点在于：食品可追溯体系中与食品质量安全相关的可追踪信息是沿食品供应链条正向流动的。不同之处在于：基于供应链原理，食品供应链内的物流方向是单向的；而食品质量信息可追溯体系中的物流和信息流是双向的（当发生食品质量安全问题且食品被召回时，物流和信息流同时双向流动）。因此，基于食品供应链环节的食品质量信息可追溯体系，有助于减少或消除食品供应链中伴随食品物流全过程的信息不完全和信息不对称现象，有助于食品供应链内不同利益主体之间的公平交易。

综上所述，食品质量安全问题发生的概率随食品供应链环节的增多而提高。食品供应链为食品质量安全信息的可追溯提供了途径和载体，但它们之间存在明显差别。食品质量信息可追溯体系可使食品供应链各环节的食品质量安全信息透明化。

二、利益相关者理论与食品质量信息可追溯体系

1. 利益相关者理论

利益相关者（Stakeholder）理论已经被广泛应用于经济和社会发展的各个领域，食品质量信息可追溯体系的建设也是其中之一。依据利益相关者理论，食品质量信息可追溯体系中的一般主体为食品的生产者（包括农户）、政府、消费者等，这些不同的利益相关者主体在食品质量信息可追溯体系的各个环节上分别承担着食品生产、加工、销售、运输、存储、监管和消费等的责任和义务（刘为军，2006）。

关于利益相关者的界定，管理学界有两种基本理论。一种理论认为"利益相关者是环境中受组织决策和政策影响的任何有关者"；而另一种理论则认为"利益相关者是能够影响企业或受企业决策和行为影响的个人与团体"。目前，大多数学者都倾向于后一种理论，即要求将企业与股东、社区和政府等的关系作为相互内在、双向互动的关系纳入到广义的企业管理范围。现代西方管理学家又将利益相关者分为"初级利益相关者"和"二级利益相关者"两类，不同企业因所有权性质和经营范围各不相同，其利益相关者也不尽相同（罗宾斯，1997；特雷维诺等，2006）。

从利益相关者的一般定义出发，食品质量信息可追溯体系的利益相关者首先是建立在食品质量安全基础上的与食品供应链密切相关的个人、团队及政府组织，具体包括农户、生产商、加工商、流通中的运输和存储商、中介组织及销售商、消费者、政府和科研机构等。所有这些利益相关者的行为对终端食品的质量信息可追溯性都具有重要影响，终端食品是否具有可追溯性也与它们有着千丝万缕的利益关系（徐成德，2009；樊红平，2007；乔娟等，2007）。

2. 食品质量信息可追溯体系利益主体的权责

在一个企业内部，各利益行为主体因各自目标之间存在差异，经常会出现一些规避责任的行为现象。所谓规避责任是指在相互依赖的生产过程中，

由于每个生产者的个人努力只有自己知道，其他人不可能观测或难以观察，当缺乏有效的监督手段或监督成本很大时，个人就可能企图以某种方式减少自己的努力。比如，职业经理人可能并没有充分发挥其管理才能，工人也没有努力干活等，这种现象就可看作是规避责任。当一项事业需要许多人的共同努力才能完成，并且很难衡量每个参与者的具体贡献时，个人就可能会有规避责任的机会主义行为倾向。规避责任在公共物品的生产和协作生产过程中是经常发生的，例如，一个区域内许多企业需要排污，如果政府缺乏有力的监督，信息不对称就会促使这些企业采取规避责任的机会主义行为。当政府官员检查时，这些企业就临时购置或租借排污设施，以应付政府的监督检查；而一旦监管人员离开，企业马上就停止运行排污设备，以节约成本。

规避责任时常会发生在食品市场中。鉴于食品质量安全涉及从农产品原料供给、农产品生产、食品加工、食品分销等整个食品供应链各个阶段的质量控制，食品从生产的源头经由供给链的各个环节最终到达消费者手中的安全性就与食品供给链上所有利益主体有了关系。因此，食品供应链的各个利益主体行为共同决定了食品的质量安全水平。这也说明任何一个利益主体提供的产品质量安全水平都会在一定程度上影响其后食品链各阶段食品的安全性，故食品供应链上各个利益主体都应该对食品的安全性承担责任。鉴于此，如何规避食品供应链上各个利益采取机会主义行为以规避食品安全责任，就成了食品供应链管理和社会安全管理的重要内容。

可追溯体系是一种“界定产权”的交易工具。通常食品的质量安全问题检测是比较困难的，检测还会延误交易时间，因此就需要一种工具来平息交易中的责任纠纷和抵制个人的机会主义行为。食品质量信息可追溯体系就是能发挥这种功能的一种工具，原因是可追溯体系通过一个“延迟权利”可将安全责任最终“归结”到最初的责任者那里，从而在减少检测的同时，也改变着责任人的行为预期（周德翼等，2008）。当食品安全问题发生时，如果能及时追根溯源找到责任人，往往有利于食品安全问题的解决，从而能及时将经济损失和社会不利影响降至最小。由此可见，如何科学合理地界定食品安全的权利和责任就显得非常重要。食品质量信息可追溯体系的建立和实施使食品质量安全信息透明化、公开化，从而能根据食品链的各环节信息，明确食品供应链各环节利益主体的责任①，实现食品质量安全由信任品向搜寻品的转化，这有助于弥补与消除食品市场上的信息不完全和信息不对称，解决食品安全市场的失灵问题。具体来说，界定食品供应链各利益主体的权责，一方面可以在迫使存在质量安全隐患的食品退出市场的同时，对食品链上留存企业的行为进行监督，防止企业故意隐瞒真相，从而尽可能地降低食品质量安全问题可能造成的社会危害；另一方面可以给消费者及相关机构提供信息，避免因食品安全权责不清引发纠纷。这进一步说明，明确界定政府、消费者、食品生产流通企业等利益相关者在食品追溯体系中各自相应的权责是非常重要的。

综上所述，食品质量信息可追溯体系中各相关利益主体的行为决定了食品可追溯体系的可追溯信息是否完整、真实、可信，任一利益主体提供的食品质量安全信息都会影响其后食品供应链各阶段食品质量信息的可追溯水平，这表明食品供应链上各个利益主体都对食品质量信息的可追溯性承担着非常重要的责任。

第三节　农户行为理论与消费者行为理论

一、农户行为理论

1. 农户行为理论

农户是农产品的基本生产单位，也是农村社区的一个最基本的组

① 因为在一个存在完全信息和充分竞争的市场环境中，市场将惩罚那些生产非安全食品的企业，企业为了自身的生存与发展就会及时纠正错误，抵制投机行为。食品可追溯体系的建立能将食源性疾病造成的损失从消费者那里反馈给企业，敦促企业抵制投机行为，增加食品安全方面的投入，从而导致食源性疾病的降低，社会总福利的增加。

织单位，其特点是成员共同占有财产，有共同的收支预算，通过合理有序的家庭内部劳动分工进行生产与生活。农户行为可分为生产行为、消费行为、组织行为三种。生产行为是农户最主要的行为，主要包括生产经营投入行为、种植选择行为、资源利用行为及技术应用行为等。

关于农户的行为研究，目前主要有三个基于不同研究视角的学派：一是以俄国经济学家A·恰亚诺夫为代表的组织生产学派。该学派认为，农户经济发展依靠的是自身的劳动力，而不是雇佣劳动力，其产品主要是为满足家庭自给需求而不是追求市场利润的最大化（恰亚诺夫，1996）。二是以“舒尔茨·波普金”命题为代表的理性小农学派。该命题的核心思想是，小农的农场完全可以利用资本主义的公司来进行刻画，也就是说，小农无论是在市场领域还是政治社会领域的活动中，都更倾向于按理性投资者的原则行事（舒尔茨，1999）。三是以黄宗智为代表的历史学派。该学派认为，农户家庭在边际报酬十分低下的情况下仍会继续投入劳动，可能是因为农户家庭没有边际报酬概念或农户家庭受耕地规模的制约，家庭劳动剩余过多，或是由于缺乏很好的就业机会，劳动的机会成本几乎为零（黄宗智，1986）。其他相关的研究还有：伍晶（1997）基于现代经济学对人类行为的基本假设，对农户的生产行为做了简单的分析，认为中国农户的生产行为有四大特征，即理性行为与非理性行为并存、经济目标与非经济目标并存、自给性生产与商品性生产并存、行为的一致性与多样性并存。林海（2003）通过对农户行为的特点和影响因素进行分析，得出了关于农户的决策机制。他认为，影响农户经济行为的因素是多方面的，包括农产品价格、风险、资源及政策等因素的影响。赵建欣等（2007）认为，农户决策的分析框架既要考虑农户决策的个人因素和心理因素，又要考虑经济因素和社会因素，需要把农户禀赋、农户的生产特征、政府服务、政府规制和农户态度变量纳入到统一的分析框架中。

2. 食品质量信息可追溯体系与农户生产行为

我国已经试点推广食品质量信息可追溯体系，政府也在努力通过各种措施促进食品质量信息可追溯体系的发展。在参与食品质量信息可追溯体系建设的过程中，农户表现出“经济人”的“理性”行为，即如果食品质量信息可追溯体系在价格、市场准入等方面可以增加农户收益，降低农户交易成本，且这些正面影响有助于消除食品质量信息可追溯体系带给农户克服风险、技术难度的负面影响，则农户将有较强的意愿参与食品质量信息可追溯体系的建设中。简言之，食品质量信息可追溯的参与会因此成为农户生产的一个内在激励。

食品质量信息的可追溯性作为一项新生产技术和一种新生产方式对农户的生产行为有重要影响。农户参与食品可追溯体系后，在生产和管理两方面均会发生相应的积极变化。适应食品质量信息可追溯性的要求，农户需按规范生产，按要求管理。当然，在参与食品质量信息可追溯体系的建设过程中，农户又可以做出“遵守”行为和“违规”行为两种行为选择，但其产生的结果是截然不同的。

二、消费者行为理论

1. 消费者行为理论

消费者行为理论认为，消费者行为分为购买决策过程、消费者行为的外部环境影响因素和消费者个体特征影响因素三个部分。其中，消费者购买决策过程是核心，它由问题认识、信息搜集、评价和态度、购买行为以及购买后行为五个部分组成。消费者面对外界环境刺激时，在其先前的知识和经验（即内部信息）的基础上，形成对事物的知觉（如对产品质量和风险的感知)，进而对其行为产生影响。购买决策过程的个体特征影响因素主要包括性别、年龄、收入、受教育程度及职业背景等，而影响消费者行为的外部环境因素范围十分广泛，不仅涉及地理区域、气候条件、资源状况、生态环境等自然环境因素，同时还包括文化、家庭、社会群体、消费者保护等社会环境因素。消费者行为理论主要包含感知风险理论、信息搜寻行为、态度相关理论等。

2. 食品质量信息可追溯体系与消费者行为

食品具有搜寻品、经验品和信任品的特性，消费者在购买食品时面临着严重的信息不对称问题，而消费者搜寻信息的能力和精力又是有限的，故消费者在做出购买决策时面临很大的不确定性，不知道自己的购买行为是否会对其造成不良的影响以及这种不良影响的程度是怎样的。由于长期存在的质量安全问题以及消费者缺乏食品质量安全信息，消费者在做选择时会产生感知风险。消费者一旦感知到某种风险的存在，随即产生焦虑和不安，并会寻求减少风险的方法以降低消费行为后果的不确定性，这时消费者的需求就得以确认。

消费者降低风险的方法因人而异，但搜寻更多食品质量安全方面的信息是最有效和最普遍的方法。消费者结合搜寻到的外部信息以及自己的购买经验和掌握的知识，对市场上的各种食品进行综合评价，并对不同食品以及食品市场上的质量安全状况形成自己的消费态度。消费态度直接对消费者的购买意愿产生影响，进而决定了消费者的购买行为。消费者购后感受的不断积累进而形成的购买经验又成为消费者的内部信息，继续对其下一次购买决策产生影响。食品质量信息的可追溯性为消费者获得安全食品信息提供了很好的选择，但消费者常常是在价格和质量安全之间平衡之后做出选择的，并且这一选择还要受到一系列个人特征和社会环境的影响。

显然，食品质量信息的可追溯性为消费者选择质量安全的食品提供了较为现实的可能。不过，消费者对食品质量安全风险的认知、态度、信任度、支付意愿、信息搜寻、购买行为等都十分复杂地影响着食品质量信息可追溯体系的实施及其效果。

第四节　博弈论与交易成本理论

一、博弈论

1. 博弈论的主要观点

博弈论是研究系统中相互依存的对象的理性行为是如何行动的理论（张维迎，1996），现已形成较为完整的理论体系，纳什均衡是博弈论的核心概念。作为一种策略组合，纳什均衡使得每个参与人的策略都是对其他参与人策略的最优反应。如果一种纳什均衡中每个参与人具有对对手策略的唯一最优反应，那么这种纳什均衡被称为是严格的（哈桑尼，1973）。

在存在不完全信息情况下，其他局中人对特定局中人的具体行为是不清楚的。为此，哈桑尼（1967）提出了一种处理不完全信息博弈的方法，即引入一个虚拟的局中人（自然），自然最先开始行动，并决定着其他局中人的特征。这种方法将不完全信息的静态博弈变成为一个两阶段的动态博弈，第一阶段是自然的行动选择，第二阶段是除自然外的其他局中人的静态博弈（费尔南多，2006）。这种转换被称为“海萨尼转换”。

经济人的行为决策，不仅出于自身条件的考虑，也出于对竞争对手可能行为的评估。由于食品是人们日常生活中需重复购买的必需品，因而必然会产生重复博弈问题（塞尔滕，1973）。即使是在完全信息状况下，同样结构的博弈重复多次，也可能产生与第一次博弈完全不同的结果。如果第一次博弈不能走出“囚徒困境”，交易双方即便达成对双方都有利的协议，也会因担心某一单方违约获利而各自都选择次优策略。当然，如果同样的博弈不断重复进行，那么原来非合作的参与人是可以克服“囚徒困境”，达成并执行协议的，从而取得“合作”的结果。

2. 食品质量信息可追溯体系中的博弈

博弈论在决策行为研究方面得到了广泛的应用。在食品质量信息可追溯体系中，相关利益主体间的博弈行为将会影响到食品质量安全监管的有效性，进而影响到市场上食品的质量安全水平。食品质量信息可追溯体系中利益主体间的博弈不仅涉及完全信息的博弈，还涉及到不完全信息的博弈。在现实经济生活中，不完全信息的博弈行为更为常见，其主要原因在于，一方面博弈方的个人决策行为具有不确定性，一方很难完全掌握另一方的信息；另一方面是由于对博弈双方行为的影响因素较多，只能粗略地估计其行为发生的概率。食品质量信息可追溯体系中的利益主体间博弈行为的研究，能为完善食品质量信息的可追溯性提供较为直接的理论依据。

近年来，世界范围内对食品质量信息可追溯性的要求越来越普遍，食源性疾病的频繁爆发以及国内食品安全事件时有发生，致使国外对我国出口食品设置的贸易壁垒呈日益增多之势。如果对这些问题不及时认真加以应对，就有可能损害我国食品企业和农户的声誉和经济利益。鉴于食品行业中各利益主体自身无法走出“囚徒困境”，为此，食品质量信息可追溯体系将成为促使各利益主体走出“囚徒困境”的有效措施之一。不过，食品质量信息的可追溯性自身也存在着多方博弈，也有可能陷入“囚徒困境”。为解决这种问题，我们应设计出一种机制以促使食品企业、农户、消费者和政府等食品供应链上的各利益相关主体进行合作，以联合应对食品市场上的质量安全问题，共同维护食品市场的健康有序发展。

综上所述，食品质量信息可追溯体系中的各利益主体的行为决策，不仅出于自身条件的考虑，也出于对竞争对手、食品市场上的消费者、政府监管者可能行为的评估。博弈是天然存在的，博弈次数具有重要性，其来自于食品相关企业在短期利益和长期利益之间的权衡。如何将一次博弈转化为多次重复博弈，进而取得“合作”的结果，是解决问题的一个关键。

二、交易成本理论

1. 交易成本理论的主要观点

经济学对交易成本的相关理论阐述源于罗纳德·科斯（盛洪，2002）。科斯（1937）在《企业的性质》一文中，首先创立了交易成本的分析框架。他认为，市场交易是有成本代价的，交易活动本身同其他问题一样也具有稀缺性的特性；当市场交易成本高到一定程度时，采用按等级原则集中起来的企业组织取代市场机制便是划算的；企业协调投入要素进行生产需要付出一定的管理费用，企业的管理费用与市场交易成本的权衡决定了企业规模的界限。1960年，科斯在《社会成本问题》一文中进一步说明了交易成本对制度形式的影响以及交易成本、产权界定和产权调整对效率的影响。斯蒂格勒将科斯的思想概括为“科斯定理”，即只要交易成本为零，无论产权如何界定都可以通过市场交易达到有效的资源配置。

一般而言，交易成本是个人交换他们对于经济资产的所有权和确立他们的排他性权利的成本。马修斯（1986）认为，交易成本包括事前发生的为达成一项合同而产生的成本和事后发生的监督、贯彻该项合同而产生的成本。这种成本不同于生产成本，是为执行合同本身而产生的成本。思拉恩·埃格特森（1990）认为，交易成本的具体内容包括以下各项行为所引起的成本支出：寻找有关价格分布、商品质量和劳动投入的信息；寻找潜在的买者和卖者及有关他们的行为与环境的信息；在价格是内生的时候，为弄清买者和卖者的实际地位而必不可少的讨价还价；订立合约；对合约对方监督以确定对方是否违约；当对方违约之后强制执行合同和寻求赔偿；保护产权以防第三方侵权。

在食品市场上，食品质量信息可追溯体系的建立和实施者（农户、食品企业或政府）总是处于质量信息的优势地位，并且会“王婆卖瓜，自卖自夸”。而消费者因总是处于质量信息的劣势地位，需要通过关注、搜寻有关的信息，进行市场调查、货比三家，才有可能了解一些食品质量安全方面的状况、产品质量与价格是否相符、信息是否真实可信。另外，为预防食品质量安全事件发生或者在较为复杂的买卖中，消费者还要进行食品检验等，这些事情的处理都是需要支付相应的成本。

众所周知，越是复杂的产品、技术和交易，搞清楚各方面的情况所要求的知识水平、技术条件和分析能力就越高；越是超出常识和一般人的能力范围，获得相应的信息所需花费的成本也就越大。当人的现有知识和能力往往显得不够时，就需要花费更大的力气去学习、去研究，因此获得信息的边际成本是递增的。

2. 食品质量信息可追溯体系中影响各利益主体交易成本的因素

食品质量信息可追溯体系涉及从生产、加工、储存到销售的整个供应链环节，而供应链中存在的交易成本的大小和契约关系的完善程度影响着供给主体提供的食品质量安全水平。因此，在食品质量信息可追溯体系的建设过程中，就需要弄清楚究竟哪些因素会影响食品供应链上各利益主体的交易成本（王可山，2006）。

（1）利益主体的有限理性。在完全理性假设下，交易各方能够不计成本地去掌握各种相关信息，并能够进行全面的事前缔约，因而契约是完全的。但是，有限理性是一个无法回避的现实，在有限理性下，完全契约是不存在的。因此，任何与复杂问题有关的契约不可避免地是不完全的，市场交易主体是有限理性的，交易成本“天然”存在。

在食品质量信息可追溯体系建立和实施过程中，食品生产的契约存在机会主义行为。如：受到利益驱使，某些生产企业为了获得政府对食品质量信息可追溯体系建设的专项补贴而盲目扩张，但并没有按照政府管制标准进行详细的可追溯信息记录；在养殖加工过程中也可能出现类似情况等。因此，机会主义行为可能促使食品质量信息可追溯体系建设出现诚信危机，从而降低了食品行业的信用水平。

（2）市场交易频繁。食品市场上交易成本的大小受利益主体之间交易频率即交易次数的影响。如果交易次数很多，那么交易各方构造一个治理结构来维持稳定的交易关系就是值得的，即使这种安排成本很高，但因为可以分摊到多次交易中从而使每次交易的成本得到降低。相反，如果交易是偶然发生的，那么为这种特殊交易设置一种契约安排的成本就相对高昂，因为它不能通过多次交易安排，从降低的单位交易的成本所产生的收益中加以补偿。

在食品质量信息可追溯体系的建立和实施的过程中，食品供应链上的生产者、加工者或企业出于满足重复交易的便利需相互间建立稳定、长久的契约合作关系，虽然此种关系的建立需要各方付出一定的人力和物力成本来维护和监督，但是由于多次交易的产生，其单次契约成本就会因多次的有效交易而降低。假如缺乏这种契约合作关系，则每次交易各方都必须投入一些额外成本，比如为辨别交易方可追溯信息真伪而付出的搜寻信息、明晰信用、缔结交易关系等的成本。相反，当存在稳定和长久的契约合作关系后，交易各方就不需要为每次交易都投入相应的搜寻成本等，而只需按照契约规定的环境进行交易即可，这样交易各方也就自然降低了单位交易的费用。

（3）资产的专用性程度。资产专用性是指为支撑某种具体交易而进行的耐久性投资（威廉姆逊，1998）。这种耐久性的投资一般具有专门用途，其收益依赖于它支持的专门交易。因而，专用性资产一旦被用于某种专门的交易中，就无法在不发生巨大损失的条件下再用于其他交易。威廉姆逊把资产的专用性分为四种类型：专用地点、专用实物资产、专用人力资产以及特定用途的资产。

就食品质量信息可追溯体系的资产专用性而言，可追溯信息的完备性受食品生产环节的水、土、光、热等自然条件的约束，表明它具有一定的地点专用性；食品加工企业的加工设备具有较高的专用性；食品的需求量大，在经由生产地点运输到仓储地再到上市流通的环节中，信息的流动性强，可追溯信息的记载量大，因而，在食品生产经营过程中需要大量的人力资产，他们也具有专用性。一项资产的专用性越强，其准租金被剥削的可能性就越大，因为交易的一方由此可能会产生机会主义倾向，利用契约关系的漏洞要挟或退出交易，进而造成交易另一方的专用性资产的预期报酬将不得不减少甚至丧失。

（4）机会主义。机会主义是利益主体出于误导、掩盖、迷惑或混淆其他相关利益主体而故意发布不完全的或者扭曲的信息的行为。由于机会主义的存在，市场交易风险加大了。因为交易双方不仅会在缔约过程中提供不完全信息，而且在履约过程中也会见机行事，使事后的结果不是按照契约的规定而是遵循自己的利益意愿来发展。

综上所述，食品质量安全可追溯信息的特性使防御成本、信息搜寻成本、诉讼成本等交易成本成为必要。食品市场主体的有限理性与不确定性、市场交易频繁、食品可追溯体系中各利益主体的机会主义行为、食品生产经营过程中所需资产的专用性等对交易成本的大小有着至关重要的影响。

第五节　本章小结

（1）对称信息是市场的追求，而不对称信息是市场的常态，不对称信息比对称信息更具有经济的现实性。食品质量可追溯信息在食品供应链上各利益主体之间的分布是不对称的，食品市场经常存在信息不对称现象。造成食品市场信息不对称的原因是可追溯食品既具有经验品特性，又具有信任品特性。

（2）食品供应链上各利益主体追求最大化效用的本能，往往受到一定的行为规范约束，这种约束的性质与强弱取决于特定历史阶段的制度安排。食品质量信息可追溯体系可以在形式上构成某种正式制度安排的“先验”模式。食品质量安全可追溯信息的不对称、高昂的交易成本、相关企业的机会主义行为以及市场失灵的客观存在，使食品质量安全的政府管制成为必要。食品质量安全信息的可追溯性是公共选择的一种特殊形式。

（3）食品质量安全问题发生的概率伴随食品供应链环节的增多而提高。食品供应链为食品质量安全可追溯信息提供了途径和载体，但它们之间存在明显差别：食品供应链内物流方向是单向的，而食品质量信息可追溯体系中的物流和信息流是双向的。食品质量信息可追溯体系的建立有助于食品供应链各环节的质量安全信息透明化。

（4）食品质量信息可追溯体系中的各利益主体行为决定了食品沿供应链的可追溯信息是否完整。任一利益主体提供的食品质量安全信息都会影响其后各阶段食品的可追溯信息水平，这决定了食品供应链上各个利益主体都对食品质量信息可追溯体系的建立及正常运行承担着非常重要的责任。

（5）食品质量安全信息的可追溯性作为一项新的生产技术和一种新的生产方式对农户的生产行为有重要影响。农户参与食品质量信息可追溯体系后，在生产和管理两方面均会发生变化。农户要按照规范生产，按要求管理。农户在食品质量信息可追溯体系中可以做出“遵守”行为和“违规”行为两种行为选择，但由此产生的结果是截然不同的。

（6）食品质量信息可追溯体系的实施为消费者选择质量安全的食品提供了可能。消费者对食品质量安全风险的认知、态度、信任度、支付意愿、信息搜寻、购买行为等都十分复杂地影响着食品可追溯体系的实施及其效果。

（7）食品质量信息可追溯体系中各利益主体的行为决策，不仅出于其自身条件的考虑，也出于对竞争对手、食品市场、监管者可能行为的评估。博弈天然存在，博弈次数具有重要性，其来自于食品生产企业在短期利益和长期利益之间的权衡。如何将一次博弈转化为多次重复博弈，进而取得“合作”的结果，是食品质量信息可追溯系统需解决的一个关键问题。

（8）食品质量可追溯信息的特性，使防御成本、信息搜寻成本、诉讼成本等交易成本成为必要。食品供应链上各利益相关主体的有限理性与不确定性、市场交易频率、机会主义行为以及食品生产经营过程中所需资产的专用性，都对交易成本大小起着至关重要的影响。

第三章　我国食品质量信息可追溯体系的发展及其评价

本章在回顾我国食品质量信息可追溯体系发展概况的基础上，重点介绍北京市和山东省寿光市食品质量信息可追溯体系的建设现状，并进行简要的评价，为本研究奠定较为坚实的实证研究基础。

第一节　我国食品质量信息可追溯体系的发展概况

一、相关的政策与法规

为加强对食品质量安全的管理，杜绝生产环节中出现的食品质量安全问题，适应国际食品领域发展的趋势，我国政府从政策法规制定、试点建设等方面积极引导并促进食品质量信息可追溯体系的建立与发展，与此同时，中央一号文件也在积极推动食品质量信息可追溯体系的建设。如：2007 年中央一号文件提出加快完善农产品质量安全标准体系，建立农产品质量可追溯制度；2008 年中央一号文件提出实施农产品质量安全检验检测体系建设规划，依法开展质量安全监测和检查，健全农产品标识和可追溯制度，推进出口农产品质量追溯体系建设。2009 年中央一号文件提出制定和完善农产品质量安全法配套规章制度，健全部门分工合作的监管工作机制，探索更有效的食品安全监管体制，实行严格的食品质量安全追溯制度、召回制度、市场准入和退出制度，建立农产品和食品生产经营质量安全征信体系，严格农产品质量安全的全程监控。2015 年中央一号文件提出建立全程可追溯、互联共享的农产品质量和食品安全信息平台，提升农产品质量和食品安全水平。2016 年中央一号文件提出要加快完善食品安全国家标准，加快健全从农田到餐桌的农产品质量和食品安全监管体系，建立全程可追溯、互联共享的信息平台，加强标准体系建设，健全风险监测评估和检验检测体系；落实生产经营主体责任，严惩各类食品安全违法犯罪，实施食品安全创新工程和食品安全战略。2017 年中央一号文件提出要坚持质量兴农，实施农业标准化战略，切实加强产地环境保护和源头治理，推行农业良好生产规范，推广生产记录台账制度，严格执行农业投入品生产销售使用有关规定，健全农产品质量和食品安全监管体制，强化风险分级管理和属地责任，加大抽检监测力度，建立全程可追溯、互联共享的追溯监管综合服务平台，全面提升农产品质量和食品安全水平。

面对食品质量安全问题令人担忧的形势，在规划和建设食品质量信息可追溯体系的过程中，我国政府还出台了一系列相关的政策法规以加强对食品市场的监管和整顿，强调从“农田到餐桌”的食品全面安全管理。

（1）《关于加强新阶段“菜篮子”工作的通知》①。2002 年 8 月 19 日国务院发布了《关于加强新阶段“菜篮子”工作的通知》。该通知指出完成新阶段“菜篮子”工作任务，必须对“菜篮子”产品质量卫生安全实行“从农田到餐桌”的全过程管理，建立“菜篮子”产品质量卫生安全可追溯制度。从“菜篮子”产品生产、加工、包装、运输、储藏（保鲜）到市场销售的各个环节，都应有产品质量卫生安全的检验检测指标及合格证明，发现不符合卫生安全标准或质量不合格的产品，要及时、有效地追溯发生问题的环节和责任。通知提出的“从农田到餐桌”全过程管理的方式为食品质量信息可追溯体系的建设提供了指导思想。

（2）《关于建立农产品认证认可工作体系实施意见》②。2003 年 2 月原国家认证认可监督管理委员会、原国家质量监督检验检疫总局、原国家农业部等八家单位联合发布了《关于建立农产品认证认可工作体系实施意见》。该意见指出要通过认证标志，建立认证质量的可追溯制度，推动建立贯穿农产品种植、养殖、加工、储运、经销全过程的质量卫生安全管理

① 资料来源：中国农业信息网。

② 资料来源：中国农业信息网。

体系，认证机构要对其认证结果的有效性承担责任。

（3）《食品安全专项整治工作方案》①。2004 年 5 月 17 日，国务院办公厅决定，在继续实施食品药品放心工程的基础上，针对食品安全工作中的突出问题，在全国范围内深入开展食品安全专项整治，发布《食品安全专项整治工作方案》。该方案指出工作的重点要以粮、肉、蔬菜、水果、奶制品、豆制品、水产品为重点品种，以广大农村为重点区域，重点抓好食品源头污染治理、生产加工、流通以及消费四个环节，严厉打击生产、销售假冒伪劣和有毒有害食品的违法犯罪行为。该方案强调各级政府和质检部门要督促和指导食品经营企业建立健全质量追溯、封存报告、依法销毁和重要大宗食品安全购销档案等制度，积极探索农产品产地编码和标签追溯的质量监控模式。

（4）2004 年 6 月 7 日原国家质检总局出台了《出境水产品溯源规程（试行）》，中国物品编码中心会同有关专家在借鉴了欧盟国家经验的基础上，相继制定了《牛肉制品溯源指南》《水果、蔬菜跟踪与溯源指南》《我国农产品质量快速溯源过程中电子标签应用指南》《牛肉质量跟踪与溯源系统实用方案》等规范和应用指南②。与此同时，原国家质检总局通过“条码推进工程”项目，在全国范围内积极开展应用试点及推广工作，为《食品可追溯性通用规范》和《食品追溯信息编码与标识规范》等国家标准的制定做了充分准备，以应对欧盟在 2005 年开始实施水产品贸易可追溯制度对我国相关领域的影响。

（5）《关于进一步加强食品安全工作的决定》③。2004 年 9 月 1 日国务院出台了《关于进一步加强食品安全工作的决定》。该决定明确了农业部门在食品安全源头管理的职能，要求建立农产品质量安全例行监测制度和农产品质量安全追溯制度，严格实行不合格食品的退市、召回、销毁、公

① 资料来源：中国农业信息网。

② 资料来源：RFID 世界网。

③ 资料来源：中央人民政府门户网站。

布制度，为农业部门实施食品质量安全可追溯体系提供了政策依据，创造了发展环境，指出了工作方向。

（6）《关于进一步加强农产品质量安全管理工作的意见》①。为认真贯彻落实国务院《关于进一步加强食品安全工作的决定》精神，在更高水平、更深层次上进一步加强农产品质量安全管理工作，2004 年 12 月 8 日原国家农业部发布了《关于进一步加强农产品质量安全管理工作的意见》。意见中提出了工作的一个重点就是加强农产品质量安全可追溯能力建设，强化农产品质量安全可追溯管理工作，逐步建立生产记录可存档、产品流向可追踪、储运信息可查询的完备的质量安全档案记录和农产品标签管理制度，把产品标签与农产品认证标志、地理标志、产品商标等结合起来，逐步形成产销区一体化的农产品质量安全可追溯信息网络。该意见还指出要结合优势农产品生产基地、标准化生产基地和无公害农产品生产示范基地建设，探索推广农产品生产档案登记制度。要积极创造条件，逐步实现在农产品生产、加工、包装、运输、储藏及市场销售等各个环节，建立完备的质量安全档案记录和农产品标签管理制度。该意见为食品质量信息可追溯体系建设规划了实施框架，指出了工作方向，提供了政策支持。

（7）《2005 年农产品质量安全工作要点》②。2005 年 3 月 9 日原国家农业部发布《2005 年农产品质量安全工作要点》。该要点从加强源头治理，推行标准化生产；完善例行监测，推进信息发布；促进全程追溯，推动市场准入；健全保障体系，加快立法进程；加快农业品牌化，推动工作创新；加大领导力度，健全工作队伍等六个方面对 2005 年的农产品质量安全工作进行了部署。该要点明确指出要推进农产品质量安全全程可追溯，要结合我国农业生产方式、农产品流通方式发展状况，积极创造条件，探索多种形式的农产品质量安全可追溯办法，强化农产品质量安全可追溯管理工作。开展牛肉、牛奶质量安全可追溯试点工作，结合优势农产品生产基

① 资料来源：中国农业信息网。

② 资料来源：中国百科网。

地、标准化生产基地和无公害农产品生产示范基地（养殖小区、示范农场）建设、推广农产品生产档案登记制度。该要点从可追溯的实现方式上进行了政策性指导，为防止直接套用发达国家的可追溯模式，忽视我国的实际情况提供了借鉴，指出应该通过试点地区、试点品种的方法来建立生产档案，推广食品质量信息可追溯体系的建设。

（8）《中华人民共和国农产品质量安全法》[①]。2006 年 4 月 29 日中华人民共和国第十届全国人民代表大会常务委员会第二十一次会议通过《中华人民共和国农产品质量安全法》，为从源头上控制农产品质量，全程监管和保障农产品质量安全，维护公众的身体健康，提供了法律保障。该法律规定：农产品生产企业和农民专业合作经济组织应当建立农产品生产记录，记载使用农业投入品的名称、来源、用法、用量和使用、停用的日期；动物疫病、植物病虫草害的发生和防治情况；收获、屠宰或捕捞的日期。农产品生产记录应当保存二年。禁止伪造农产品生产记录。国家鼓励其他农产品生产者建立农产品生产记录。《中华人民共和国农产品质量安全法》以法律的形式对农产品生产记录的内容进行了明确的规定，指出生产记录的主体是农产品生产企业和专业合作组织，对农户等其他生产者没有强制要求建立生产记录，而是采取自愿和鼓励的方式，从而使得农产品生产记录内容和记录主体有法可依。

（9）与《中华人民共和国农产品质量安全法》相关的意见和条例[②]。《中华人民共和国农产品质量安全法》的颁布出台，提高了我国农产品质量安全管理水平，分行业的食品质量安全生产记录的部门规章也相继颁布实施。2007 年 2 月 7 日，国务院发布《关于促进畜牧业持续健康发展的意见》，强调要加强畜产品质量安全生产监管，建立畜产品质量可追溯体系，强化畜禽养殖档案管理，实行养殖全过程质量监管。2008 年 11 月 7 日，原国家农业部出台《生鲜乳生产收购管理办法》，规定奶畜养殖场应当按

---

① 资料来源：中央人民政府门户网站。

② 资料来源：中国农业信息网。

照《乳品质量安全监督管理条例》第十三条的规定建立养殖档案，准确填写有关信息；奶畜养殖者对挤奶设施、生鲜乳贮存设施等及时进行清洗、消毒，并建立清洗、消毒记录；生鲜奶收购站应当建立生鲜奶收购、销售和检测记录。2009 年 3 月 30 日原国家农业部发布《关于全面推进水产健康养殖加强水产品质量安全监管的意见》，指出要指导和督促示范场建立生产记录、用药记录、销售记录和产品包装标签制度，完善内部质量安全管理机制，逐步试行水产品质量安全可追溯制度。

（10）《中华人民共和国食品安全法》①。2009 年 2 月 28 日第十一届全国人民代表大会常务委员会第七次会议通过《中华人民共和国食品安全法》。该法律对食品安全监管体制、食品安全标准、食品安全风险监测和评估、食品生产经营、食品安全事故处置等各项制度进行了补充和完善。该法律明确了食品安全追溯的要点，并规定：食用农产品的生产企业和农民专业合作经济组织应当建立食用农产品生产记录制度。食品生产企业应当建立食品出厂检验记录制度，查验出厂食品的检验合格证和安全状况，并如实记录食品的名称、规格、数量、生产日期、生产批号、检验合格证号、购货者名称及联系方式、销售日期等内容。食品经营企业应当建立食品进货查验记录制度，如实记录食品的名称、规格、数量、生产批号、保质期、供货者名称及联系方式、进货日期等内容。该法律虽然没有明确指出要建立食品质量安全追溯体系，但要求企业在食品生产环节、加工环节、流通环节都要有能够实现追溯所要记录的内容，强化了“从农田到餐桌”的全程监管，为食品安全风险监测与评估制度建立和问题食品召回提供了依据。

（11）《食品可追溯性通用规范》和《食品追溯信息编码与标识规范》②。2009 年 12 月 22 日，两项食品追溯国家标准《食品可追溯性通用规范》和《食品追溯信息编码与标识规范》通过审定。前者规定了食品追溯

① 资料来源：中央人民政府门户网站。

② 资料来源：食品产业网。

的基本原则和基本要求、追溯流程和追溯管理规则，适用于各类食品可追溯系统的建立和管理。后者规定了食品追溯的信息编码、数据结构和载体标识，适用于食品追溯体系的建立和应用。

（12）《全国肉类蔬菜流通追溯体系建设规范（试行）》①。为进一步规范地方肉类蔬菜流通可追溯体系建设，实现不同城市互联互通，确保全国肉类蔬菜流通可追溯体系的整体性，2011 年 3 月 9 日，商务部制定了《肉类流通追溯体系基本要求》《蔬菜流通追溯体系基本要求》《肉类蔬菜流通追溯体系编码规则》《肉类蔬菜流通追溯体系管理平台技术要求》《肉类蔬菜流通追溯体系感知技术要求》《肉类蔬菜流通追溯体系传输技术要求》《肉类蔬菜流通追溯体系信息处理要求》《肉类蔬菜流通追溯体系专用术语》等 8 个技术规范。再加上 2008 年我国已经完成了《饲料和食品链的可追溯性体系设计与实施的通用原则和基本要求》《饲料和食品链的可追溯性体系设计与实施指南》，我国食品质量信息可追溯的标准体系日臻完善。

二、我国食品质量信息可追溯体系的试点建设

近些年来，我国各级政府部门、研究团体和企业对食品质量信息可追溯性的理论与实践进行了积极探索。如 2004 年，原国家农业部启动了北京、上海等 8 个城市农产品质量安全追溯系统试点工作，狠抓农产品产地安全、生产记录、包装标识和市场准入管理，并以主要种植业产品、畜产品和水产品为重点，在全国农业标准化示范区（场）、无公害农产品示范县、无规定动物疫病区以及主要农产品规模种植、养殖场，把质量安全可追溯作为项目建设重要考核内容，全面推进农产品质量信息的可追溯管理等。另外，各省、自治区和直辖市在中央的政策引领和指导下，结合地方特色主动实践，积极探索、总结和推广了一批具有地域特点的、可行性强

① 资料来源：商务部政府信息公开查询系统网站。

的食品可追溯体系建设经验。这些食品质量信息可追溯体系的建设一般随食品属性、行业特征、地域差异等因素而各具特色。主要表现为：

蔬菜水果方面，建立了“山东蔬菜可追溯信息系统”“山东深加工食品安全监管追溯系统”“新疆吐鲁番哈密瓜追溯信息系统”及“江西脐橙产品追溯信息系统”等，对农产品的种植、管理、采收、包装、运输、销售等供应链各环节建立了有效标识，大大提高了产品的质量控制和流通效率，使消费者通过追溯终端系统能够实时准确地查询到农产品的品牌、种植地、等级、田间管理、生产周期、检测、营养成分等信息。

肉制品方面，北京建立了“牛肉产品追溯应用试点”，陕西建立了“牛肉质量与跟踪系统”，福建建立了“远山河田鸡供应链跟踪与追溯体系”，上海建立了“猪肉流通安全信息追溯查询系统”。通过建立产品生产管理系统和跟踪与追溯公共数据库，对养殖场、屠宰分割场以及肉类各消费环节的信息进行录入、编码标识，为企业、政府和公众构建全方位、多层次的食品质量安全数据库和服务平台，实现了从农场到餐桌的食品质量信息的可跟踪与可追溯。

水产品方面，甘肃兰州市通过建立经营户档案，加强渔用投入品管理，推行产地品种准出制度等，建立了水产品质量安全可追溯制度。海南省通过采用 EAN/UCC 系统，对该省水产品的生产、包装、储藏、运输、销售全过程进行标识，利用条码和人工可读方式使质量信息相互连接，一旦水产品出现卫生安全问题，通过这些标识即可追溯问题水产品的源头以及相应的责任归属。

粮食制品方面，广西实施了“广西米粉质量安全跟踪、追溯与监管体系”工程。这是一种食品质量安全信息沿供应链可跟踪、可追溯与可监管的新模式，方便了企业、政府监管部门在最短时间内最大范围地消除食品安全隐患，确保了消费者的食品安全。黑龙江垦区以稻米和畜产品为重点，实施了食品质量安全信息的可追溯管理系统。

茶叶制品方面，“四川茶叶制品跟踪与追溯系统”“云南普洱茶信息跟踪与追溯管理系统”采用全球统一的编码技术标识茶叶制品跟踪与追溯过程中的关键控制点，建立了面向全社会的信息查询交换平台，为市场监管部门和消费者提供了一种高效监管和查询手段，实现了茶叶制品质量安全信息沿供应链各环节的可跟踪与可追溯。

消费终端查询方面，主要建立有（1）“北京市食用农产品质量安全追溯管理信息平台”，这是原北京市农业局与河北省农业厅合作建设完成的北京市食用农产品质量安全追溯管理信息平台，其对食用农产品质量安全的管理横跨生产、包装、加工、零售等各个环节，并覆盖蔬菜、水果、畜禽、水产等多个领域；（2）“上海市食用农副产品质量安全信息系统”，这是上海市在各主要超市、大卖场安装的终端查询系统，该查询系统通过对超市、大卖场内数百种食用农副产品，包括肉类、蛋品、大米、蔬菜、食用菌类等加贴安全信息条码，实现了农副产品质量安全信息的可追溯。这一成果在浙江等地区也进行了成功的推广和应用；（3）“海南省热带农产品质量安全追溯系统”等。

2010 年，商务部开始着手进行国内流通领域食品质量信息可追溯体系建设的试点工作。该试点工作的主要内容是以肉类、蔬菜“一荤一素”为重点，计划用 3 年左右时间，率先在全国 36 个大中城市及部分有条件的城市，建成来源可追溯、去向可查证、责任可追究的肉类、蔬菜流通可追溯体系，从而引导食品生产经营者不断提高肉、菜的质量安全管理水平，为食品安全监管提供服务。目前这一试点工作已经完成，取得了较好的成效，并正在更大范围地进行推广。这些实践表明，我国食品质量信息可追溯体系建设已取得初步成效和宝贵经验。

但是，我国不同地区、部门、企业以及不同食品类别实施的食品质量信息可追溯体系不尽相同，各种食品可追溯体系由于技术、标准以及可追溯目标不一致而无法兼容。这种局面主要由以下几种原因引起：首先，缺乏统一的负责开发和管理食品质量信息可追溯体系的国家权威机构，这与我国当时实行的分段管理为主、品种管理为辅的食品安全管理模式不无关系；其次，具体食品安全标准和法规的制定上也不能够协调统一，各类标准繁多且分散，与国际通用的及发达国家食品安全标准的等效性较差，这导致了食品质量信息可追溯体系的目标不明确，使其不能快捷、准确定位食品质量安全的关键点，最终导致一个庞大的可追溯系统沦为普通的食品标签；再次，可追溯信息采集的范围和方法不统一，有些食品包装上的条形码并不能代表可追溯食品的身份特征，只能证明它的产地与产品名称等，而不能显示其生产日期、原料来源、批次编号等重要信息（赵荣等，2010）。

第二节　北京市食品质量信息可追溯体系的发展及评价

一、北京市食品质量信息可追溯体系的发展历程

北京市对食品质量信息可追溯体系建设的探索大体上可以分为三个阶段：

第一阶段是2004年到2005年间的蔬菜质量信息的可追溯试点。

2004年初，北京市场上相继发生了以河北张北地区毒蔬菜事件和河北香河县毒韭菜事件为代表的恶性食品安全重大事故，不仅给消费者带来了很大恐慌，也给当地的菜农和蔬菜产业造成了很大损失。如何利用现代科技手段，实施严格的蔬菜市场准入制度，开展蔬菜产品质量信息可追溯，实现全程质量管理，保护生产者合法权益，保证消费者的健康安全，快速定位问题来源并召回问题产品，成为了北京市农业部门改进和加强农产品质量安全管理的重要课题和迫切任务。由此，原北京市农业局和原河北省农业厅在原国家农业部的组织下开展了“进京蔬菜产品质量可追溯制度试点”工作，通过选择河北承德、唐山、廊坊等地6个具有代表性的蔬菜生产基地作为试点基地，研究进京蔬菜产品产地加工、分级和包装以及基地产品标签信息码的应用等问题，以实现源头可追溯和流向可追踪的农产品质量的可追溯性。2004年9月1日，国务院出台23号文件，明确了农业

部门的食品安全源头管理职能，要求建立农产品质量安全例行监测制度和农产品质量安全可追溯制度。

自2005年起，北京市选择分布于8个郊区县的共15家蔬菜配送企业和农民合作组织作为试点单位，开始以蔬菜企业和农民合作经济组织为可追溯性实施主体，以大包装蔬菜产品和小包装零售蔬菜产品为控制对象，分别对蔬菜企业、合作组织和农户三个层次实施质量控制，同时开展与超市联动的蔬菜质量信息可追溯的试点建设。该试点工作的开展，提升了北京市蔬菜质量安全管理水平，并为北京市食品质量信息可追溯制度的全面实施积累了经验，奠定了技术和实践的基础。

第二阶段是2006年到2007年间的食品质量信息可追溯体系的推广。

2006年北京市政府将"初步建立北京市蔬菜质量安全追溯系统，在全市20家蔬菜加工配送企业推广应用质量安全追溯标识"列入为市民办的"59件实事"任务。通过一年的努力，北京市蔬菜质量安全可追溯系统开发完成，并试验运行，开始支持蔬菜产品从生产基地、加工企业、零售市场的全程质量可追溯；进入可追溯管理系统的试点单位由2005年的15家扩大到40家，涉及生产总面积达0.8万公顷，产品品种达150多个，直接销往超市、便利店、食堂等180多家。在此基础上，原北京市农业局着手在水产品、水果等其他领域推广应用可追溯管理模式和技术。

2007年，随着北京奥运会的临近，食品安全可追溯管理列入《2008年北京奥运会食品安全行动纲要》实施意见，实现农产品质量安全可追溯，成为保证奥运会食品安全供应的重要手段。原北京市农业局参加了奥运会食品安全供应方案、追溯技术标准的研究、制定和实施，按照北京市统一部署，承担了食用农产品可追溯系统平台的建设任务，负责将种植业、养殖业产品的质量安全管理信息统一归集进入奥运食品安全可追溯系统中心平台。并通过建立和实施示范性工程，在2007年40余次奥运会测试赛中，对奥运食用农产品供应商与可追溯系统中心平台的接口进行检验、磨合和完善，进一步提高相关方对系统的认识和熟练运用程度。截至2007年底，北京市参与可追溯体系建设的企业和农产品专业协会共74家，超市 32 家，试点的品种从蔬菜扩展到水产品、水果和畜禽。

第三个阶段是从 2008 年至现今的可追溯体系的深入发展。

2008 年，北京市按照“产品差异性、商品统一性”原则，集成开发了食品质量安全可追溯总平台和果蔬、水产、畜禽产品三个子平台，进一步扩大蔬菜、水产品和畜禽产品的配送、直销企业的追溯试点范围，完善市、区县、乡镇（大型生产基地、配送企业、批发市场）三级监测队伍，形成了定量与定性、快速与便捷的检测网络，将自检、抽检和巡检有机结合，开展了食品质量安全例行监测、监督抽检、质量监控。之后。北京市提出要通过市场准入政策，逐步实现北京市场真正意义上的食品可追溯，给每头猪戴上“耳标”，给每只鸡戴上“脚环”，使上市销售的每一块猪肉都有标识。2008 年 9 月 16 日北京市首个猪肉质量安全可追溯系统正式投入使用。

2009 年北京市出台《关于加强供博食品生产加工企业质量安全监管工作的意见》，制定了供世博食品及相关产品生产企业的监管方案以确保供应上海世博会的产品质量安全。该意见要求供世博食品及相关产品生产企业要严格落实产品出厂检验制度，并建立健全食品全程可追溯制度。

二、北京市食品质量信息可追溯体系建设实践

1. 蔬菜质量安全可追溯体系建设

北京市蔬菜质量安全可追溯的试点工作起步于 2004 年，在试点过程中，选择河北承德等地 6 个具有代表性的蔬菜生产基地作为试点基地，除了外埠基地试点外，也在小汤山特菜基地进行了试点工作。2005 年，北京市又开展了自产蔬菜产品质量可追溯的试点工作。该系统是原北京市农业局为实施农产品质量安全管理，界定产销主体责任，保障消费者知情权而建立的信息管理系统。2006 年系统建立之初在蔬菜品种上选择部分企业先行试点。系统的主要功能是实现农产品生产、包装、储运和销售全过程的信息可跟踪。该系统开通了 4 种查询模式（网站、短信、电话、触摸查询

屏），并在北京天安农业发展有限公司（小汤山特菜基地）、东升方圆农业种植开发有限公司等80多家蔬菜加工配送企业内进行推广应用，覆盖生产基地面积0.8万公顷，其中5个生产基地可实现生产过程查询，供应带有追溯码的蔬菜品种120多个，产品销往超市、便利店、食堂等170多家。另外，为了方便消费者查询，在华堂商场亚运村店、美廉美超市北太平庄店、易初莲花通州店、沃尔玛石景山店等多家超市内安放了触摸查询屏（金海水等，2009）。截至2018年年底，纳入北京市果蔬追溯系统的企业已达数百家，其中北京市企业占比85%以上，外埠企业约15%左右；北京市果蔬追溯系统中标签使用量占比约为65%。

北京市蔬菜质量安全可追溯系统是依据欧盟食品安全可追溯管理制度和我国GB7718－2004预包装食品标签通则，采用国际通行的EAN/UCC编码技术，以生产履历中心为管理平台，以IC卡和产品追溯码为信息传递工具，以产品追溯标签为表现形式，以查询系统为服务手段，实现蔬菜产品从生产基地、加工贮运、批发市场及零售市场的全过程质量安全可追溯。条码编码采用EAN/UCC128码编码规范，系统采用了通过国家商业密码管理办公室认证鉴定的编码加密机制，对产品进行追溯码的编制（赵明等，2007）。

质量安全信息查询平台是以生产履历中心数据库为基础开发完成的，消费者可以通过互联网、触摸屏、电话和手机短消息等多种方式进行查询，平台的后台软件系统设计了查询管理数据库，详细记录系统查询信息。但田间档案、生产过程每个环节的具体信息，只有企业、农优站、农业局有权限看到，消费者通过追溯平台能够查询到有关产品生产日期、保质期、生产商、检测信息、交易信息等基本信息。

针对北京市蔬菜产销特点，原北京市农业局规定蔬菜企业和农民合作经济组织为可追溯体系实施主体，进入可追溯体系的企业在企业规模、品牌建设等方面应达到一定的要求，其提供的蔬菜最低应符合无公害食品的标准，更重要的是蔬菜生产过程要规范，符合可追溯要求。蔬菜可追溯体系的监管由农优站（负责种植过程的审核，采收后成品的检查）负责实施，若蔬菜生产记录内容填写不真实，企业将承担直接责任。北京市政府还会对蔬菜生产经营企业进行不定期质量抽检，若不合格，企业必须退出质量信息可追溯系统。

蔬菜生产经营企业参与质量信息可追溯体系所增加的费用主要由政府来承担。政府主要补贴体现在两个方面：一是产码机、打码机、计算机系统等整个硬件设备，政府无偿提供给企业使用，费用平均每个企业4万~5万元；2004年至2008年8月，政府为企业提供设备补贴共支出700~800万元。二是追溯码标签，每个标签平均2~3分钱，政府最初免费发放给企业50万枚标签，其后由企业自行负担。另外，政府还负责企业蔬菜质量信息可追溯管理操作人员的技术培训，培训的内容主要涉及如何出码，如何填写信息，如何向系统上传信息等（王慧敏，2009）。

2. 水产品质量信息可追溯体系建设

2006年上海市等地发生的福寿螺事件、多宝鱼事件使人们认识到水产品对于人类健康所造成的风险。为了做好水产品的质量安全工作，同时为保障2008年奥运会的水产品质量安全，北京市水产技术推广站借鉴北京市蔬菜可追溯体系的应用技术经验，研究出了具有渔业特色的水产品质量安全可追溯技术，并经部分渔业生产基地应用示范取得成效后，于2006年11月24日正式将带有可追溯标识牌的安全水产品引入市场，建立了水产品质量信息可追溯体系。通过附着在鱼体标识牌上的追溯码，消费者可以查询每条鱼从池塘到餐桌的全过程经历。也就是消费者可以借此了解水产品的生产者信息、产品信息及养殖履历信息、水产品生产环境监测信息、水产投入品监测信息以及水生动物疾病监测信息等。

水产品质量信息可追溯系统主要由生产履历中心、追溯码生成及标签打印系统和信息查询平台三部分构成。生产履历中心是产品可追溯系统的核心和基础，生产履历中心包括生产者信息、产品信息及养殖履历信息。追溯码可实现数字化加密，实现一个包装条码标签对应唯一的一个产品追溯码。这种数据编码技术有相当的可控性，可按量发放、注册生效、到期失效，同时该种编码技术有很强的防伪性，数据编码进行加密处理、批量无法仿制。追溯码生成后，通过专用条码标签打印机打印，可随时产码，随时使用。信息查询平台是在生产履历中心数据库基础上开发完成，消费者可通过互联网、触摸屏、电话和手机短消息等多种方式进行查询。通过查询平台，实现了前期生产与最终消费之间的水产品质量信息可追溯。

截至 2018 年底，北京市已在数十家企业建立了水产品质量信息可追溯系统，其中对北京市朝阳区朝阳水产科技园、北京顺通虹鳟鱼养殖中心、北京北飞时科贸有限公司等 3 家企业进行了水产品质量信息全程追溯；为企业安装了监控系统，对养殖生产和车辆运输过程实施监控；对北京市昌平区常兴庄渔场等 10 家企业进行了水产品质量信息的一般可追溯管理。

3. 畜禽产品质量信息可追溯体系建设

北京市畜禽产品质量信息可追溯体系建设起步较晚，主要源于奥运食品必须实现质量信息可追溯性的要求。从开始进行畜禽产品可追溯体系建设，到在 2007 年 8 月“好运北京”体育赛事中正式启用，北京市畜禽产品质量信息可追溯体系的建设过程相对比较顺畅。

畜禽产品质量信息可追溯系统建设主要是在养殖地源头给猪、牛、鸡、鸭等畜禽产品佩戴耳标、脚环等可以承载畜禽信息的标志物，在屠宰、流通、销售环节应用 IC 卡、RFID（非接触式微型无线射频识别技术）电子标签，层层加载信息，形成数据库，这就相当于使每个畜禽产品有了自己的“身份证”。根据产品上贴的条形码标贴或电子标签，消费者可通过计算机、电话、短信等终端方式查到相关禽畜产品的饲养、屠宰、流通等环节的全部信息。

2008 年 2 月北京市畜禽产品质量信息可追溯系统投入使用，并逐步把北京市 14 家生猪屠宰企业和所有牛羊肉家禽生产加工企业纳入到可追溯系统中，实现了对 10% 的畜禽产品质量信息可追溯。奥运会之后北京市猪肉质量信息可追溯全部沿用奥运会的畜禽可追溯系统来实现质量信息可追溯，2008 年 9 月 16 日北京市首个猪肉质量信息可追溯系统在北京最大的猪肉批发市场——北京回龙观商品交易市场投入运行。

截至 2018 年底，北京市存栏的全部家畜都拥有了自己的“身份证”。

每个家畜耳标上的编码都是唯一的，这就决定了“数字身份证”的唯一性。动物检疫员只需将 IC 卡插入识读器，像刷卡一样在牲畜耳标旁一刷，该牲畜的饲养地、饲养人、每次防疫情况等，便全部显示在了识读器上，将本次检疫信息更新后，再按动传输键，这些信息就会进入国家农业农村部及北京市农业农村局的数据库里。家畜耳标中的识别信息，由国家统一发放。只要相关的家畜信息不匹配，就无法进行正常的检验检疫、屠宰上市。

三、北京市食品质量信息可追溯体系的评价

北京市蔬菜质量信息可追溯系统在设计开发之初，考虑了从生产者到消费者全程影响质量安全的各种因素的可追溯性，包括生产、集货、运销、配送、批发、零售、直销等各个环节，可追溯的对象既包括北京自产蔬菜，也包括外埠进京蔬菜。在理论上，该可追溯系统可以实现对北京市所有上市蔬菜的全程质量信息可追溯性。从蔬菜可追溯体系、水产品可追溯体系和畜禽产品可追溯体系的发展情况来看，蔬菜可追溯体系建设起步最早，可追溯系统完善，参与的企业和合作经济组织较多，较好地实现了源自种植源头的质量信息可追溯。水产品和畜禽产品可追溯体系的建设还处在探索发展和完善过程中，参与的主体也只局限于企业及规模较大的养殖场和养殖基地，参与农户较少向普及化方向发展。

北京市食品质量信息可追溯体系的快速发展源于政府、产业化组织和农户的共同努力。首先，政府出资开发研制食品质量信息可追溯系统，为可追溯体系顺畅运行提供了良好的操作平台，缓解了产业化组织在实施食品可追溯体系过程中的技术困难和资金压力。此外，政府在相关硬件设备、人员培训等方面的扶持政策也为食品质量信息可追溯体系的发展创造了良好的外部环境。其次，产业化组织积极参与并实施食品可追溯体系为广大农户起到了良好的组织、带动和示范作用，进而使得食品可追溯系统能够有效运作。最后，处于生产源头的农户填写田间生产档案，遵守可追

溯食品生产规范，是食品质量信息可追溯体系最终能够顺利实施的重要保证。

北京市食品质量信息可追溯体系在快速发展的同时也存在一些问题。首先，从政府监管层面来看，食品质量安全的控制原来由多部门、分段监管，但具体负责推进食品可追溯体系建设的只有原农业局，2018 年 3 月国家机构改革后，多部门、分段监管问题得到了一定程度的解决，但为保证食品可追溯体系顺畅运行，各部门、各环节间的协调配合仍需加强。其次，从市场需求层面来看，由于消费者对可追溯食品的认知程度低，可追溯食品在市场上不能完全实现“优质优价”，挫伤了企业、合作社和农户的积极性，单靠企业、合作社的力量推进食品质量信息可追溯体系的建设，带动农户参与食品可追溯体系建设，困难很大。最后，从食品质量信息可追溯体系的实施者层面来看，企业和合作社带动农户参与食品质量信息可追溯体系增加了管理成本，在没有外部激励的情况下，仅靠产业化组织提高自身声誉的需要来推动，难以维持产业化组织参与食品可追溯体系的热情。更为重要的是，在目前政府鼓励而非强制农户建立田间生产记录档案的情况下，如何让北京市 20 多万分散、小规模经营的农户参与到食品可追溯体系建设当中来将是北京市维持食品质量信息可追溯体系持续、长远发展的关键。

第三节　山东省寿光市蔬菜质量信息可追溯体系的发展及评价

一、寿光市蔬菜质量信息可追溯体系发展概况

近年来，国内外食品质量安全事件时有发生，国际贸易绿色壁垒也不断升级，但山东寿光的蔬菜却在国内外市场上畅通无阻，销售范围辐射到

国内 30 个省（自治区、直辖市），出口到 10 多个国家和地区。究其缘由，这主要是因为寿光市较早建立并实施了蔬菜质量安全可追溯体系，拥有了积极打破国际贸易壁垒的超前意识和实践。

2004 年，原寿光市质监局配合原国家质监总局、原山东省质监局在稻田田苑蔬菜和洛城特菜两个蔬菜基地，率先开展了全国蔬菜质量安全溯源制度试点工作。该溯源工作主要是通过编码系统对蔬菜的生产流通进行全过程记录，从农民生产出蔬菜到包装、仓储、运输、销售等全过程都以编码的形式显示出来，若在蔬菜消费的过程中发现质量问题，相关部门和消费者即可通过编码系统进行追溯，明晰责任归属。不过，用物流条形码来进行农产品的质量信息追踪，必须使用专用的扫码仪、电脑等设备，投资大、不方便普通消费者使用。故随着信息通讯和互联网技术的发展，原寿光市质监、农业、移动通讯等部门相互合作，又联合开发完成了蔬菜质量安全二维码可追溯系统。至此，寿光市要求相关农户在蔬菜种植过程中推行田间档案管理，将施肥用药、采摘时间、检验化验、经销商等信息都记录在册。借助于智能电子标签技术，上市蔬菜都被赋予了一个唯一标识作用的追溯码，相当于产品的“身份证”。相比于条形码，新一代“身份证”二维码的信息量要大得多，也更加方便。消费者或相关部门只需开通手机 GPRS 功能，再下载一个条码识别器，扫描二维码，蔬菜的各种信息便一目了然。当然，消费者也可通过电话、手机短信、互联网或超市终端查询机，查到自己购买的蔬菜从种植到销售的全流程信息，从而实现蔬菜“从田间到餐桌”全过程的质量信息可追溯。

寿光市的农产品质量信息可追溯系统主要由企业端管理信息系统、食品安全质量数据平台和终端查询系统三部分组成。企业端管理信息系统主要针对蔬菜生产企业采用一定的信息技术和条码技术，应用 EAN/UCC 系统对蔬菜贸易的项目代码、加工原料来源、包装信息、物流信息以及企业基本信息等进行标准化编码，以控制企业的生产加工过程，实现对蔬菜从种植、收购到加工包装全过程进行计算机管理。食品安全质量数据平台以山东省质监系统的金质工程网络平台为依托，主要接收企业端、检验机构和认证机构的各种信息，借助该平台可以保证终端市场（超市）每天能接收到最新的信息。通过扫描蔬菜产品包装上的追溯码，市场（超市）终端查询系统将准确地显示公司的基本情况、蔬菜的种植农户以及施肥和用药情况、收购时间、加工人员和加工日期、检验信息等各项数据（赵明、刘秀萍，2007）。

2009年年初，在借鉴蔬菜质量安全溯源制度试点工作经验的基础上，寿光市又开展了《农产品溯源标准体系及重要标准研究与示范》项目的试点工作，完成了《农产品追溯要求：新鲜水果和蔬菜》国家标准草案示范，提出了标准草案修订建议，并撰写了《农产品溯源重要标准示范研究》报告，为农产品溯源国家标准的制定发挥了重要作用。

寿光市在发展蔬菜质量信息可追溯系统的过程中，建立健全了检验检测、质量监管、服务支持等一整套蔬菜质量安全生产经营发展模式，有效地促进了农业增效和农民增收，推动了寿光市蔬菜产业的健康可持续发展。寿光市食品质量信息可追溯体系建设的具体做法可归纳为：

一是健全检测体系。寿光市投资1000多万元建设农产品质量检测中心，农产品企业、基地、市场、超市均建立有蔬菜质量检测室。按照有场所、有法人、有人员、有设备、有台账、有制度等“六有”标准，对村头地边蔬菜的交易市场进行集中整治，实现固定检测与流动检测、定样检测与抽样检测的有机结合。

二是健全监管体系。寿光市政府成立了由市长任组长的农产品质量安全领导小组，具体负责全市农产品质量安全监督管理和标准化生产的总体规划和监督管理。各镇（街道）也相应成立了农产品质量安全监督管理办公室和农业行政执法中队，按照不少于6人的标准全部配齐人员。各村也都实行了村委会负责制，每个村委成员都是农产品质量安全的监管员。在寿光市全市范围内形成一级抓一级、层层抓落实的监管领导体系。

三是健全生产体系。寿光市建设了洛城农发、燎原果菜、三元株、欧亚特等20多处规模大、市场竞争力强的生产示范基地，其中15处基地获得国家“三品”基地认定，面积达4万多公顷。同时，建立健全了蔬菜生产记录档案，对全市14万户蔬菜种植户、40万个蔬菜大棚编制身份证，做到有据可查，能够追溯（徐良仙等，2007）。

四是健全标准体系。寿光市组织有关专家制定了《寿光市农业标准化生产操作规程汇编》和《寿光市农产品生产技术操作规程实用手册》，将蔬菜生产全部纳入标准化体系建设中，以适应国内外市场对蔬菜质量安全的要求。

五是健全品牌创建体系。寿光市把推进“三品”认证、商标注册和名牌申报作为实施品牌战略的三大内容，推进品牌创建工作。全市获得“三品”认证的蔬菜产品达300余种，打造了“乐义”蔬菜、“王婆”香瓜等十几个知名商标。

六是健全服务支持体系。首先是加大政策扶持力度。凡在寿光市内从事农产品生产、加工、经营的企事业单位、农村经济合作组织和其他经济组织，市财政对当年新获“中国名牌农产品”“地理标志产品”“山东省名牌农产品”的，一次性分别奖励50万元、20万元、10万元；对当年新获国家有机食品、绿色食品、无公害农产品认证的，一次性分别奖励5000~10000元；对创建成为国家、山东省、潍坊市农业标准化示范区和农业标准化示范基地的，一次性分别奖励1万~5万元，这对提升寿光蔬菜质量安全水平起到了积极的推动作用。其次是开展科技信息110服务。寿光市农业局通过建设寿光农业信息网，开展农业科技信息110视频服务，为全市农民提供蔬菜标准化技术咨询、市场信息等服务，惠及全市菜农16万户，推广标准化生产技术600多项。最后是扩展市场体系，以蔬菜批发市场为核心，构筑与国内外市场相融合的现代化市场体系。截至2018年，全市已发展专业市场50多处，集贸市场200余处。寿光市还创建了全国第一家蔬菜网上交易市场，年交易额330亿元，同时，还积极举办蔬菜博览会，推进蔬菜产业向国际化方向发展。

二、寿光市蔬菜质量信息可追溯体系的评价

寿光市的蔬菜质量信息可追溯系统以 EAN/UCC 编码为载体实现蔬菜质量安全信息的可追溯，基本技术原理类同于北京市的蔬菜质量信息可追溯系统。寿光蔬菜质量安全可追溯体系的发展基于其打破蔬菜国际贸易绿色壁垒的市场驱动，其中寿光市政府实行的严格检验检测程序及监管监察手段是其蔬菜实现质量安全的有力保证；与科研院所合作，不断开拓、推广先进技术是其蔬菜产业实现快速发展的技术保障；成熟的四通八达的网络化蔬菜市场体系是其蔬菜产业持续发展的动力源泉。

虽然寿光市的蔬菜质量信息可追溯体系建设起步较早，但是在我们实地考察和与农户面对面的访谈中，发现寿光市蔬菜质量信息可追溯体系的发展仍喜忧参半，参差不齐。在蔬菜出口型企业以及以全国各地超市、各大机关单位为目标市场的蔬菜加工、配送型企业层面，质量信息可追溯体系发展的较好，这些企业通过体系的建设，不仅带动了周围农户的蔬菜安全生产，同时还将一些新技术、新品种通过示范效应传递给农户，带动了当地蔬菜产业的发展。而在以农业专业合作社为核心、以批发市场和农贸市场为销售终端的基层农户层面，其对蔬菜质量信息可追溯体系及体系在保障食品安全方面的认识和应用还非常有限。虽然这些农户的大棚也被统一编码，农户一开始也按照当地政府或产业化组织的要求填写田间生产记录，但由于他们并不清楚这些生产操作要求的用意何在，因此大部分农户的田间档案慢慢开始流于形式，久而久之就被束之高阁了。还有相当一部分农户的蔬菜产销完全靠个人，没有加入任何的产业化组织，这主要是因为当地蔬菜产业化组织的数量有限，且收购具有可追溯性的蔬菜数量有限，参与可追溯体系的农户并未从产业化经营中获取多大利益。相比于北京市的被调查农户，寿光市的订单农业发展水平要远远落后于北京市的订单农业发展水平。寿光市被调查的可追溯蔬菜种植户面临的产业化组织带动、政府补贴、技术培训等方面的外部环境条件均处于明显的劣势地位。

由于寿光市对其蔬菜产业的补贴大多落实到企业一层，农户未能从政府补贴中获取较大收益，而广大分散农户的参与恰恰是蔬菜质量信息可追溯体系得以实现正常运行的重要基础，因此对基层农户参与积极性的忽视制约了寿光市蔬菜质量信息可追溯体系进一步的快速、健康发展。

第四节　本章小结

本章回顾了我国食品质量信息可追溯体系的发展，重点介绍了北京市食品质量信息可追溯体系以及山东省寿光市蔬菜质量信息可追溯体系的建设情况，并分别对北京市、寿光市食品质量信息可追溯体系的发展情况进行了评价。从以上的内容分析，可以得到以下主要结论：

（1）我国食品质量信息可追溯体系发展较快，全国各级农业部门对农产品质量信息可追溯理论与实践进行了积极探索，形成了因地制宜、各具特色、门类较为齐全的食品质量信息可追溯系统，但由于技术、标准以及可追溯目标的不一致，各种食品质量信息可追溯体系存在兼容性有待提高的问题。

（2）北京市食品质量信息可追溯体系在系统建设、品种推广方面都发展迅速，尤其以蔬菜可追溯体系的建设最为完善，参与的企业、合作经济组织和农户数量最多。北京市食品质量信息可追溯体系的构建和发展主要得益于政府的驱动，政府对产业化组织以及农户的双重补贴大大提高了广大农业生产经营者参与食品可追溯体系建设的积极性。

（3）山东寿光市蔬菜质量安全可追溯体系的发展主要基于其打破蔬菜国际贸易绿色壁垒的市场驱动，相比于北京市，寿光市政府对基层农户的补贴力度不够，产业化组织对农户的带动作用不强，农户参与蔬菜质量安全可追溯体系建设的积极性不高，记录田间档案的农户数量较少。但寿光市蔬菜的市场体系完善发达，政府对蔬菜质量安全的监管力度高。

第四章　单一成分食品供应链自愿和强制性可追溯的经济性

第一节 引言

食品供应链是由相互依赖的公司构建的复杂网络，涉及从农场到消费者的食品生产、加工、运输、贮存和销售等环节。在过去的几十年里，农业食品系统越来越紧密地结合在一起。随着食品市场的全球化，农产品生产和消费者消费之间的距离越来越大。这不仅发生在空间距离上，也发生在食品供应链的层级上。这种快节奏的食物供应变化是人类历史上前所未有的，但人们尚未完全了解其对社会的影响。这其中最引人注目的影响因素之一是日益增加的对协调的需求，表现为在食品供应链中产生了越来越多的合同协议（迈克·唐纳德等，2004；詹姆士、克莱因和西库塔，2005）。而另一个问题则是对食品质量和安全、原产地、生产和加工技术信息和透明度的关注（卡斯韦尔，2006；欧洲议会和理事会，2002 年）。之所以如此是因为，更多的合同协议和更多的信息可以减少不确定性并改善风险管理，或者在食品供应链中进行更有效地风险转移，从而降低交易和食品安全成本。

当前，随着农业和食品生产、加工技术的不断进步，企业、农业合作组织和政府部门都在投入巨资以期通过新技术、新的管理实践和法规来改善食品的安全标准。其中强制性危害和关键控制点（HACCP）分析方法的应用就是一个典型例子。尽管做出了这些努力，但食品安全威胁仍然存在，并且每年都会出现一些新的危害。为此人们有必要对现有干预措施作进一步的研究，进而思考其替代方案或补充工具。

自愿和强制性食品可追溯系统越来越多地被用于改善食品供应链上企业之间的信息共享。关于可追溯性是否是改善食品安全的适当工具，甚至强制可追溯性是否合理，在国内和国际上仍存在相当大的争论，即将食品质量信息可追溯系统简单地认为是一个信息系统，通过该系统，供应链中不同层级的企业可以实现共享产品来源、属性、生产和加工技术等信息。不过需强调的是：可追溯系统不应被视为解决食品安全问题的灵丹妙药，而应视为是一种改善食品供应链信息管理的工具，它可以被视为一种对现有政府和企业（含农业合作组织）干预食品供应链以改善食品质量和安全措施的补充，而不是替代。

本章是关于食品质量信息可追溯性的经济学辨析。其目的有二，一是探究在单一成分食品供应链中，基于更多信息的需求，自愿或强制性可追溯系统成为企业首选的经济条件是什么？二是研究网络的外部性情况以及以何种方式影响最优可追溯性水平和企业额外支付的费用。

20 世纪 90 年代初，欧盟（EU）因受一系列食品安全事件造成恐慌的影响，导致消费者对农民、农业企业、零售商和政府监管部门产生了不信任。虽然，中国、美国、日本和加拿大也都遇到了相类似的食品安全事件，但除日本外，这些食品安全事件在消费者层面产生的影响似乎并不如欧盟那样普遍。不过，这一系列事件仍导致企业（含农业合作组织）和政府部门认为有必要采取进一步的市场干预措施，以恢复消费者对食品安全供应的信心。

信息不对称和不完全是整个食品供应链和消费者层面对食品安全和质量不信任的重要来源。为此，有人建议采取信息补救、过程标准、产品性能标准和资金补贴措施来纠正或减轻食品安全市场的失败（亨森和崔尔，1993）。不过，由于食源性风险的性质、信息的公共性质以及食品安全或质量信息供应的不对称，提供信息本身可能就是不完全的。

根据欧盟委员会和欧洲议会颁布的第 1760/2000 号法规和第 1825/2000 号法规，欧盟自 2000 年起已强制要求实施从农场到餐桌的牛肉识别和可追溯性。2005 年 1 月，欧盟根据《一般食品法》第 178/2002 号法规，要求在其区域范围内销售的所有食品都必须具有可追溯性；根据欧洲议会和理事会颁布的第 1830/2003 号法规，要求对含有 0.9% 以上转基因材料的产品进行追溯。根据2009年通过的《中华人民共和国食品安全法》的规定：食用农产品的生产企业和农民专业合作经济组织应当建立食用农产品生产记录制度。该法律虽然没有明确要求建立食品质量安全可追溯体系，但要求企业在食品生产、加工、流通等环节都要有能够实现可追溯的记录内容。为此，可追溯性成为世界许多国家新食品立法中的关键要素，成为减轻食品安全危害的一种工具。然而，也有人认为对不同的产品实施强制性可追溯，不仅成本太高而且也没必要，特别是实施没有针对消费者特定价值属性的可追溯系统更是如此；并且还认为，为提高食品系统的安全性而实施食品质量信息的可追溯性，效率可能是低下的，这是由于提高食品安全水平可能会减少企业在其生产加工中进行创新的动力（戈兰等，2003）。

食品质量信息的可追溯性意味着位于食品供应链不同层级的企业之间的信息流动。供应链中的每一个企业都从其上游企业处获得有关食品质量安全的信息，同时也创建企业自身的食品质量安全新信息。在涵盖整个供应链的可追溯性系统中引入的信息可能存在相互的依赖性和互补性。互补性可能会导致网络效应差，从而影响可追溯性的采用水平。本研究将根据纵向协调、网络和代理理论，开发出一个综合的分析框架，以探究实施可追溯性时食品供应链上企业之间的协调问题。

第二节 自愿和强制性可追溯的经济性

可追溯性正在成为支撑全球食品供应链中食品质量和安全保障体系的重要工具。就食品行业而言，从生产者到消费者的各环节处收集和共享信息的想法并不新颖或独有。例如，在邮政和包裹邮寄行业，可追溯性允许客户从起始点到目的地跟踪他们的包裹；在航空业中，跟踪系统用于确保行李和乘客在同一架飞机上并前往同一个目的地。美国联邦航空管理局和欧洲航天局均要求在飞机制造和使用过程中实施可追溯性，以确保在飞机生产和维护中仅使用经批准和认证的部件等。

虽然邮政和包裹邮寄行业的可追溯性是自愿的，并且受到消费者需求的驱动，但在航空领域，它是强制性的，其动机是确保飞机的飞行安全。那么，一个相关的问题就产生了：为什么有的行业需要强制性可追溯，而有的行业却不需要呢？可能的解释理由有三个：一是在制造和修理飞机时，风险和故障的性质和后果要严重得多；二是这些行业的结构不同；三是制造和修理飞机比运送邮件或包裹要复杂得多。不过，就食品行业而言，自愿还是强制性可追溯的问题并没有明确的答案，因为在这个行业中存在各种各样的案例，一些类似于邮政行业，而另一些类似于飞机制造和维护行业。不过，似乎人们有这样的一个共识：风险、风险后果以及食品供应链的复杂性越大，则实施食品质量信息的强制性可追溯就越合适。

戈兰等（2004）研究了美国的谷物和油菜籽、鲜活农产品以及牛和牛肉工业中实施的可追溯系统。他们发现这些系统都是自愿的，并且可以确定有效的可追溯性水平以及权衡私人成本和收益的大小。狄金森（2005）、贝利（2002）和霍布斯（2005）等发现北美消费者愿意为食品的可追溯性支付额外费用，特别是实施的可追溯性得到了食品质量保证体系的支持时更是如此。美国的私营部门已经制定了若干类型的程序和手段，以避免当私人的追踪程度与社会最优可追溯水平相矛盾时出现的市场失灵（戈兰等，2004）。有关食品安全危害的侵权责任可能是实施可追溯性的另一个重要驱动因素，如美国和欧洲的法院均存在因考虑到违规企业建立了质量信息可追溯系统而减少罚款的判例。因此，至少有两种动机可以解释自愿实施可追溯性：满足消费者需求而寻租，以及减轻法院对食品安全危害的责任惩罚。为此，戈兰等（2004）认为，除非有明确的市场失灵证据，否则应优先考虑食品的自愿可追溯性。

与其他形式的市场干预一样，安特尔（1995）认为只有当市场未能提供有效率的和适宜的信息水平来防止或减少食品安全危害，且可追溯性干预的净效益是正值时，强制性的食品可追溯要求才是合理的。正如欧盟和日本自2000年起建立的牛及其牛肉制品的强制可追溯系统（苏扎·蒙特罗和卡斯韦尔，2004）、中国北京市为保障2008年奥运会食品安全供应的需求，于2008年建立的食品强制性可追溯系统等。但食品质量信息的强制可追溯性是昂贵的。据美国农业部估计，为实施从养牛场到屠宰场的牛肉的可追溯性，美国在六年的时间里花费了5亿美元的总成本（贝利、罗伯和契克特斯，2005）。因此，基于经济性的考量，人们需将强制可追溯系统的建设成本与强制可追溯性实施可能获得的效益进行成本－收益分析比较，这其中的效益包括重新获得并保持对国际市场的充分准入等。例如2000年，美国牛肉因建立了质量信息可追溯系统从而重新获准进入日本市场，当年出口至日本市场的牛肉总额达到16.4亿美元（美国农业部，2003）。

上述的情形表明，在自愿性可追溯系统中，企业是否实施可追溯系统以及在何种水平上提供质量信息的可追溯具有灵活性。企业仅在有明显的私人利益的情况下才自愿采用可追溯性系统。企业自愿采用可追溯性系统是因为消费者愿意为此支付所产生的食品价格溢价，并且实施质量信息的可追溯性可以提高物流效率、促进产品差异化、减轻责任处罚等。但自愿性可追溯系统有两个缺点：一是并非所有的企业都实施可追溯性系统，故部分环节仍然是不可追溯的；二是沿食品供应链不完全的可追溯性妨碍了企业采用低于促进食品危害预防所需的可追溯水平。

正如前文所述，可追溯性系统中引入的信息具有公共和私人信息属性，因此食品供应链中可能存在不对称信息问题（亨森和崔尔，1993）。一般而言，可追溯性系统是一种与食品质量和安全相关的信任信息系统（克里斯皮和马雷特，2001）。通过观察可追溯系统中记录和传输的各种信息属性，韦贝克（2005）认为消费者对信息的需求与生产商、加工商或零售商提供的信息间可能存在不一致的情形，且并非所有消费者都能够理解相关信息的含义，这就有可能降低他们支付因可追溯性造成的食品价格溢价的意愿。因此，企业（含农民合作组织）在提供食品可追溯性时可能无法充分考虑其社会效益，这会导致社会效率低下的可追溯性。在一篇食品安全危害责任背景下的可追溯性研究论文中，珀里特和苏纳（2006）展示了实施食品的可追溯性是如何增加了企业（含农民合作组织）提供更安全食品的动力的案例。他们的研究表明，随着行业可追溯性水平的提高，企业搭便车的现象会减少，食品安全的概率会上升。卓和霍克（2006）曾就企业绩效与有限预算、监管机构推行生产标准以有效降低风险进行过比较研究。与一般的理解相反，他们的研究表明，如果有限预算投入变化很大，则流程对企业绩效的影响大于生产标准的影响；当行业中大多数公司的效率低下时，监管机构对行业中的合规性关注较少，而对标准水平的关注则较多。

强制性可追溯系统不仅会迫使市场中相关的代理商与其合作伙伴共享信息，而且还可强制要求他们提供关乎公共价值的社会最优信息水平。相反，由于企业未能在社会层面将可追溯性的公共利益进行内化，自愿性可追溯系统提供的信息可能太少，这在一定程度上可以证明实施强制性可追溯的公共干预的合理性。当然，监管机构不仅应分析公共干预的不同政策选择方案，还应考虑每种政策选择是否会导致社会成本大于社会收益。

相关的文献研究表明，自愿性或强制性可追溯有不同的适用情形，对可追溯性的激励措施也可能受适用的食品系统责任规则的影响。如：美国是适用严格责任的国家，这意味着即使卖方不了解其产品的危害，卖方也要承担相应的责任（库克，1991）；而在欧盟，新的《一般食品法》（欧洲议会和理事会第（EC）N°178/2002 号法规，2002 年 1 月）则规定了经典的责任适用规则，即运营商只对其控制的行为和事件承担责任（2004 年食物链和动物卫生常设委员会）。我国的相关司法实践中，在判定食品质量安全责任时，大体与欧盟的做法相类似，也采用经典的责任适用规则。显然，美国的责任适用规则相比于欧盟和我国而言，更为严格。这在一定程度上可以解释美国食品行业领域的消费者为什么对可追溯性实施造成的食品价格溢价具有较低的支付意愿。

在经济学中，责任规则通常被视为事后政策，而规章制度则是纠正外部性的事前政策选择，事后干预被视为事前政策的替代。经济学家们倾向于支持成本最低的选择（科尔斯塔德、乌伦和约翰逊，1990）。不过在许多情况下，人们更倾向于同时使用事前和事后的政策选择，如上面引用的欧盟新的《一般食品法》等。科尔斯塔德、乌伦和约翰逊（1990）认为，当监管机构的信息不完善、相关法律法规没有颁布、加害者可以轻易申请破产、或法律标准存在不确定性时，任何事前或事后政策的单一选择都可能是低效率的。在这种情况下，同时使用事前政策和事后政策可能因存在互补性而有利于提高效率。

进一步更深入地分析、研究食品供应链企业所实施的可追溯性类型及其对整个食品供应链的影响，将有助于我们了解自愿性和强制性食品质量信息可追溯性的不同适用情形。

第三节　基于网络、代理和垂直控制理论食品质量信息可追溯的经济性

食品质量信息可追溯性系统可以被设想为一个网络体系，其中位于食品供应链不同层级的企业是构成这一网络的节点。通过这些链接，有关产品来源、属性和生产技术的信息借助于电话、传真或数字传输方式得以在网络体系中流动。食品质量信息可追溯性系统不会自发形成；相反，它通常需要食品供应链中的企业或外部方（例如监管机构）的领导以及企业间的协调。正如代理理论中，委托人需要代理人采取行动并为委托人带来利益一样，食品供应链中企业间的协调可通过契约关系来加以管理。根据欧盟关于可追溯性定义，供应链中企业间的信息流动须在每个层级收集或创建信息，供应链下游所得到的信息取决于从上游所获取的信息。因此，供应链下游企业的可追溯水平包括来自上游企业的可追溯水平。这与垂直控制模型分析的情况相类似，就如同中下游企业需利用上游企业的产出来生产自身企业的最终产品一样（罗耶，1998）。

有关供应链和网络方面的研究是具有一定的相关性的，因此网络方面的相关研究结论可以作为基于信息不完全的食品供应链质量信息可追溯研究的综合视角框架。在信息可追溯性的背景下，网络理论中的各种流派、产业组织和制度经济学理论，以及运筹学和管理科学理论就显得尤为重要。基于网络理论视角，供应链网络中的术语更多地涉及商品或产品，而不是供应链中的企业。卡特兹和夏皮罗（1985）认为，产品的消费效用会随着消费者使用产品数量的增加而提升，并且将网络的外部性定义为与其用户数量变化相关的商品价值的变化。网络外部性是需要在网络中生产商品的企业间进行协调或兼容的（艾克诺米德斯，1996）。可追溯性可能受网络外部性的影响，因为供应链中越多的企业愿意采用它，信息水平和链中可追溯性的价值就越完整。

从运营的角度看，基于供应链食品质量信息可追溯性模型的构建，其目标是为供应链中节点（代表企业位置）间的各环节定义最佳流量。在管理科学方法的应用方面，诸如变分不等式（那古尔尼，1999）已被应用于解决涉及多层级供应链中不同路径下若干不同代理的高度复杂问题，值得借鉴。

本研究使用的产业组织方法与网络经济学相关性概念，源于本研究强调的信息可追溯性需考虑食品供应链中企业之间的协调以及网络效应对沿供应链可追溯水平的影响。另外，通过运营视角和管理科学方法提供的一个强大的数学框架，本研究还可以对食品供应链进行图形化标识和独立代理集成系统进行分析。

梅纳德（2004）提出了另一种有关网络的观点，他将其定义为“（…）所有在自治实体间经常性合同关系的安排”。显然，这是将网络置于制度经济学和代理理论背景下的定义。科斯（1988）是首批关注市场交易与公司等组织内部交易之间存在差异的经济学家之一。他指出，公司或公司经理在对个人、还是市场进行资源分配更经济这一问题进行抉择时应考虑交易成本。前者是依据个人权威由个人来分配资源，后者则是依据价格机制由市场来分配资源。正如他后来解释的那样，这一抉择的实质就是对公司运营所产生的成本与公司创业或扩张决策后的市场成本进行比较，因为这些成本直接影响公司的盈利能力。威廉姆森（1989）的理论与食品供应链实施可追溯的经济性分析也密切相关，因为开发食品供应链可追溯系统必须考虑交易成本和特定资产的投入成本。威廉姆森认为，使用契约的方法研究交易成本是对组织进行经济学分析的核心。垂直整合是交易成本理论的一种应用，涉及适用市场的选择：让公司独立于供应链，还是进行下游或上游的整合。

显然，科斯和威廉姆森提出的代理理论是可以应用于食品质量信息可追溯经济性模型构建的，因为代理理论提供了一种可追溯经济性模型构建的方法，即如何在基于市场、还是基于组织内构建食品质量信息可追溯系统之间进行权衡。

罗耶（1998）曾提出用不同的模型来研究食品行业的纵向协调问题。在他的基本模型中，加工商 B 从生产者 A 处购买原材料（输入），使用固定的技术构成进行产品生产（输出），且具有不变的规模收益。虽然罗耶旨在解释垂直协调对产量、价格和各种市场参与者福利的影响，但他所提出的模型仍适合用于研究沿供应链可追溯的经济性，即：罗耶的垂直整合模型可用于解释信息如何在供应链中的合作伙伴之间进行流动。

霍尼布鲁克和费勒（2001）曾利用组织经济学理论通过构建多层级供应链模型来分析英国牛肉供应链中的感知风险。牛肉供应链中存在一系列的委托－代理关系，除供应链的初始节点和终端节点仅承担代理人和委托人角色外，所有其他中间节点的企业均扮演着委托人和代理人的双重角色。该模型的一个重要特征是，代理人既要考虑其前一层级企业所采取行动带来的影响，又要考虑签订契约时所感知到的风险。在本章提出的模型中，二层级公司同样扮演着委托人和代理人的双重角色；下游公司必须考虑上游公司所提供的可追溯性水平。

默维森（2003）等考察了欧洲牛肉行业三种已存的可追溯系统，这些系统与本文提出的模型所使用的供应链结构相关。在第一类系统（我们称之为 A 类系统）中，食品供应链中的每个企业只保留自己的信息。在第二类系统（我们称之为B类系统）的可追溯性设计中，下游企业存储和传输自己的信息及从上层级企业处收集的信息。最后，在第三类系统（我们称之为C类系统）中，供应链中的每个公司都将信息发送给负责存储信息的外部方，并确保信息沿供应链的可跟踪和可追溯。

为构建单一成分食品供应链的可追溯性模型，本文首先用网络理论来描述食品供应链上各企业间的信息流动、绘制供应链网络图并讨论网络的外部性及其影响；其次用代理理论分析位于不同层级的企业间如何通过签订契约来管理沿供应链的可追溯性；最后，运用垂直控制模型探究沿食品供应链传输的信息流的控制问题，因为可追溯性系统意味着供应链中下一层级企业的可追溯水平取决于上一层级企业提供的可追溯水平。

第四节　模型构建

单一成分食品供应链的自愿或强制可追溯性分析可基于三种模型进行。第一个模型是基于实施可追溯性的动机为消费者的支付意愿的基准模型。第二个模型是基于实施可追溯性的动机为减轻因随机的食品安全危害导致责任损失的情形。第三个模型是基于强制可追溯规则的应用是为了追求社会最优可追溯水平，其目的主要是考虑需提供维护公共利益的信息。

为便于进行比较，现作如下相关的关键假设，这些假设对所有模型都适用。

假设1：类似于罗耶和布扬（1995）提出的垂直控制模型，食品供应链有三个层级或阶段：第一层级（上游）的公司生产产品；第二层级的公司从第一层级的公司处购买产品，将其加工或组装成中间产品；第三层级（下游）的公司自第二层级的公司处购买中间产品，对其进行转换、加工后，形成最终产品销售给消费者。与此产品流相关联的是沿供应链向下游传递的信息流，这些信息包括在供应链各环节中进行转换时涉及的有关产品来源、特征和技术等的信息。这就是帕佩等（2005）定义的食品加工的可追溯模式，在该模式中，构成最终产品各构件的特征和转换信息均完全显现在供应链的各层级上。

依据第三层级公司与第二层级公司签订的协议、第二层级公司与第一层级公司签订的协议，供应链可依次对信息流进行管理。每个协议都明确要求可追溯水平 γ_1 和相应的货币补偿 p_i（$i=1, 2, 3$），下标表示每个公司在供应链中所处的层级。第三层级的企业可以被看作是这条供应链的领导者或主体。这与轩尼诗、鲁森和米拉诺夫斯基（2001）认为美国食品行业中的加工商和欧盟大型连锁零售商是供应链事实上的领导者，在供应链协调、维护、信息供给方面具有“领头羊作用”的观点相一致。第二层级的企业扮演着双重角色，既是第三层级企业的代理人，又是第一层级企业的委托人。

这个三层级的供应链网络可参见图4－1所示。该供应链从第二层级开始，每个公司均记录、传递自己的信息以及从上一层级的公司处获得的信息，这与默维森等人（2003）描述的“B型”可追溯系统相一致。

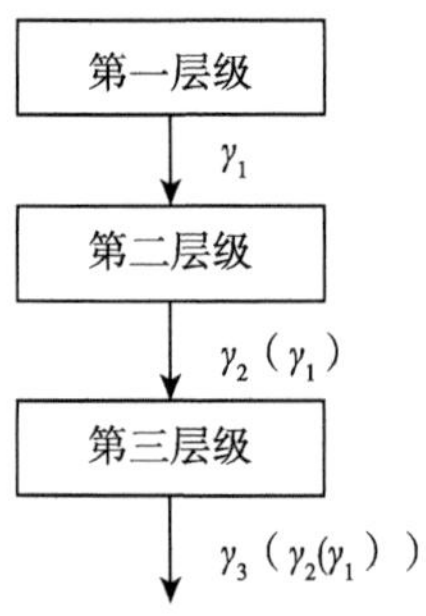

图4－1　单一成分食品供应链质量信息可追溯系统的网络结构

资料来源：本研究自行整理。

假设2：食品供应链上的所有公司都能实现利润最大化。除了销售产出带来的固定净收益（与可追溯性水平无关）之外，每一层级的公司还能从签订一份向下游公司提供可追溯性的合同中获得额外收入，或者，对于第三层级公司而言，向消费者提供可追溯性可以从消费者处获得产品价格溢价的收益。

假设3：食品质量信息的可追溯性是一个连续变量，仅表示沿食品供应链在企业之间存储和传输信息的数量，而与其因素或格式无关。此外，沿食品供应链向上游和向下游层级追溯的供应链关系可归纳为：$\gamma_2 = \gamma_2$（γ_1）和 $\gamma_3 = \gamma_3$（γ_2）。因此，下游的可追溯性水平取决于上游聚集到的可追溯性水平。假设这些函数对所有自变量均呈线性递增关系（即：$\gamma_i' > 0$，和 $\gamma''_i = 0$，$i = 2$，3）。因为，根据定义，食品质量信息可追溯性的实现需要整个供应链上每个层级的信息，除非第二和第三层级公司能够从其上一层级公司处收集到信息，否则这是不可能的。故，γ_i（0）$=0$，$i = 2$，3。

假设4：实施食品质量信息可追溯性的代价高昂。信息收集可能涉及昂贵的实验室投资；纸质或数字格式的登记、注册费用；通过电子邮件、网站、传真、电话或其他形式进行信息传输的设备投资等。贾科米尼、曼奇尼和莫诺（2002）及范德沃斯特（2004）、盖林克等（2005）的研究表明，构建食品质量信息可追溯系统需要大量的、与信息技术应用相关的初始投资以及操作该系统的固定和可变成本投资。因此，假设成本为 c_i（γ_i），是一个严格单调递增的凸函数。正如索达诺和韦尔瑙（2003）所说，可追溯性是一种信息生产技术且"生产过程具有固定成本高、平均可变成本曲线呈典型的 U 形形态"。假设平均成本的 U 形特征将有助于对结果进行静态比较解释和分析。

假设5：区分食品供应链中企业之间交换的信息和设计合同所需的信息是很重要的。可追溯系统中企业之间流动的信息与食品安全、质量属性、产地和加工技术有关，这些类型的信息被指定为可追溯性信息。例如，牛出生的农场，用于控制蔬菜、水果病虫害的杀虫剂种类，或者牛奶是否使用巴氏杀菌方法进行生产等。在代理理论中，信息的假设对于合同设计至关重要，这里使用信息一词是另一种含义。为避免误解，有关交易成本的信息称为合同信息。下面的模型中假设可追溯性信息总是真实的，以便依据逆向选择将问题抽象出来；合同信息是完整的，这意味着信息对供应链中每个企业的成本和收益确定的重要性众所周知。

这些假设在接下来的章节中将用于构建食品供应链质量信息可追溯性的三个模型。下面我们将介绍针对每个模型的其他假设。

一、食品质量信息可追溯严格私人自愿实施的经济性模型

根据迪金森、贝利（2002）和霍布斯（2005 年）等人的观点，食品质量信息可追溯性的实现源于消费者愿意向第三层级公司支付因可追溯性而增加的产品价格溢价（$p_3\gamma_3$）。为此，第三层级的公司必须向消费者提供关于产品来源、属性、生产和加工技术等的信息。那么，基于假设 1 中描述的供应链结构，以及假设 3 中可追溯水平之间的函数关系，第三层级公司就可以设定与第二层级公司间关于可追溯水平的合同价格（p_2）。同样，第二层级公司与第一层级公司也可以由此签订关于提供可追溯水平所需要的价格补偿（p_1）合同。

第一层级公司通过销售产品获得一固定收益（π_1）。如果这一收益是公司在不需要可追溯性的市场上出售产品获得的收益，它就是该公司获得的利润。如果它接受与第二层级公司达成的协议，实现可追溯性，那么第一层级公司的利润还需增加可追溯单位信息（γ_1）的边际溢价（p_1）。这种情形只有当第一层级公司至少获得其预期利润时才会发生。可追溯性提供是需要付出成本 c_1（γ_1）的。根据假设 4，可追溯性是一个单调递增的凸函数，则第一层级公司实现质量信息可追溯时的最大利润为：

$$\underset{\gamma_1}{Max}\prod_1 = \pi_1 + p_1\gamma_1 - c_1(\gamma_1) \tag{1}$$

实施，或不实施可追溯性的选择取决于第一层级公司对在哪一个市场更有利可图的评估，因为签署与第二层级公司达成实施可追溯性的协议会带来相应的溢价收入和成本支出。

食品供应链上第二层级公司在质量信息可追溯系统中起着关键作用。如果它不能说服第一层级公司参与到食品可追溯系统中来，那么根据上述假设 3，第二层级公司将不能产生自己的可追溯信息，这样食品质量信息

就不可能实现沿供应链的可追溯性（$\gamma_2=\gamma_2$（γ_1）、γ_2（0）=0）。相反，如果第二层级公司与第三层级公司签订了提供质量信息可追溯性的协议，那么第二层级公司就必须与第一层级公司达成提供食品质量信息可追溯性的同样的协议。

与第一层级公司的行为相类似，第二层级公司可以向现货市场出售其产品。如果该市场是无需可追溯性的市场，则公司的利润为 π_2。如果第二层级公司与第三层级公司签订有提供可追溯性的协议，且每单位可追溯信息（γ_2）增加的价格溢价为（p_2），为了确保与第一层级公司也签订提供可追溯性类似的协议，则第二层级的公司必须能提供给第一层级公司的预期利润（π_1），也就是第一层级公司在现货市场上出售其产品获得的利润。即：

$$\pi_1+p_1\gamma_1-c_1\ (\gamma_1)?\ =?\ \pi_1 \tag{2}$$

此外，为了确保第一层级公司提供最优的可追溯性水平（γ_1*），可追溯性协议中规定的价格溢价必须符合以下条件：

$$p_1=\begin{cases}\dfrac{c_1\ (\gamma_1)}{\gamma_1}，如果\ \gamma_1=\gamma_1^* \\ 0，如果\ \gamma_1\neq\gamma_1^*\end{cases} \tag{3}$$

这里，第一个条件是，如果第一层级公司提供最优可追溯水平，那么公司将可以获得与提供可追溯性平均成本相等的溢价，否则将不会获得溢价。第一个条件是参与性约束，第二个条件是兼容性的激励约束，可以视为对未能提供最优可追溯水平的企业的经济惩罚。

第二层级公司面临两种类型的可追溯性成本：向上游追溯的成本（$p_1\gamma_1$）和自身的提供可追溯性的成本（c_2（γ_2））。此时第二层级公司获得的最大利润为：

$$\begin{aligned}&\underset{\gamma_2}{Max}\prod\nolimits_2=\pi_2+p_2\gamma_2-p_1\gamma_1-c_2(\gamma_2)\\&s.t.:\ \gamma_2=\gamma_2\ (\gamma_1)\\&p_1=\frac{c_1\ (\gamma_1)}{\gamma_1}\end{aligned} \tag{4}$$

这里，第一个约束表示第二层级和第一层级公司间可追溯水平的函数关系。第二个约束是参与约束，它表明，若提供可追溯性的平均成本能够得到补偿，则第一层级公司将愿意接受提供可追溯性的协议。

将约束代入目标函数，则在第一层级与第二层级公司间实现食品质量信息可追溯时的第二层级公司获得的最大利润为：

$$\underset{\gamma_1}{Max}\prod_2 = \pi_2 + p_2\gamma_2(\gamma_1) - c_1(\gamma_1) - c_2(\gamma_2(\gamma_1)) \tag{5}$$

第三层级公司为了从第二层级公司处获得可追溯信息，需与其签订提供可追溯性的协议。同样的分析过程：第三层级公司如果在无可追溯性需求的市场上出售产品，其获得的利润为 π_3；如果在有追溯性需求的市场上出售产品，它还将获得每单位可追溯信息（γ_3）产生的溢价（p_3）。不过，根据假设 3 和 4，为了实现可追溯性，第三层级公司将会产生两种类型的成本：与第二层级公司签订的提供可追溯性协议的支出（$p_2\gamma_2$）和自身的可追溯性实现的投入成本（c_3（γ_3））。

如果第三层级公司向具有可追溯性需求的市场出售产品，根据假设 3，它就必须确保第二层级公司接受提供可追溯性的协议。此时，第二层级公司只有在确保利润水平（π_2）不少于其向无追溯性需求的现货市场上出售中间产品所获得的利润水平时才会签订协议，即：

$$\pi_2 + p_2\gamma_2 - p_1\gamma_1 - c_2(\gamma_2) = \pi_2 \tag{6}$$

此外，为了确保第二层级公司提供最优的可追溯水平（γ_2^*），第三层级公司提供给第二层级公司的实现可追溯性协议中的溢价必须符合以下条件：

$$p_2 = \begin{cases} \dfrac{p_1\gamma_1 + c_2(\gamma_2)}{\gamma_2}，如果\ \gamma_2 = \gamma_2^* \\ 0，如果\ \gamma_2 \neq \gamma_2^* \end{cases} \tag{7}$$

与前所述相同，第一个条件直接来自参与约束，表明在确定的最优可追溯水平下，第三层级公司提供的溢价能够补偿第二层级公司因实现可追溯性而增加的平均成本。如果第二层级公司未能提供第三层级公司要求的最优可追溯水平，则第二层级公司获得的溢价为零。

根据上面的描述及假设3和假设4，第三层级公司实现食品质量信息可追溯时获得的最大利润为：

$$\underset{\gamma_3}{\mathrm{Max}} \prod\nolimits_3 = \pi_3 + p_3\gamma_3 - p_2\gamma_2 - c_3(\gamma_3)$$

$$s.t.: \gamma_3 = \gamma_3(\gamma_2)$$

$$\gamma_2 = \gamma_2(\gamma_1)$$

$$\gamma_1 \geqslant 0 \tag{8}$$

$$p_2 = \frac{p_1\gamma_1 + c_2(\gamma_2)}{\gamma_2}$$

$$p_1 = \frac{c_1(\gamma_1)}{\gamma_1}$$

这个表达式包含了食品供应链上各层级公司的行为，以及供应链中各层级公司在提供质量信息可追溯性时所面临的决策。这个模型也可以看作是一个连续的两阶段游戏。第一阶段，第三层级公司首先向第二层级公司提出一份要求提供可追溯性的协议；第二阶段，第二层级公司根据收到的第三层级公司给出的可追溯性协议报价，决定是否接受该协议。如果接受协议，则第二层级公司就要向第一层级公司提出一份要求提供可追溯性的类似协议；第一层级公司必须决定是接受协议，还是继续向没有可追溯性要求的市场销售产品？

考虑这些限制因素，第三层级公司的利润可以根据第一层级公司提供的可追溯性水平（γ_1）进行重新的确定。首先，结合式（8）中的前两个约束条件，根据第一层级公司提供的可追溯水平确定第三层级企业的可追溯水平。将最后两个约束结合起来，这样沿着供应链的可追溯性成本就会变得明确。这时第三层级公司实现自第一层级公司起沿供应链质量信息可追溯的最大利润为：

$$\underset{\gamma_1}{\mathrm{Max}} \prod\nolimits_3 = \pi_3 + p_3\gamma_3(\gamma_2(\gamma_1)) - [c_1(\gamma_1) + c_2(\gamma_2(\gamma_1)) + c_3(\gamma_3(\gamma_2(\gamma_1)))] \tag{9}$$

$$s.t.: \gamma_1 \geqslant 0$$

值得注意的是，惟一剩下的约束是来自第一层级公司的可追溯性的非负性约束。如果这个问题有一个内部的解决方案，则基于第一层级公司提供最优可追溯水平实现沿供应链的质量信息可追溯就是可行的。这里，有五个内生变量：每个层级的信息可追溯水平、与第一层级和第二层级公司签订的提供可追溯性协议中确定的溢价补偿。该模型的唯一参数是消费者向第三层级公司支付的边际溢价与可追溯成本函数。

在食品供应链内实现质量信息可追溯的第三层级公司获得最大利润的必要条件是：

$$p_3\gamma_3'\gamma_2' - \left[c_1' + c_2'\gamma_2' + c_3'\gamma_3'\gamma_2'\right] = 0 \tag{10}$$

只有当第三层级公司从消费者支付的可追溯性溢价中获得的边际收益能够补偿供应链提供可追溯性的边际总成本时，才能与第二层级公司签订提供可追溯性协议。这一结果表明，在构建食品质量信息沿供应链可追溯体系的过程中，将供应链上各层级的所有公司考虑其中是至关重要的。其充分条件是：

$$\frac{\partial^2 \prod_3}{\partial {\gamma_1}^2} = p_3\left[\gamma_2''\gamma'_3 + (\gamma'_2)^2\gamma_3''\right] - \left[c_1'' + (\gamma'_2)^2 c_2'' + c'_2\gamma_2'' + (\gamma'_2)^2(\gamma'_3)^2 c_3'' + c'_3\gamma_3''(\gamma'_2)^2\right] \tag{11}$$

根据假设3，供应链下游公司的可追溯水平与上游公司的可追溯水平呈线性关系；而根据假设4，可追溯性的成本函数是凸函数。因此，二阶条件就变为：

$$\frac{\partial^2 \prod_3}{\partial {\gamma_1}^2} = -\left[c_1'' + (\gamma'_2)^2 c_2'' + (\gamma'_2)^2(\gamma'_3)^2 c_3''\right] < 0 \tag{12}$$

在给定的假设条件下，二阶条件满足了利润最大化的要求；一阶条件明晰了第一层级公司提供最优可追溯水平。根据这一点，就可以依据第三层级公司的收益约束来确定第二层级和第三层级公司应提供的可追溯水平，以及协议中向第一层级和第二层级公司提供的溢价。

当 $\gamma_1 = 0$ 时，如果第三层级公司的总利润（Π_3）逐渐减少，则可能存在一个利润边界问题的解决方案。关于这种情形的进一步探讨，可以考虑下面所示的库恩－塔克必要条件：

$$\gamma_1 \geqslant 0, \quad \frac{\partial \prod_3(\gamma_1)}{\partial \gamma_1} \leqslant 0 \quad \text{和}\ \gamma_1 \frac{\partial \prod_3(\gamma_1)}{\partial \gamma_1} = 0 \qquad (13)$$

由于Π_3在γ_1上为严格凹函数，因此$\partial\Pi_3(\gamma_1)/\partial\gamma_1$在$\gamma_1$上严格递减。故，如果$\partial\Pi_3(\gamma_1=0)/\partial\gamma_1 \leqslant 0$，则对于$\gamma_1>0$，有$\partial\Pi_3(\gamma_1)/\partial\gamma_1<0$。反之，若来自溢价的边际收益小于实现供应链可追溯性所需的成本，则最优的γ_1等于零。

在存在第三层级公司收益问题的内部解决方案的情形下，即存在$\partial\Pi_3(\gamma_1=0)/\partial\gamma_1>0$时，沿食品供应链质量信息的可追溯是可以实现的。这里，由于二阶条件非零，隐函数定理可用于评估可追溯信息和溢价的最优水平如何随消费者为可追溯性成本付费愿意的变化而变化。

二、食品质量信息可追溯实施以减轻责任损失的经济性模型

在这里，严格的自愿实施食品质量信息可追溯模型被扩展到研究企业实施可追溯性的第二个动机，即：减少与随机食品安全危害相关的责任损失。如前所述，默维森（2003）和霍布斯（2004）等人认为实施质量信息可追溯性的好处之一是它可以降低食品安全事故爆发的可能性，或者在发生食品质量安全事故时使其造成的不良后果最小化。

基于减轻责任损失而实施食品质量信息沿供应链的可追溯分析模型需要额外的假设。首先假设，如果第三层级公司销售的食品存在质量安全隐患，那么该公司将面临因法院强制执行造成的严格责任损失（L）。这与轩尼诗，鲁森和米拉诺夫斯基（2001）的观点相一致，他们认为供应链下游企业经常扮演“协调、保护和向消费者提供信息的领导角色”，即使上游企业实现了质量信息的可追溯性，下游企业也经常要被迫承担预期的损失。这种损失可能包括召回和产品销毁的内部成本，以及对消费者造成伤害的赔偿。这种损失在可追溯水平上是严格正的、递减的凸函数，即：$L=L(\gamma_3)$，$L(\gamma_3)>0$，$\gamma_3\geqslant0$，$L'(\gamma_3)<0$，$L''(\gamma_3)>0$。由于风险发生的概率$\psi\in[0,1]$，第三层级公司被认为风险中性，因此第三层级

公司可以选择向消费者提供可追溯性以缓解其可能的随机损失（随机损失函数为：$\psi L(\gamma_3)$）。在这个模型中，可追溯性可以被认为是一种预防和减少风险的措施，这与科尔斯塔德、乌伦和约翰逊（1990）的观点一致，或者如珀里特和苏纳（2006）所建议的，是一种作为减轻食品质量安全危害的努力。第一层级和第二层级公司的情形分析与上一节所述的相同，因此这里仅探讨第三层级公司的收益：

$$\begin{aligned} &\underset{\gamma_3}{MaxE}\left[\prod\nolimits_3\right] = \pi_3 + p_3\gamma_3 - p_2\gamma_2 - c_3(\gamma_3) - \psi L(\gamma_3) \\ &\text{s. t. : } \gamma_3 = \gamma_3\ (\gamma_2) \\ &\qquad \gamma_2 = \gamma_2\ (\gamma_1) \\ &\qquad \gamma_1 \geqslant 0 \\ &\qquad p_2 = \frac{p_1\gamma_1 + c_2\ (\gamma_2)}{\gamma_2} \\ &\qquad p_1 = \frac{c_1\ (\gamma_1)}{\gamma_1} \end{aligned} \tag{14}$$

将该利润函数与等式（8）中给出的利润函数进行比较，可以发现：若将食品质量安全危害造成的损失 ψ 除去，则第三层级公司现在的预期利润就实现了最大化。为此，将约束条件代入到目标函数中，则第三层级公司的期望收益就为：

$$\begin{aligned} \underset{\gamma_1}{MaxE}\left[\prod\nolimits_3\right] = \pi_3 + p_3\gamma_3(\gamma_2(\gamma_1)) - [c_1(\gamma_1) + c_2(\gamma_2(\gamma_1)) \\ + c_3(\gamma_3(\gamma_2(\gamma_1))) + \psi L(\gamma_3(\gamma_2(\gamma_1)))] \\ s.t.:\ \gamma_1 \geqslant 0 \end{aligned} \tag{15}$$

为了找到这个问题的内部解决方案，我们将第三层级公司的期望利润对第一层级的可追溯水平进行一阶求导数，并令其等于零，则有：

$$p_3\gamma_3'\gamma_2' - \left[c_1' + c_2'\gamma_2' + c_3'\gamma_3'\gamma_2' + \psi L'\gamma_3'\gamma_2'\right] = 0 \tag{16}$$

该方程表明，如果第三层级公司向消费者提供食品沿供应链的质量信息可追溯，其从消费者处获得的价格溢价和由此而减少的随机风险损失的预期边际收益等于其为之付出的边际成本，则第一层级公司需提供正的可追溯水平。下式给出了其充分条件：

$$\frac{\partial^2 \prod_3}{\partial \gamma_1{}^2} = p_3(\gamma_2''\gamma'_3 + (\gamma'_2)^2\gamma_3'') - [c_1'' + c_2''(\gamma'_2)^2 + c'_2\gamma_2'' + c_3''(\gamma'_2\gamma'_3)^2 + c_3'(\gamma_2''\gamma_3' + (\gamma_2')^2\gamma_3'') + \psi\ \{L''(\gamma_2'\gamma_3')^2 + L'\ (\gamma_2''\gamma_3') + (\gamma_2')^2\gamma_3'')\}] \tag{17}$$

根据上面的假设3 和假设4，这个表达式可简化为：

$$\frac{\partial^2 \prod_3}{\partial \gamma_1^2} = -[c_1'' + c''_2(\gamma'_2)^2 + c''_3(\gamma'_2\gamma'_3)^2 + \psi L''(\gamma'_2\gamma'_3)^2] < 0 \tag{18}$$

由隐函数方程（16）定义的关于第一层级公司提供可追溯性以减少责任损失的充分条件得到验证。

那么，可追溯性是否始终在明确责任规则下才能实施？不一定，当 $\gamma_1=0$ 时，如果第三层级公司的总利润（Π_3）逐渐减少，则可能存在一个利润边界问题的解决方案。关于这种情形的进一步探讨，同样可以考虑下面所示的库恩－塔克必要条件：

$$\gamma_1 \geqslant 0, \quad \frac{\partial E[\prod_3(\gamma_1)]}{\partial \gamma_1} \leqslant 0, \quad \gamma_1 \frac{\partial E[\prod_3(\gamma_1)]}{\partial \gamma_1} = 0 \tag{19}$$

基于第一层级公司提供的可追溯水平，第三层级公司的预期利润函数是严格凹函数，故 $\partial E[\Pi_3(\gamma_1)]/\partial\gamma_1$ 在 γ_1 上严格递减。因此，如果 $\partial E[\Pi_3(\gamma_1=0)]/\partial\gamma_1 \leqslant 0$，则对于 $\gamma_1 > 0$，有 $\partial E[\Pi_3(\gamma_1)]/\partial\gamma_1 < 0$。在这种情况下，第一层级公司提供的最优可追溯水平为零，因为公司获得的价格溢价和减轻安全风险发生时相应责任处罚预期的边际效益总是低于其付出的成本。然而，如果在 $\partial\Pi_3(\gamma_1=0) > 0$ 的情形下，当 $\partial\Pi_3(\gamma_1=0)/\partial\gamma_1 > 0$ 时，存在一个内部解决方案解，则沿供应链实现食品质量信息的全程可追溯也是可行的。

三、食品质量信息可追溯强制性实施的经济性模型

食品质量信息可追溯系统，除了拥有食品质量安全信息查询的私人价值外，可能还具有公共产品的社会价值。由于供应链中没有任何合作伙伴拥有

完全的信息或合作伙伴具有信息不对称，食品安全供应存在外部性，故在食品安全等信任属性存在的情况下，公共干预是合理的（克里斯皮、马雷特，2001）。为此，亨森和崔尔（1993）认为，信息补救（如可追溯性）是各国政府可以用来“纠正缺陷或减轻食品安全危害影响”的手段之一。

食品质量信息可追溯系统如果只考虑提供食品安全的私人价值用途，在消费者的实际应用过程中其适用性可能是不公平的，因为一些消费者群体因条件的制约可能无法购买到更安全的食品。关于食品质量和安全方面的信息可追溯也遵循同样的道理。此外，食品质量信息可追溯性还可作为一种检测已知或新出现的食物病原体（苏扎－蒙泰罗、卡斯韦尔，2004）的模式，或可用于监测食品供应链是否存在对公众健康的故意或意外威胁，这些都在一定程度上证明监管政策的实施是合理的。尽管事后责任的政策规则可以纠正一部分的外部性，但其结果可能并不完全有效，在公司面临不确定性的法院规则的情况下，可能需要有与其存在互补性的事前政策干预形式的规定（科尔斯塔德、乌伦和约翰逊，1990）。

依靠公司或严格的责任规则可能不足以弥补用可追溯性形式来诱发足够的风险预防措施，这可能就为行业监管者进行市场干预提供了理由。因为监管者担心，消费者要求的可追溯性水平以及为减轻责任损失而实施可追溯性所提供的保障水平，在社会层面上都不是最优的。当然，即便如此，安特尔（1995）仍认为，只有在其收益能够抵消其成本的情况下，才应该考虑这种政策选择。此外，即使监管有所谓的净收益，政府也应该只选择最经济的政策。基于此，本节构建的模型将分析这样的情形：食品质量信息强制可追溯源于对社会最优可追溯水平规定不足而引起的。

要分析这个问题，需要进一步的假设和确定社会最优可追溯水平。假设存在可追溯性的正的外部性（B），该外部性不在供应链中累积。社会最优水平的可追溯性（γ_3^{so}）被定义为可以实现事前的管理与监测且执行成本忽略不计。进一步假设，监管机构必须考虑的唯一的可追溯性成本是上述供应链中的公司所产生的成本，并且第一层级和第二层级公司无法在一个没有可追溯性的市场上购买到所需要的产品。因此，为了确定可追溯性的社会最优水平，监管者需解决以下预期的社会福利最大化问题：

$$\underset{\gamma_1}{Max}\ E[W] = p_3\gamma_3(\gamma_2(\gamma_1)) + B(\gamma_3(\gamma_2(\gamma_1))) - c_1(\gamma_1) - c_2(\gamma_2(\gamma_1)) - c_3(\gamma_3(\gamma_2(\gamma_1))) - \psi L(\gamma_3(\gamma_2(\gamma_1))) \quad (20)$$

$s.t.:\ \gamma_1 \geqslant 0$

式（20）中，B（γ_3）代表信息可追溯的正外部性，它在可追溯水平上是递增的凹函数，即：$B = B$（γ_3），$B' > 0$ 且 $B'' < 0$。回馈给第一层级和第二层级公司的利润为零，因为它们为实现可追溯性获得的收益等于其付出的成本。因此，预期社会福利是式（15）所给出的第三层级公司的预期利润与外部效应之和。根据轩尼诗、鲁森和米拉诺夫斯基（2001）的研究，当确定第三层级公司的社会福利最优时，监管者需考虑第三层级公司的领导角色和整个食品供应链中存在的可追溯性水平的链关系。

如果降低了社会福利，监管机构就不应要求强制实施可追溯性。为了研究这种可能性，需考虑库恩－塔克必要条件：

$$\gamma_1 \geqslant 0,\ \frac{\partial E\ [W\ (\gamma_1)]}{\partial \gamma_1} \leqslant 0,\ 和\ \gamma_1 \frac{\partial E\ [W\ (\gamma_1)]}{\partial \gamma_1} = 0 \quad (21)$$

由于式（20）中的预期社会福利函数在 γ_1 上是严格的凹函数，因此 ∂E［W（γ_1）］／$\partial \gamma_1$ 在 γ_1 上严格递减，故如果 ∂E［W（$\gamma_1 = 0$）］／$\partial \gamma_1 \leqslant 0$，且对于 $\gamma_1 > 0$，则有 ∂E［W（γ_1）］／$\partial \gamma_1 < 0$。反之，社会福利最优在 γ_1 水平上的可追溯性等于零，因为从消费者支付的食品价格溢价、食品安全风险缓解以及外部性处获得的社会边际效益总是低于引入强制可追溯性的社会边际成本。不过，如果源于消费者支付的食品价格溢价、预期的食品安全危害缓解，以及第一层级公司提供可追溯的外部边际收益带来的社会边际收益等于其引入强制可追溯性的社会边际成本，则将会有一个社会福利最优的可追溯水平，该社会福利最优的可追溯水平可由式（22）进行定义：

$$p_3\gamma_3'\gamma_2' + B'\gamma_3'\gamma_2' - \psi L'\gamma_3'\gamma_2' = c_1' + c_2'\gamma_2' + c_3'\gamma_3'\gamma_2' \quad (22)$$

等式（22）的左侧是沿食品供应链可追溯的预期边际社会收益，右侧是沿食品供应链可追溯的总边际成本。通过上面的假设 3 和假设 4，以及关于责任损失和间接收益函数的假设，结合观察到的充分条件，式（22）

确实隐含地定义了社会最优可追溯水平。

一旦监管机构确定了社会最优可追溯水平，它就必须确保供应链上所有公司都能够提供相应的可追溯水平。当然，监管机构可以有多种政策选择来实现这些目标。假设监管机构决定用可追溯性绩效标准来强制要求公司提供社会最优可追溯水平（γ_3^{so}），并设置一个低于社会最优可追溯水平的单位固定罚金（F）。如果社会最优可追溯水平为零，则不需要对供应链上的公司施加惩罚。显然，这里潜在假定了供应链第三层级公司的 $\gamma_3^{so}>0$。进一步假设监管机构对第三层级公司进行监管的概率为 $\rho\in[0,1]$，监管机构不对合规的公司进行补贴，且有一个非常准确的监管方案。也就是说，如果一家不合规的公司受到监管，公司一定会为此付出代价。

现在第三层级的公司面临两个不确定性，即食品安全发生的概率（再次用 ψ 表示）和被监管的概率（ρ）。正如上所述，假设第三层级公司的风险是中性的，则其在 γ_1 上的预期收益为：

$$
\begin{aligned}
\underset{\gamma_1}{MaxE}\left[\prod{}_3\right] = \pi_3 + p_3\gamma_3\gamma_2(\gamma_1)) - [c_1(\gamma_1) + c_2(\gamma_2(\gamma_1)) \\
+ c_3(\gamma_3(\gamma_2(\gamma_1))) + \psi L(\gamma_3(\gamma_2(\gamma_1)))] \\
- \rho F[\gamma_3^{so} - \gamma_3(\gamma_2(\gamma_1))] \qquad (23)
\end{aligned}
$$

$$s.t.:\ \gamma_1\geqslant 0$$

等式（23）右侧的前三项条件和对这一问题的限制，与严格自愿可追溯模型中预期收益所考虑的条件相同；不同之处是目标函数的最后一项，这是对公司违规的预期惩罚。之所以增加这一项就是为了迫使第三层级公司将与可追溯公共属性维度相关的外部性内部化。

该问题内部求解的必要条件为：

$$p_3\gamma_3'\gamma_2' - [c_1' + c_2'\gamma_2' + c_3'\gamma_3'\gamma_2' + \psi L'\gamma_3'\gamma_2'] + \rho F\gamma_3'\gamma_2' = 0 \qquad (24)$$

如上所述，可追溯性的社会最优水平（γ_3^{so}）为正。第三层级公司获得的边际总收益为消费者支付的价格溢价、预期减少的责任损失以及避免的预期处罚，而其边际总成本为提供沿食品供应链全程可追溯的成本支出，根据边际收益等于边际成本的原则，第三层级公司可据此确定其提供的社会最优可追溯水平。

为了确保第三层级公司提供社会最优可追溯水平，须对必要条件（式(24)）与监管部门定义的社会最优水平（式（22））进行比较。将这两个方程进行等价化处理并简化，可得：

$$\rho F = B'(\gamma_3^{so}) \tag{25}$$

式（25）表明，为了保证食品供应链上的企业提供社会最优可追溯水平，监管机构应将预期边际惩罚设置为社会最优可追溯水平的边际外部收益。

四、实现沿供应链食品质量信息可追溯的合同结构

要在每个模型中实现沿供应链的食品质量信息可追溯，必须设计两组契约。一是，第三层级公司向第二层级公司提出的可追溯性需求契约；二是，第二层级公司向第一层级公司提出的可追溯性需求契约。每个契约都包含一个可追溯水平和相应的价格溢价。如果存在一个内部解决方案，且满足充分条件，则每个模型中针对第三层级公司的预期收益问题的一阶条件就定义了第一层级企业提供的最优可追溯水平。由此，使用第三层级公司的预期收益的约束函数，就可以导出剩下的可追溯性水平和链中其他层级公司的价格溢价。下面的表4－1总结了每个模型中各层级公司的价格溢价和可追溯性水平。

表4－1　供应链各层级公司的价格溢价和可追溯水平

	私人自愿	私人自愿和免责	私人自愿、免责和强制性
γ_1	$\gamma_1^P=\gamma_1^P(\alpha)$	$\gamma_1^L=\gamma_1^L(\beta)$	$\gamma_1^M=\gamma_1^M(\delta)$
p_1	$p_1^P=\dfrac{c_1(\gamma_1^P(\alpha))}{\gamma_1^P(\alpha)}$	$p_1^L=\dfrac{c_1(\gamma_1^L(\beta))}{\gamma_1^L(\beta)}$	$p_1^M=\dfrac{c_1(\gamma_1^M(\delta))}{\gamma_1^M(\delta)}$
γ_2	$\gamma_2{}^P=\gamma_2{}^P(\gamma_1{}^P(\alpha))$	$\gamma_2{}^L=\gamma_2{}^L(\gamma_1{}^L(\beta))$	$\gamma_2{}^M=\gamma_2{}^M(\gamma_1{}^M(\delta))$
p_2	$p_2^P=\dfrac{c_1(\gamma_1^P(\alpha))+c_2(\gamma_2^P(\gamma_1^P(\alpha)))}{\gamma_2^P(\gamma_1^P(\alpha))}$	$p_2^L=\dfrac{c_1(\gamma_1^L(\beta))+c_2(\gamma_2^L(\gamma_1^L(\beta)))}{\gamma_2^L(\gamma_1^L(\beta))}$	$p_2^M=\dfrac{c_1(\gamma_1^M(\delta))+c_2(\gamma_2^M(\gamma_1^M(\delta)))}{\gamma_2^M(\gamma_1^M(\delta))}$
γ_3	$\gamma_3^P=\gamma_3^P(\gamma_2^P(\gamma_1^P(\alpha)))$	$\gamma_3^L=\gamma_3^L(\gamma_2^L(\gamma_1^L(\beta)))$	$\gamma_3^M=\gamma_3^M(\gamma_2^M(\gamma_1^M(\delta)))$

资料来源：本研究自行整理。

表4－1的第二个列是第一个模型中描述的各层级公司提供严格私人自愿可追溯的水平和价格溢价；第三列显示的是供应链各层级公司基于减轻责任损失提供可追溯性的水平和价格溢价；最后一列给出了链中各层级公司实现强制可追溯性的水平和价格溢价。在表4－1中，$\alpha = p_3$，$\beta = p_3$和ψ，$\delta = p_3$，ψ，ρ和F。因此，每个模型中有五个内生变量：每个层级公司提供的可追溯水平；第三层级与第二层级公司间，以及第二层级和第一层级公司间签订的提供可追溯性合同中设定的价格溢价补偿。根据所考虑的模型，一个、两个或三个参数可分别用于确定严格的私人自愿可追溯、减轻责任损失可追溯和强制性可追溯的最优可追溯水平。

第五节　模型分析

本节的主要目的是研究在何种情况下，自愿或强制可追溯系统是私人（组织）或企业首选的系统，以便在单一成分食品供应链中提供可追溯信息。针对这个问题，比较了三个模型的供应链各层级公司与第一层级公司间签订可追溯性合同时设置的最优可追溯水平。

第二个目标是分析垂直网络效应对第一层级公司可追溯水平和溢价的影响。正如上文所阐述的那样，第三层级公司在选择要提供的可追溯水平时，它会间接地影响到第二层级和第一层级公司间可追溯性合同所涉及的内容。受章节内容篇幅的限制，下面仅就强制性可追溯模型进行网络效应分析。

一、严格的私人自愿、减轻责任和强制实施的可追溯水平比较

为了便于在模型之间比较来自第一层级公司的可追溯水平，表4－2复

制了上文中所示的第一阶条件。方程等式右侧显示的可追溯性边际总成本在各模型中都是相同的。因此，最优可追溯水平的差异只能通过每个等式左边的边际收益来分析。

表 4－2 私人自愿、减轻责任和强制可追溯系统隐含的可追溯水平

类　别	可追溯系统隐含的可追溯水平
私人自愿系统（γ_1^P）	$p_3 = c_1'/\gamma_3'\gamma_2' + c_2'/\gamma_3' + c_3'$
私人自愿和减轻责任系统（γ_1^L）	$p_3 - \psi L' = c_1'/\gamma_3'\gamma_2' + c_2'/\gamma_3' + c_3'$
私人自愿，减轻责任和强制性系统（γ_1^M）	$p_3 - \psi L' + \rho F = c_1'/\gamma_3'\gamma_2' + c_2'/\gamma_3' + c_3'$

资料来源：本研究自行整理。

下面通过命题 1 和 2 的形式对各模型进行比较。

命题 1：严格的私人自愿可追溯水平总是低于减轻责任和强制实施的可追溯水平。

表 4－2 中边际成本等式的右侧是相同的，这说明：可追溯性的边际效益越大，则可追溯水平也就越高。因此，除非食品安全风险的概率、被监管的概率、责任和惩罚为零，否则严格的私人自愿实施的可追溯水平总是最低。

这一结果表明，除非食品安全风险非常低或信息没有公共价值，否则依靠严格的私人自愿可追溯系统可能无法确保有效的可追溯水平。正如韦贝克（2005）所认为的那样，消费者可能已经被过多的信息所累，无法区分应该要求哪种类型的食品安全信息。此外，本文还认为，消费者放弃选用他们认为不安全的食品的成本可能比为获取相关信息避免选用不安全食品而支付的额外费用要低。在这种情况下，严格自愿的可追溯水平需求可能导致公司提供过低的可追溯性水平。

命题 2：当责任规则没有考虑到可追溯性的外部社会效益，且监管和执行有效时，与自愿可追溯系统相比，强制可追溯系统提供了更高水平的可追溯性。

命题 1 表明，强制可追溯水平将始终大于严格的私人自愿可追溯水平。因此，要评估这个命题，比较可追溯性的责任和强制级别就足够了，如表

4-2第二列最后两个表达式所示。为了达到这一目标，从强制可追溯水平中减去避免或减轻责任处罚的可追溯最优水平即可，这样就得到：

$$\gamma_1^L - \gamma_1^M = -\rho F \tag{26}$$

正如预期的那样，只要受到惩罚的可能性不是零，强制可追溯则必然意味着比避免责任处罚级别的可追溯提供了更高水平的可追溯性。然而，这一结果在很大程度上取决于监测效率和监管机构设置正确惩罚的能力（F）。监管可追溯性的实施可能非常有效，因为它只需要第三层级公司显示其遵从性即可，例如通过向适当的代理机构发送可追溯性记录等。

二、网络对第一层级公司的可追溯性和价格溢价水平的影响

这些模型一个重要和新颖的特性是可以据此分析网络效应对可追溯性和价格溢价水平的影响。由于供应链各层级的可追溯水平之间的依赖关系，出现了网络外部性现象（也称为这些影响）。在上述模型中，各层级公司的可追溯水平以及它们与第一层级公司间提供可追溯性协议的价格溢价受网络效应的影响，因为第三层级公司应对相应参数变化做出的选择会影响到第二个层级公司与第一层级公司间契约的签订。本节将阐述网络对强制可追溯水平的影响。

考虑网络效应很重要，因为它们可能会影响食品供应链中各层级公司提供可追溯水平的效率和相互间的协调，忽视这些影响可能会导致意想不到的结果。比如，供应链的下游公司与上游公司间可能因没有直接的联系，导致下游公司无法向上游公司提供正确的激励措施以确保上游公司提供最优的可追溯水平，而这会造成供应链可追溯性的低效率现象。

根据隐函数定理，式（24）定义了一个内部解。基于静态比较分析，可以发现边际收益、食品安全危害概率和外部效益的变化如何影响可追溯水平。下面的表4-3显示了强制可追溯性模型中第二层级公司与第一层级公司间实现可追溯性时的价格溢价静态比较结果。

表 4－3　网络对可追溯性水平和价格溢价的影响

参数	改变 γ_1^{M*}	改变 p_1^{M*}
p_3	$\frac{\gamma_2'\gamma_3'}{-H}>0$	$\frac{\gamma_2'\gamma_3'}{-H}\left(\frac{c_1'\gamma_1^M-c_1}{(\gamma_1^M)^2}\right)\leqslant 0$
ψ	$-\frac{L'\gamma_2'\gamma_3'}{-H}>0$	$-\frac{L'\gamma_2'\gamma_3'}{-H}\left(\frac{c_1'\gamma_1^M-c_1}{(\gamma_1^M)^2}\right)\leqslant 0$
ρ	$\frac{F\gamma_2'\gamma_3'}{-H}>0$	$\frac{F\gamma_2'\gamma_3'}{-H}\left(\frac{c_1'\gamma_1^M-c_1}{(\gamma_1^M)^2}\right)\leqslant 0$
F	$\frac{\rho\gamma_2'\gamma_3'}{-H}>0$	$\frac{\rho\gamma_2'\gamma_3'}{-H}\left(\frac{c_1'\gamma_1^M-c_1}{(\gamma_1^M)^2}\right)\leqslant 0$

资料来源：本研究自行整理。

表 4－3 中每个表达式分母上的字母 H 表示最优强制可追溯水平的二阶条件，如表中所示为负值。表 4－3 的第二列显示的是每个参数对强制可追溯最优水平的影响，第三列显示的是第二层级公司对第一层级公司提供可追溯性时，相应参数对支付价格溢价的影响。

从式（25）中可以看出，如果监管者希望第三层级的公司提供社会最优的可追溯水平，那么公司的外部边际收益必须等于其预期的不合规时面临的边际惩罚。这样，静态比较的结果可由式（27）确定：

$$p_3\gamma_3'\gamma_2' - \left[c_1' + c_2'\gamma_2' + c_3'\gamma_3'\gamma_2' + \psi L'\gamma_3'\gamma_2'\right] + \rho F\gamma_3'\gamma_2' = 0 \tag{27}$$

研究结果表明，消费者的支付意愿、食品安全危害发生的频率、被监管的概率以及监管机构设置的惩罚力度的增加，都对第一层级公司提供强制最优可追溯水平具有正向的网络效应。这一结果具有重要的政策含义，因为它表明可以通过适当的私人和/或公共激励措施来提高食品沿供应链的质量信息可追溯水平。

表 4－3 的第三列显示：第一层级公司提供的可追溯水平会影响第二层级公司向其支付价格溢价参数的确定，第一层级公司获得的补偿受第三层级公司决策的间接影响，这也是一种网络效应。不过，这里首先需明确的是，合同中规定的给予第一层级公司的补偿费用是在参与约束中确定的，转述如下：

$$p_1^M = \frac{c_1\ (\gamma_1^M\ (p_3,\ \psi,\ \rho,\ F))}{\gamma_1^M\ (p_3,\ \psi,\ \rho,\ F)} \tag{28}$$

从这个表达式可以推断，与第一层级公司合同中设置的价格溢价与可追溯性的成本直接相关，而与合同中设置的可追溯水平无关。这两个相互冲突的影响将决定这个变量如何随参数的变化而变化。假设 4 是关于成本函数的，对可追溯性需求的增加将会增加成本，从而导致价格溢价。然而，参与约束规定只要价格溢价收入与平均成本相等，第一层级公司将会接受这份提供可追溯性的合同。这里，有一个负面影响需要考虑，因为价格溢价的高低与合同中设置的可追溯水平高低成反比。根据提高可追溯性水平的积极影响（补偿成本）是大于、小于还是等于消极影响（增加可追溯水平），溢价补偿也将由此受到积极的、消极的或没有网络效应影响。

假设 4 还指出，实现可追溯性需要较大的固定成本，其平均成本曲线呈 U 型形态。瓦里安（1992）将最小有效规模定义为平均成本最小化的生产水平（在本研究中指可追溯水平）。图 4 -2 可以用来说明，静态条件下价格溢价补偿在很大程度上取决于最优可追溯水平是高于、还是低于生产信息的最低有效规模。

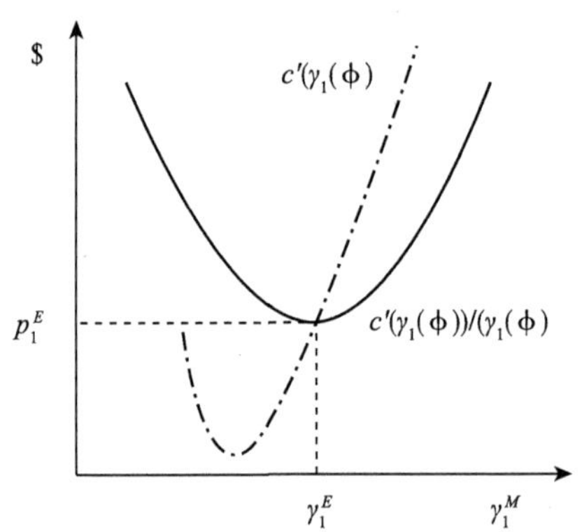

图 4 -2　有效规模的可追溯性级别

资料来源：本研究自行整理。

图 4 -2 中的粗实曲线表示平均成本，虚线表示边际成本。可追溯性的有效规模水平和相应的价格溢价分别表示为 γ_1^E 和 p_1^E。如果最优强制可追

溯水平低于最低有效规模，则平均成本大于边际成本，这意味着可追溯水平的变化会对价格溢价补偿产生负面影响。如果在平均成本和边际成本相等的情况下设置可追溯性的最优水平，则没有影响。最后，如果将可追溯水平设置在平均成本小于边际成本的地方，将会产生积极的影响。

要得到表4－3第三列中显示的结果，需要使用链式规则，因为这些参数对最优可追溯水平和价格溢价补偿均有综合的影响。对式（28）中的γ_1^M求导，可以得到网络效应对价格的总影响：

$$\frac{\partial p_1^M}{\partial \varphi}=\frac{\partial p_1^M}{\partial \gamma_1^M(\varphi)}\frac{\partial \gamma_1^M(\varphi)}{\partial \varphi}$$

$$=\frac{\partial \gamma_1^M(\varphi)}{\partial \varphi}\left[\frac{c_1'\gamma_1^M(\varphi)-c_1(\gamma_1^M(\varphi))/\gamma_1^M(\varphi)}{\gamma_1^M(\varphi)}\right] \tag{29}$$

其中：$\varphi=p_3$，ψ，ρ和F。注意：方括号内的式子是强制可追溯水平的边际成本和平均成本之间的平均差，它的符号取决于γ_1^M是设置在有效的可追溯水平之上还是之下。

表4－3所示结果表明它是基于以下假设：第二层级公司在合同中设置的可追溯水平低于或至多等于最低有效的程度。根据假设5，由于成本函数是确定的，可追溯水平是由第二层级的公司设置，所以该公司不太可能仅满足于提供有效的可追溯水平，否则它将不得不面对更高的单位可追溯性成本。

为了解释这些结果，首先回顾一下最优的可追溯水平和各自的价格溢价都是内生的。还要注意，下游企业将上游的可追溯性需求视为成本。随着消费者溢价补偿、安全隐患概率、被监管概率以及监管机构设定的惩罚力度的增加，第三层级企业对供应链上游企业的可追溯性需求也会逐渐增加。然而，食品供应链的结构、第三层级企业对实现可追溯性总成本的控制可能决定了一个总的成本支出上限。如果真是这样的话，第三层级公司就有可能在控制成本的同时，通过降低整个供应链的价格溢价补偿来提高可追溯水平。第三层级企业没有动力在可追溯性上花费更多成本，因此它的可追溯性需求不会超过γ_1^E。这样，有效的可追溯水平可以看作是可追溯性的一个较高的私有属性的阈值，除非成本结构发生变化，否则第三层级公司不会提供更高的可追溯水平。

第六节　本章小结

可追溯性已经对全球食品市场产生了深远的影响。由于主要食品进口国，如欧盟（EU）、日本等世界主要发达国家先后颁布了对牛肉和其他食品实施强制性溯源要求，一些潜在的食品出口国将不得不转换其外贸策略以遵守其新的营销要求，否则将面临失去市场准入的风险。比如自 2003 年发现了一起疯牛病病例后，美国牛肉行业对日本市场的出口就损失了数十亿美元。最初，虽然具有可追溯性要求可能无法避免日本这个重要出口市场对美国牛肉出口商的关闭，但可追溯性的实施可能会加速日本牛肉市场对美国牛肉产品的重新开放。

实现可追溯性既有私人动机，也有公共动机。这里所谓的私人动机包括：物流效率、更快的召回、增强的产品差异化和获得最终消费者的价格溢价补偿；而可追溯性的公共利益（动机）则包括：提高管理动植物疾病和预防或减轻食品安全危害的能力；提高透明度；以及在监督和执行食品法律方面节约潜在的资源。

本章重点讨论了在食品供应链中企业提供质量信息可追溯的经济性问题。它通过开发一个结合网络、垂直控制和代理理论的新分析框架，比较了自愿和强制可追溯系统的经济性。然后探讨了网络效应或外部性是如何影响可追溯水平的最优选择及其对食品供应链各层级企业所采取策略的潜在影响。

本研究的主要发现是，将是否提供可追溯性的决定留给私营部门进行决策可能会导致可追溯性供应的不足。在美国，这一点就显示的非常明显。例如在阿拉巴马州，经过数周的搜索，仍无法找到导致疯牛病病例的源头，因为这里采用的可追溯性完全是自愿的。当可追溯性的社会外部性是正的、消费者需求和责任规则不足以保证企业提供社会最优水平的可追溯性时，强制可追溯性（这里定义为要求提供社会最优水平的可追溯性）可能是政府及监管机构一个好的政策选择。

有趣的是，网络效应具有相反的效果，这取决于关注的是可追溯水平还是相应的溢价。网络效应对可追溯性溢价的影响表明，如果平均成本由U形曲线表示，则上游所需的可追溯性的私有阈值水平与有效的可追溯水平有关。

本研究中使用的方法可以通过多种不同的方式进行扩展。第一，进一步研究强制性可追溯意味着什么可能是重要的。在本研究中，它被看作是每个公司必须提供的信息水平的提高，但它也可以被看作是扩大了市场上可识别的公司的数量。第二，当可追溯性是自愿提供时，两个市场可以共存，即：一个有可追溯性的市场，另一个没有。如果可追溯性法规使这些市场合并，会发生什么呢？第三，随着可追溯系统的推广，市场结构的动态变化会导致集中度的增加吗？这对福利分配又意味着什么？谁赢谁输？第四，可以用新制度经济学来评估替代政策干预的效果。在研究中，强制可追溯被认为是使用了预先的绩效标准。该模型可用于评价和比较其他的政策选择。如使用一种新的制度的、经验主义的经济学方法来检验科尔斯塔德、乌伦和约翰逊（1990）提出的假设，即在食品可追溯性的背景下，事前和事后的政策干预是如何互补的。最后，可追溯性在世贸组织内已被讨论作为一个潜在的贸易壁垒；然而，由于食品生产、流通、销售过程的匿名性，没有可追溯性的食品可能存在更高的风险。为此，全球化可能会迫使对风险和匿名之间关系的后果进行更详细的研究。

第五章　多成分食品供应链质量信息自愿可追溯的经济性

第一节 简介

世界各地的消费者越来越多地购买和消费预先准备好的食物（预制食品），即在食用前花最少时间来准备、烹制的食物。这些食物可能是单一成分制品，或者是多种成分的制品。多成分食品是一种将不同的农产品或加工原料进行组合后再直接销售给消费者的终端产品。生产、加工和供应这些产品可能会带来了新的、具有挑战性的问题。比如：不同的供应链汇集在一个地方，可能会增加产品污染的机会；提供最终代理的加工商的机会主义行为概率会更高等。由于可能需要保存输入的标识，则在过去被认为是独立的供应链之间，就出现了一些新的影响供应链独立的外部因素。通常，多成分食品的生产会涉及产品配方和质量（主要由组件的质量决定）等众多信息，因此食品质量信息可追溯系统可用于改善这种多成分食品供应链中的信息管理，以降低食品安全风险。多成分食品的例子比比皆是，如包装好的水果拼盘、冷冻披萨等。在这些食品的供应链中实现可追溯性是一个复杂的协调问题，可能需要新的制度安排。

本章的主要内容是分析在生产多成分食品的供应链中采用自愿可追溯性的经济影响。它将多成分食品生产中企业间的可追溯性作为一个协调问题进行分析，考察供应链中所有企业、有限数量企业或没有企业提供可追溯性的条件。本章的目的是确定在什么条件下多成分食品质量信息的可追溯性可以沿供应链实现，以及其最优的可追溯水平如何受网络效应的影响。这一多成分食品质量信息可追溯的经济性研究将从四个主要方面进行开展，即：1）分析多成分食品质量信息可追溯性案例；2）提出企业不对称特征的三层供应链模型；3）分析全部、部分或没有企业提供可追溯性的条件；4）研究水平和垂直网络效应对最优可追溯水平的影响。

2002 年，根据 178/2002（EC），欧洲议会和理事会制定了《食物法》的一般原则和规定，成立了欧洲食物安全管理局，就食物安全事宜实施监管。其中一项旨在确保食品安全的措施是强制可追溯性，该措施于 2005 年 1 月生效。《食物法》将可追溯性定义为“在生产、加工及分销的所有阶段，追踪及追踪拟纳入或预期纳入食物或饲料的食物、饲料、生产动物或物质的能力”。从这个定义可以清楚地看出，可追溯性主要涉及企业之间的信息流，包括企业间的协调，并涵盖了单一和多种成分的食品。这一定义促使人们更加关注食品的可追溯性，并分析其对食品供应链的影响。

默维森等（2003）将公司和供应链置于较为广泛的欧洲食品安全管理的框架内研究了欧盟的食品质量安全问题，以期改善欧洲的食品安全状况。该框架有三个层级：首先是最宽泛的层面是欧盟委员会的食品安全和卫生规定；其次是每个欧盟成员国自己特定的国家标准；最后是用于认证的更为具体的企业级别标准。福尔伯特和达吉沃斯（2000）认为，欧盟的消费者和立法者不仅关心食品的安全性，还关心安全的食品如何在市场上获得。因此，食品安全诉求并不是提供食品可追溯性的唯一动力，它还可能被用于纠正市场失灵，降低产品原产地识别的成本和交易成本。这或许可以解释食品可追溯系统为什么会在欧洲被如此广泛地采用，以及欧盟的零售商为什么会愿意推广比法律要求更严格的食品安全保障系统。

信息对企业而言是一项宝贵的资产（斯波莱德和莫斯，2002），它能促进贸易，并且因为消费者和企业可能愿意为相关的信息支付价格溢价而给整个供应链带来较为可观的效益。可追溯系统是一种工具，通过它不仅可以更有效地管理供应链中各参与方之间的信息流动，而且还可以改善物流运作，将食品安全危害的影响降到最低（默维森，2003；霍布斯，2004）。然而，由于可追溯系统需要收集、存储和共享信息，因此其运行的成本可能很高。另外，可追溯性带来的好处可能不会均匀地分布于整个供应链中，所以这可能导致相关企业提供次优的可追溯水平。因此，在可追溯性实施的过程中，分析协调、结构和制度的影响至关重要。

第二节　基于运筹学和经济学方法的可追溯性分析

根据默（1998）的观点，质量信息的可追溯性可以区分为两种类型：（1）供应链的可追溯性。通过生产、运输、存储、加工、配送和销售的链接跟踪批次及其历史，实现沿供应链的质量信息可追溯性。（2）企业内部的可追溯性。通过公司内部所有记录的生产过程，实现公司内部沿生产流程质量信息的可追溯性。目前，已有大量的关于可追溯性系统的经济学研究文献，这些文献对可追溯性的经济学研究一般集中在第一类，而运筹学和管理学则主要侧重于用来研究企业内部可追溯性的实现问题。

基于运筹学和管理学视角，食品质量信息的可追溯性被看作是一个信息系统，可以用来协调企业内部不同部门之间的信息传输。例如，杜皮、博塔·热努拉兹和吉内特（2005）等就曾使用运筹学的方法来改进企业的可追溯性系统，即通过确定一个优化问题，实现召回的生产批次规模最小化。类似地，詹森·维勒斯、范多普和贝伦斯等（2003）提出了一种企业内部信息管理系统的解决方案，该方案系统集成了企业内部的生产过程、控制和基础设施层的信息，以支持企业内部质量信息可追溯性的实现。

霍夫斯泰德（2002）曾运用网络和供应链管理方法，在与经济学和其他社会科学相结合的基础上，讨论了网络链的透明度问题。由于这一问题的研究与技术、信息系统科学、社会科学相关联，所以被定义为是一种新的跨学科的研究领域。霍夫斯泰德认为，网络链的形成与交换商品和金钱的需求有关，并指出信息在网络链的形成过程中起着至关重要的作用，因为它构成了“网络链的生命线”。

崔恩克斯和贝伦斯（2001）认为，供应商只有一部分关于其产品和流程的相关信息传递给了买方，信息流与产品流是解耦的，这意味着只有一个耦合级别的信息随着产品流沿供应链进行了移动。所以，解决信息不对称问题的关键是设计出一种方法来维持所要转让的总信息与供应商所要保留的详细信息之间的关系。

基于运筹学视角可追溯性研究文献的重要性在于它清楚地将可追溯性与信息系统联系起来，将可追溯系统的构建看作是一个优化问题，旨在控制企业内不同部门之间的信息流动。不过，在考虑食品沿供应链实现可追溯性的情况时，将这种优化看作是一个网络问题可能更合适。因为作为一个网络问题，这样的视角对可追溯性进行分析的目的就成为了确定不同节点（供应链中的每个节点代表一个企业）之间的最佳信息流。为此，本章对可追溯性的分析就将建立在运筹学视角和运用经济学方法进行补充的基础上。

关于可追溯性的经济学观点有两个基本的流派：需求流派和供应流派。狄金森和贝利（2002）从需求的角度在对可追溯性进行研究时发现，美国消费者愿意为牛肉的可追溯性付费。而霍布斯等（2005）在美国和加拿大使用拍卖实验确定消费者是否愿意为牛肉和猪肉的可追溯性进行付费时，也得到了类似的结果。不过，这些研究都是针对单一成分食品供应链的可追溯性进行的，而关于多成分食品供应链可追溯性支付意愿的类似研究尚未见诸报端。

本章拟分析多成分食品供应链中可追溯质量信息供给的经济性问题。在本世纪初，可追溯性在食品供应链中应用的经济影响就已经引起了人们的注意。如霍布斯（2002）就曾注意到可追溯性在食品供应链体系中的经济性作用，区分了“事后追溯体系和事前质量验证体系”的不同并归纳总结了可追溯性的三个主要功能：1）降低与食品安全事件风险相关的成本；2）加强责任激励；3）允许对信用质量属性进行事前验证。这样，一个相关的问题就出现了，即如何确保信息流中的信息是可信的呢？

默维森等（2003）曾研究过肉类供应链中质量信息的可追溯性以及认证的潜在成本和效益问题，认为质量信息可追溯性的成本与系统的实现（如程序的更改、灵活性的降低、自动化水平的提高、库存、人员和文档）和维护（通过审计）相关，其效益包括增加透明度、降低责任索赔风险、更有效的召回、加强后勤、改善对牲畜流行病的控制、对贸易可能产生的积极影响、更容易获得产品许可和可能的价格溢价。他们还发现了可追溯性研究文献中的三个空白：1）可追溯性水平的盈亏平衡点是什么？2）可追溯性对当前责任和召回赔偿计划的影响是什么？3）监管激励如何避免“搭便车”现象？

戈兰等（2004）认为，食品质量信息可追溯性在欧洲的实践主要受法律、法规驱动，而在美国，食品的可追溯性实践则往往是受经济激励因素驱动。通过调查农业、食品工业中几种不同的可追溯系统，并使用深度（系统向上和向下延伸的距离）、广度（跟踪了多少属性）和精度（例如，在多大程度上正确标识了来源）三个维度对它们进行描述后，他们发现，引入食品质量信息的可追溯性没有单一的最佳方法，且可追溯性在行业内部和跨行业的系统特性中存在很大的可变性，这取决于产品的特定属性或引入可追溯性的动机。他们还指出，无论强制性或自愿性制度安排如何，食品都不可能具有完全的可追溯性，而必须选择哪些因素是可追溯的。

布尔（2003）研究了欧洲肉类和家禽行业实施质量信息可追溯性的情形，其研究结果表明，最终产品的加工企业和消费者之间的信息不对称是引入可追溯性的原因之一。然而，更有说服力的动机是引入可追溯性可减少食品供应链参与者之间的信息不对称问题。当存在以下情况时，企业自愿实施食品可追溯性的动力更大，即：1）高的生产不确定性；2）对相关道德风险和机会主义行为的更多怀疑；3）监控成本增加；4）无法识别信息特征。

斯特伯德和阿曼纳博·阿杜（2004）利用委托－代理理论，通过建立生产商和加工商之间的关系模型，分析了在有检验协议的食品供应链中引入可追溯性的意义。在该模型中，生产商是代理人，了解产品的质量和安全性；而加工商（委托人）不了解产品的质量和安全性，加工商希望可追溯系统能提供一个使其利润最大化的价格，同时迫使生产者提供信息和安全的产品。

基于上述关于食品质量信息可追溯的经济性研究文献得出的一些结

论，这里提出本章研究所遵循的视角：在多成分食品供应链中实现可追溯性需要食品供应链上几个不同企业间的协调；食品质量信息的可追溯性是一种信息管理工具，其有效性和效率可能受到信息不对称和不完全的影响。与斯特伯德和阿曼纳博·阿杜（2004）的研究相类似，本章也将使用委托－代理模型来分析多成分食品实现沿供应链可追溯的经济性问题。

多成分食品沿供应链可追溯的协调和机制问题，目前尚未得到很好的解决。这个问题的求解可能需要一种综合方法，即不仅需要结合经济学不同领域的相关理论（即网络经济学、交易成本理论、新制度经济学和不完全契约理论），还要结合运筹学等其他学科的知识。本章将基于罗耶（1998）的垂直控制模型和委托－代理理论提出有关多成分食品供应链的可追溯性模型。正如上述分析，可追溯系统提供了一种供应链上各企业间建立联系和传递信息的方法，而委托－代理理论则为这种信息流动确立了条件。不同于纯粹的运筹学意义上的食品质量信息可追溯性研究，罗耶（1998）的垂直控制模型侧重于研究企业间信息传递的协调，因此，该模型假定质量信息可追溯的企业成本（即：设计、实现和操作内部信息系统的成本）是给定的。如上所述，与目前对食品质量信息可追溯性经济性的分析不同，本章通过提出一个三层级食品供应链模型来分析多成分食品供应链可追溯的经济性问题，探究是什么驱动了食品质量信息沿供应链的零追溯、部分追溯或完全追溯；并探讨网络效应对可追溯水平选择的影响。

第三节　多成分食品供应链质量信息自愿可追溯的经济性模型

本节提出一个网络模型来分析多成分食品供应链上不同层级公司之间质量信息可追溯的经济性协调问题。在这个模型的阐述中，可追溯性被定义为食品供应链上公司间信息流的可跟踪和可追溯。

食品供应链涉及大量公司在供应链不同层级上采取不同的行动。随着全球化的发展，食品供应链网络的复杂性也在增加。此外，在食品供应链的任何节点上，不同的公司之间可能存在着或强或弱的垂直和水平的联系。食品的生产和加工是异构的，这可能对供应链上公司间的协调活动产生重大影响。本节的目标不是完全解决所有这些问题及其对沿供应链可追溯水平的影响。相反，它提出了一个由种植户、中间加工商和最终产品生产商组成的简化版的基于契约管理的三层级食品供应链可追溯系统。这种网络结构与默维森等（2003）提出的“B”型全溯源系统相对应，其中供应链的每一层级公司都必须满足来自下游公司的溯源要求。图5－1为本研究假设的食品供应链结构。

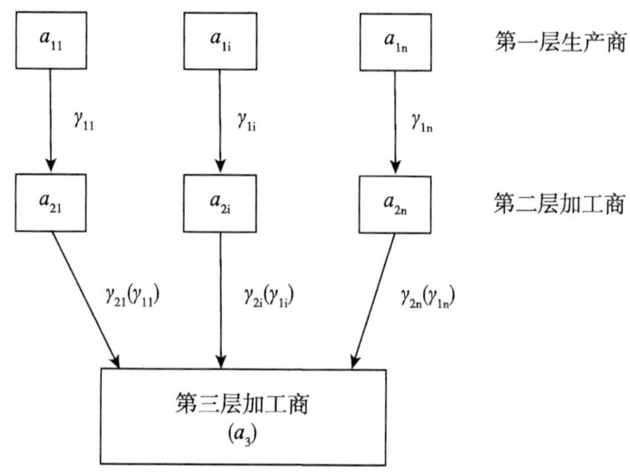

图5－1　多成分食品供应链质量信息可追溯系统的网络结构

资料来源：本研究自行整理。

在图5－1中：第三层级公司是多成分产品（例如匹萨）的生产商，该生产商从第二层级的不同中间加工商处购买原料（中间产品）；而为了满足自身生产原料的需求，第二层级的公司需从第一层级的商品生产者那里购买原料（生产中间产品的原料）。第一层级和第二层级中的每个公司都是一个专业的公司，输出一个产品（原料、中间产品）和相关信息，第二层级公司依赖于第一层级的独家或特定供应商提供的投入。因此，每个公司在网络结构中只有一个链接。例如，如果农场 a_{11} 生产番茄，它将只卖

番茄给加工商 a_{21}。第一层级中的代理可以被看作是一个单独的农场，也可以被看作是生产者的组织，例如农业合作社组织等。

一、假设

在本章阐述的情景中，可追溯性是自愿提供的，这意味着食品供应链中的每个公司都可以选择不提供可追溯性。正如崔恩克斯和贝伦斯（2001）认为的那样，食品可追溯系统中的信息流必须与产品流相关，但信息流和产品流不一定同时发生，甚至可以是解耦的。本模型的重点不在于产品流，而在于提供可追溯系统（记录原料来源、输入和输出的属性以及产品的生产技术的系统）的条件。故提出的模型拟采用以下假设：

假设 1：公司最大化利润有两个组成部分。第一个组成部分是每家公司从销售产出（π）中获得的净利润。这种产出销售的利润是固定的，与可追溯水平无关。换句话说，一家公司无论是在没有可追溯性的现货市场上销售产品，还是接受协议在有可追溯性要求的市场上销售产品，获得的这部分利润都是一样的。第二个组成部分是实施可追溯性带来的利润，这是由每个层级公司提供可追溯性的收益与其相应的成本支出之间的差异造成的。当公司接受一个提供可追溯性的协议时，他们会得到下游公司提供的作为交换的每个可追溯性单元的价格溢价补偿。

假设 2：为了生产某一多种成分的食品，风险中性的第三层级公司向第二层级的每个成分（中间产品）的加工商提出一份要求提供可追溯信息的合同。除了产品的数量和质量信息外，这份合同还必须为每个第二层级公司提供的可追溯性设置相应的级别和价格溢价。这里的重点是合同中指定的可追溯部分。同样的道理，每一家第二层级的公司都向第一层级的供应商提出类似的合同。第一层级和第二层级的公司可以选择不接受提供可追溯性的需求合同，因为他们有一个与在现货市场销售其产出获得利润相比较的外部选项。在整个食品供应链中，企业都是提供可追溯性的价格溢价的接受者。

假设3：只有聚合信息可以在公司之间共享，并与产品流耦合。可追溯水平是一个连续变量，包含供应链中买方（公司或消费者）的所有相关信息片段。可追溯水平是可增加的，并且每个信息单元具有相同的价值。可追溯性是垂直的、向下游流动的信息流。提供的可追溯水平可表示为γ_{ni}。下标为标识企业在供应链中的位置：第一个下标标识的是企业所在的层级，而第二个下标标识的是给定的企业。例如，γ_{1i}标识为第一层级的第i家公司提供的可追溯水平。这意味着供应链上每一层级的企业都会创建新的有关自身及产品的可追溯信息，这是对默维森等人（2003）的相关假设条件的放宽。然而要具有自身的可追溯性并创建新的信息，下游企业必须提出一份合同以获得上游企业关于产品的可追溯性。因此，需假设上游和下游产品的可追溯水平之间的链关系呈线性增长，即：$\gamma_3 = \gamma_3$（γ_{21}，…，γ_{2n}），$\gamma_{2i} = \gamma_{2i}$（$\gamma_{1i}$），$\gamma_3' > 0$，$\gamma_3'' = 0$，和$\gamma_{2i}' > 0$，$\gamma_{2i}'' = ?\ 0$（$i = 1$，…，$n$）。显然，第三层级公司的可追溯水平受第一层级的每个公司提供的可追溯水平的间接影响。进一步假设，如果没有收集到上游产品的可追溯信息，那么第二、第三层级的公司就不可能提供相应的产品质量信息的可追溯性。因此，γ_{2i}（0）$=0$（$i = 1$，…，n）和γ_3（0）$=0$。

假设4：第一层级和第二层级公司在签订提供可追溯性合同时，每单位的可追溯信息可获得的价格溢价为p_{ni}。溢价p只是第二层级的公司基于第一层级公司在提供相应的可追溯水平下销售其产出时给予的价格补偿，产出销售的利润全部计入固定利润项。这与霍布斯（2004）认为可追溯性可以带来“商誉溢价和消费者信心增强溢价”的观点一致。此外，在中国、美国、加拿大和西班牙等国进行的关于可追溯性需求的几项研究也表明，消费者愿意为获得可追溯性而支付价格溢价或赋予其正的价值（周洁红、姜励卿，2007；霍布斯，2005；格拉西亚和泽巴洛斯，2005）。同样，下标标识为层级和接受溢价的公司。例如，p_{21}表示第三层级公司支付给第二层级上的公司1的产品价格溢价（因为该公司提供了可追溯水平γ_{21}）。值得注意的是，支付给第一层级和第二层级公司的溢价是内生变量，而根据上面的假设1，消费者因第三层级公司提供了可追溯性而支付的溢价 p_3 是外生变量。

假设5：提供可追溯性是需要耗费成本的，因为每个公司都必须投资构建一个内部信息系统以获取和传输信息。霍布斯（2004）曾提到五种不同的成本：可追溯系统的直接成本、尽职调查决策对生产成本的影响，以及只有在出现安全问题时才产生的三种额外成本。相关物流和运营研究的文献表明，构建支持可追溯性的企业信息系统是存在内部成本的（詹森·弗勒斯、范多普和贝伦斯，2003；韦尔内德、韦尔丹尼斯和贝诺泽，2003）。这里企业提供可追溯性的内部成本记为 c，并假设 c 为递增的凸函数，即：$c=c(\gamma)$，$c'>0$ 和 $c''>0$。此外，为了简化分析，假设信息系统是跨公司兼容的，没有与兼容性相关的额外成本，且信息传输的成本为零。

假设6：默维森等（2003）认为，“可追溯性需要构建一个涵盖食品供应链上所有参与者的可靠和完整的信息（在已经达成一致的意义上）系统”。这里假设，当各公司依据合同为下游提供可追溯性时，提供的所有用于可追溯的信息都是真实的，且合同文本中关于食品供应链各层级的成本规定也是明确的。

假设7：霍布斯（2004）指出，“（…）责任成本是强加给那些在减少潜在的食品危害问题上没有尽职表现的公司的”。默维森等（2003 年）在评论新的欧盟《食品法》时认为“食品安全是食品生产者的首要责任”。显然，可追溯性可能是为迎合消费者的需求、减少与食品安全危害相关的损失需要所激发的。为此，假设在发生责任损失的情况下，第三层级公司是唯一的责任方（L），这种损失在发生食品安全风险时（发生概率 $\psi\in[0,1]$）肯定会产生。但如果供应链具有可追溯性，则可以帮助供应链的参与企业减少损失。可见，责任损失是基于第三层级公司可追溯水平的一个递减凸函数，即：$L=L(\gamma_3)$，$L'<0$，和 $L''>0$。进一步假设，如果第三层级公司不提供可追溯性，它将可能面临最大的责任损失。

二、模型

下文将从食品供应链第一层级的公司开始阐述供应链中各层级公司提供质量信息可追溯的经济性问题。在食品供应链的第一层级中，每个公司生产不同的商品，因此在可追溯系统中可加入不同的信息。然而，它们面临着一个类似的问题，即根据可追溯性的收入和成本来决定是否接受第二层级公司提供的可追溯性需求合同。生产第 i 种商品的第一层级公司具有以下利润目标函数：

$$\underset{\gamma_i}{Max}\prod_{1i} = \pi_{1i} + p_{1i}\gamma_{1i} - c_{1i}(\gamma_{1i}) \tag{1}$$

在这个表达式（1）中，等式右边的第一项表示第一层级公司销售第 i 种产品的利润（注意，它是独立于信息的）；p_{1i}和 c_{1i}分别是提供可追溯性的价格溢价和成本。

为了向食品供应链第三层级公司提供可追溯的信息，第二层级的公司须向第一层级对应的公司提出一份提供可追溯性的需求合同，进而可以从对应的第一层级的公司处获得可追溯的信息。注意，这里第二层级的公司既是委托人又是代理人。第二层级的公司生产不同成分的产品（或原料），这些不同成分的产品可能具有不同的价值，需要有不同的可追溯水平；且每个公司销售的产品不同，因此产生的利润和可追溯水平、收入和成本也将是不同的。以第二层级生产第 i 种成分的公司为例，该成分是由从上游获得的第 i 种产品生产的。根据上面的假设3，为了向第三层级公司提供具有可追溯性的成分信息，第二层级公司必须具有基于可追溯性合同从第一层级公司追溯到自身公司的可追溯性。但第一层级公司接受提供可追溯性合同的前提是：在可追溯性需求的市场上销售其产品获得的利润（π_{1i}）至少不低于其向无可追溯性要求的现货市场销售产品所获得的利润。因此，第 1 层级生产 i 成分的公司接受提供可追溯性合同的参与约束为：

$$\pi_{1i} = \pi_{1i} + p_{1i}\gamma_{1i} - c_{1i}(\gamma_{1i}) \tag{2}$$

等式（2）的左侧为在无追溯性需求的市场上销售 i 成分产出的利润，右侧为提供可追溯性的合同中给出的利润。根据这个表达式，第二层级公司设置的单位可追溯水平的溢价，应能确保吸引第一层级公司接受并参与提供可追溯性。注意，在这个模型中，如果第二层级公司设置的可追溯性溢价与第一层级公司提供可追溯性的平均成本相匹配，那么第一层级公司将接受这个合同。为确保第一层级公司提供的可追溯水平集（γ_{1i}^*）符合合同规定的要求，第二层级上生产 i 成分的公司需向第一层级对应的公司设定以下支付方案：

$$p_{1i} = \begin{cases} \dfrac{c_{1i}(\gamma_{1i})}{\gamma_{1i}}，如果\ \gamma_{1i} = \gamma_{1i}^* \\ 0，如果\ \gamma_{1i} \neq \gamma_{1i}^* \end{cases} \tag{3}$$

式（3）中的第一式项由式（2）中的参与约束导出，表示第一层级生产 i 成分（产品）的公司因提供了合同约定的可追溯水平 $\gamma_{1\ i}^{*}$ 而获得的价格溢价补偿 p_{1i}。第二式项对应的是激励兼容性约束，可看作是对破坏可追溯性合同约定的可追溯水平的公司的惩罚。

第二层级上生产第 i 种成分（产品）的企业利润可表述为：

$$\begin{aligned} & \underset{\gamma_{2i}}{Max} \prod\nolimits_{2i} = \pi_{2i} + p_{2i}\gamma_{2i} - p_{1i}\gamma_{1i} - c_{2i}(\gamma_{2i}) \\ & s.t.: \gamma_{2i} = \gamma_{2i}(\gamma_{1i}) \\ & p_{1i} = \frac{c_{1i}(\gamma_{1i})}{\gamma_{1i}} \end{aligned} \tag{4}$$

其中 π_{2i} 是供应链第二层级上的公司在现货市场卖出第 i 种成分（产品）的净利润，p_{2i} 是第三层级公司为提供可追溯水平 γ_{2i} 的第二层级公司设定的价格溢价补偿，和 c_{2i} 是第二层级公司因提供可追溯性而发生的成本。第二层级公司面临的问题比第一层级公司面临的问题更为复杂，因为它受两方面的约束。第一方面的约束是与可追溯水平相关的链关系和依赖性约束，类似于垂直模型中用于确保垂直关联公司间货物流动的约束（罗耶，1998）。第二方面的约束是基于参与和激励的兼容性约束，以确保第一层级公司能向第二层级公司提供各自合同中约定的可追溯水平的可追溯性。

将约束条件代入目标函数，第二层级公司的利润可以重新表述为：

$$\underset{\gamma_{1i}}{Max}\prod_{2i} = \pi_{2i} + p_{2i}\gamma_{2i}(\gamma_{1i}) - c_{1i}(\gamma_{1i}) - c_{2i}(\gamma_{2i}(\gamma_{1i})) \tag{5}$$

第三层级公司在竞争激烈的市场上销售一种具有可追溯性的多成分产品，并按可追溯水平支付相应的价格溢价（p_3）。为了向消费者提供可追溯信息，第三层级的公司需向第二层级的公司发出一份提供可追溯性的需求合同且至少保证有一家公司接受该合同。第三层级公司提供的可追溯水平取决于第二层级公司提供的可追溯水平（向量）。回想一下假设 7，基于消费者的支付意愿，第三层级公司将要求上游公司提供可追溯性，以减少与食品安全危害相关的责任损失。正如霍布斯（2004）和默维森（2003年）等所讨论的那样，这种损失符合国际上的一些国家关于食品生产商和加工商责任的法律规定。由于第二层级的公司间存在异质性，它们不一定需要向第三层级的公司提供相同级别的可追溯信息。

假设第三层级公司向第二层级上的生产第 i 种成分（产品）的公司提出可追溯性需求合同。同样，第二层级上生产第 i 种成分（产品）的公司接受合同并提供可追溯性的前提是：在这个市场上销售其产品获得的利润（π_{2i}）至少不低于其向无可追溯性要求的现货市场销售相同产品所获得的利润。即：

$$\pi_{2i} = \pi_{2i} + p_{2i}\gamma_{2i} - p_{1i}\gamma_{1i} - c_{2i}\ (\gamma_{2i}) \tag{6}$$

式（6）表明，除非第三层级公司向第二层级上生产第 i 种成分（产品）的公司提供的可追溯性合同能够保证该公司与在现货市场上销售其产品具有相同的盈利能力，否则合同将不被接受。每个可追溯水平的溢价必须等于第二层级公司因提供可追溯性而产生的平均成本。因此，为确保第二层级生产第 i 种成分产品的公司提供合同约定的可追溯水平（γ_{2i}^*），第三层级的公司需向第二层级上生产第 i 种成分（产品）的公司设定以下支付方案：

$$p_{2i}=\begin{cases}\dfrac{p_{1i}\gamma_{1i}+c_{2i}\ (\gamma_{2i})}{\gamma_2}，如果\ \gamma_{2i}=\gamma_{2i}^*\\ 0，如果\ \gamma_{2i}\neq\gamma_{2i}^*\end{cases}\tag{7}$$

与第二层级公司向上游公司提出提供可追溯性的需求合同一样，第一个条件是来自公式（6）的参与约束，而第二个条件是激励兼容性约束，以确保第二层级公司提供合同约定的可追溯水平，否则溢价为零。

第三层级公司面临的问题相当复杂，因为该层级的公司必须设计出一组合同，以获得第二层级的 n 个不同公司的可追溯性。此外，假设 3 表明可追溯性的层级之间存在着链关系，因此第三层级公司还将进一步受到第一层级公司向第二层级公司提供的可追溯性的约束。令 Γ_1 和 Γ_2 表示具有 n 个元素的列向量，每个元素分别对应来自第一和第二层级上的公司提供的可追溯水平。那么，第三层级公司的利润目标函数是：

$$\begin{aligned}&\underset{\gamma_3}{MaxE}\left[\prod\nolimits_3\right]=\pi_3+p_3\gamma_3-\sum_{i=1}^{n}p_{2i}\gamma_{2i}-c_3(\gamma_3)-\psi L(\gamma_3)\\&s.t.:\ \gamma_3=\gamma_3\ (\Gamma_2)\\&\gamma_{21}=\gamma_{21}\ (\gamma_{11})\ \cdots\gamma_{2n}=\gamma_{2n}\ (\gamma_{1n})\\&\Gamma_1\geqslant 0\\&p_{21}=\frac{p_{11}\gamma_{11}+c_{21}\ (\gamma_{21})}{\gamma_{11}}\cdots p_{2n}=\frac{p_{1n}\gamma_{1n}+c_{2n}\ (\gamma_{2n})}{\gamma_{1n}}\\&p_{11}=\frac{c_{11}\ (\gamma_{11})}{\gamma_{11}}\cdots p_{1n}=\frac{c_{1n}\ (\gamma_{1n})}{\gamma_{1n}}\end{aligned}\tag{8}$$

在这个表达式（8）中，π_3 是第三层级公司将多成分的产品卖给消费者所获得的利润（其余的符号在上文中已经有所定义），这是基于发生食品安全事件概率上的预期总利润。第三层级的公司必须考虑更多的约束条件。将约束条件代入利润目标函数，可得到：

$$\begin{aligned}\underset{\Gamma_1}{Max}\prod\nolimits_3=&\ \pi_3+p_3\gamma_3(\gamma_{21}(\gamma_{11})),\ldots,\gamma_{2n}(\gamma_{1n})-\\&\left[\sum_{i=1}^{n}c_{1i}(\gamma_{1i})+\sum_{i=1}^{n}c_{2i}(\gamma_{2i}(\gamma_{1i}))\right]\\&-c_3\ (\gamma_3\ (\gamma_{21}\ (\gamma_{11}),\ \cdots,\ \gamma_{2n}\ (\gamma_{1n})))\end{aligned}$$

$$-\psi L\ (\gamma_3\ (\gamma_{21}\ (\gamma_{11}),\ \cdots,\ \gamma_{2n}\ (\gamma_{1n})))\tag{9}$$

$s.t.:\ \Gamma_1 \geqslant 0$

这个利润目标函数有 n 个必要条件，也就是第一层级公司生产产品具有的 n 个最优可追溯性水平。限于研究内容要求，这里仅就第一层级公司生产第 i 种成分（产品）且具有最优可追溯水平的必要条件进行探讨，目的是实现第一层级公司的预期利润最大化。

根据：

$$\frac{\partial \prod_3}{\partial r_{1i}} = 0$$

可得：

$$p_3 = \frac{\partial \gamma_3\ (\cdot)}{r_{2i}}\gamma'_{2i} - \psi L'\ (\cdot)\ \gamma'_{2i}\frac{\partial \gamma_3\ (\cdot)}{\partial r_{2i}} = \\ c'_{1i} + c'_{2i} + c'_3(\cdot)\ \gamma'_{2i}\frac{\partial \gamma_3\ (\cdot)}{\partial r_{2i}}\tag{10}$$

等式（10）的左边显示的是从第 i 个公司处获得的可追溯性的间接边际效益。这里的边际效益主要有两个：一是对额外溢价的影响，二是由于食品安全危害避免而减少的预期边际损失。预期边际损失项是一个负值，这从假设 7 中就可以看出，因为责任损失是随着可追溯水平的提高而降低。右边显示的是每一层级上生产第 i 种成分（产品）的各个公司所承担的提供可追溯性的边际成本总和。在与第一层级其他公司的合同中所要求的可追溯水平也有相类似的发现。利用第三层级公司收益的约束条件和第一层级各公司提供的可追溯水平，可推导出相应的第二层级公司和第三层级公司间的合同所要求的可追溯水平。在此基础上，利用参与约束条件，就可以得到了拟向第二层级和第一层级公司提供的价格溢价补偿。这个问题有 2（n + n）+1 个内生变量和 2 个外生变量（消费者为可追溯性支付的价格溢价和食品安全风险发生的概率）。

下面的式（11）给出了三种成分（产品）的食品供应链契约结构。为了确保必要条件隐含地定义最优可追溯水平，以期获得最大预期利润，必须检查二阶条件。因此，为实现利润最大化需对汉森矩阵进行评估，见下式（11）所示：

$$H = \begin{pmatrix} \frac{\partial^2 \prod_3}{\partial \gamma_{11}^2} & \cdots & \frac{\partial^2 \prod_3}{\partial \gamma_{11} \partial \gamma_{1i}} & \cdots & \frac{\partial^2 \prod_3}{\partial \gamma_{11} \partial \gamma_{1n}} \\ \vdots & & \vdots & & \vdots \\ \frac{\partial^2 \prod_3}{\partial \gamma_{11} \partial \gamma_{1i}} & \cdots & \frac{\partial^2 \prod_3}{\partial \gamma_{1i}^2} & \cdots & \frac{\partial^2 \prod_3}{\partial \gamma_{1i} \partial \gamma_{1n}} \\ \frac{\partial^2 \prod_3}{\partial \gamma_{1i} \partial \gamma_{1n}} & \cdots & \frac{\partial^2 \prod_3}{\partial \gamma_{1i} \partial \gamma_{1n}} & \cdots & \frac{\partial^2 \prod_3}{\partial \gamma_{1n}^2} \end{pmatrix} \tag{11}$$

在确定最大值的必要条件下，汉森数必须为负值；当$(-1)^n|H_n|>0$时，则即可实现。评估一阶条件是否定义了利润函数的最大值的另一种方法是使用将函数的形状与其极值点联系起来的数学定理。这个定理表明，如果一个函数是严格的凹函数，那么它的极值点就是最大值（巴尔达尼，布拉德菲尔德和特纳，1996）。由于成本函数和预期损失函数是凸函数（见假设 5 和 7），且可追溯函数是线性增长的，故利润函数为严格的凹函数。所以，第一个订单条件隐含地定义了每个第一层级公司提供的必然是最优可追溯水平。

由于这是一个自愿提供可追溯性的模型，因此可能有与可追溯水平为零相对应的边界解决方案。库恩－塔克条件就对此边界解决方案的条件进行了描述：

$$\begin{matrix} \gamma_{11} \geqslant 0, & \frac{\partial \prod_3}{\partial \gamma_{11}} \leqslant 0, & \text{和} \frac{\partial \prod_3}{\partial \gamma_{11}} \gamma_{11} = 0 \\ \vdots & \vdots & \vdots \\ \gamma_{1n} \geqslant 0, & \frac{\partial \prod_3}{\partial \gamma_{1n}} \leqslant 0, & \text{和} \frac{\partial \prod_3}{\partial \gamma_{1n}} \gamma_{1n} = 0 \end{matrix} \tag{12}$$

这些条件必须同时满足。随着可追溯水平变为正值，从第一层级公司到第三层级公司的边际利润逐渐下降，那么将有一个提供可追溯性的边界解决方案。当第一个库恩 - 塔克条件被满足、第二项作为严格的不等式成立时，没有可追溯性需求合同提供给上游公司，第三层级公司也不会提供可追溯性；当至少有一个一阶条件被满足时，表明存在有限数量的成分被提供了正的可追溯水平，则可以实现部分的可追溯性。最后，如果所有必要条件都满足，第三层级公司生产的多成分产品所用的每一种成分都是可追溯的，则第二层级和第一层级的每一家公司都将获得一份提供可追溯性的需求合同。

第四节　模型分析

在可追溯性研究的经济学文献中，一个重要的问题是拥有完整的可追溯性是否可取或有效？在本文的研究中，完全可追溯性被定义为第三层级公司在生产最终产品中使用的每一种成分都具有从第一层级开始的全程的可追溯性。上一节中我们讨论了一般情况下的无可追溯、部分可追溯或完全可追溯的条件。本节以一个由三种成分组成的食品供应链为例，重点研究了第三层级企业可追溯性的优先选择条件（即：$n=3$，$\Gamma_2=\gamma_{21}$，γ_{22}，γ_{23}，和 $\Gamma_1=\gamma_{11}$，γ_{12}，γ_{13}）。这个例子是用来说明横向和纵向网络对与第一层级公司签订提供最优可追溯信息水平协议的影响，其结果可以推广到上述 n 种成分的情形。当然，考虑到的成分越多，相应的需求计算量就越大。

将约束条件代入到三种成分的食品供应链可追溯性模型中，则第三层级公司的最大化期望利润为：

$$
\begin{aligned}
\underset{\Gamma_1}{Max\,E}\left[\prod{}_3\right] = {} & \pi_3 + p_3\gamma_3(\gamma_{21}(\gamma_{11}),\gamma_{22}(\gamma_{12}),\gamma_{23}(\gamma_{13})) - \\
& \left[\sum_{i=1}^{3} c_{1i}(\gamma_{1i}) + \sum_{i=1}^{3} c_{2i}(\gamma_{2i}(\gamma_{1i}))\right] \\
& - c_3(\gamma_3(\gamma_{21}(\gamma_{11}),\gamma_{22}(\gamma_{12}),\gamma_{23}(\gamma_{13})))
\end{aligned}
$$

$$-\psi L(\gamma_3(\gamma_{21}(\gamma_{11}),\gamma_{22}(\gamma_{12}),\gamma_{23}(\gamma_{13}))) \tag{13}$$

$s.t.: \Gamma_1 \geqslant 0$

第一层级公司最大化期望利润的必要条件为：

$$\frac{\partial E[\prod_3]}{\partial \gamma_{11}} = 0 \Rightarrow p_3 \frac{\partial \gamma_3(\cdot)}{\partial \gamma_{21}} \gamma'_{21} - \psi L'(\cdot)\gamma'_{21}\frac{\partial \gamma_3(\cdot)}{\partial \gamma_{21}}$$

$$= c'_{11} + c'_{21}\gamma'_{21} + c'_3(\cdot)\gamma'_{21}\frac{\partial \gamma_3(\cdot)}{\partial \gamma_{21}} \tag{14}$$

$$\frac{\partial E[\prod_3]}{\partial \gamma_{12}} = 0 \Rightarrow p_3 \frac{\partial \gamma_3(\cdot)}{\partial \gamma_{22}} \gamma'_{22} - \psi L'(\cdot)\gamma'_{22}\frac{\partial \gamma_3(\cdot)}{\partial \gamma_{22}}$$

$$= c'_{12} + c'_{22}\gamma'_{22} + c'_3(\cdot)\gamma'_{22}\frac{\partial \gamma_3(\cdot)}{\partial \gamma_{22}} \tag{15}$$

$$\frac{\partial E[\prod_3]}{\partial \gamma_{13}} = 0 \Rightarrow p_3 \frac{\partial \gamma_3(\cdot)}{\partial \gamma_{23}} \gamma'_{23} - \psi L'(\cdot)\gamma'_{23}\frac{\partial \gamma_3(\cdot)}{\partial \gamma_{23}}$$

$$= c'_{13} + c'_{23}\gamma'_{23} + c'_3(\cdot)\gamma'_{23}\frac{\partial \gamma_3(\cdot)}{\partial \gamma_{23}} \tag{16}$$

在满足最大预期利润的充分条件下，同时求解式（14）-（16）可得第一层级各个公司提供的最优可追溯水平。这些都是消费者愿意支付的价格溢价（p_3）和食品安全风险概率（ψ）的函数。一旦设置了第一层级每个公司提供的最优可追溯水平，剩下的内生变量就可以使用第三层级公司的约束来定义。表5－1总结了第三层级与第二层级的各公司间、以及第二层级和第一层级各公司间提供可追溯性合同中应满足的条件。

表5－1　供应链可追溯性水平和溢价

	企业	价格溢价	可追溯水平
第一层级契约	11	$p_{11} = \frac{c_{11}(\gamma_{11}(p_3, \psi))}{\gamma_{11}(p_3, \psi)}$	$\gamma_{11} = \gamma_{11}(p_3, \psi)$
	12	$p_{12} = \frac{c_{12}(\gamma_{12}(p_3, \psi))}{\gamma_{12}(p_3, \psi)}$	$\gamma_{12} = \gamma_{12}(p_3, \psi)$
	13	$p_{13} = \frac{c_{13}(\gamma_{13}(p_3, \psi))}{\gamma_{13}(p_3, \psi)}$	$\gamma_{13} = \gamma_{13}(p_3, \psi)$

续表

	企业	价格溢价	可追溯水平
第二层级契约	21	$p_{21}=\dfrac{c_{11}(\gamma_{11}(\cdot))+c_{21}(\gamma_{21}(\gamma_{11}(\cdot)))}{\gamma_{21}(\gamma_{11}(\cdot))}$	$\gamma_{21}=\gamma_{21}(\gamma_{11}(p_3,\psi))$
	22	$p_{22}=\dfrac{c_{12}(\gamma_{12}(\cdot))+c_{22}(\gamma_{22}(\gamma_{12}(\cdot)))}{\gamma_{22}(\gamma_{12}(\cdot))}$	$\gamma_{22}=\gamma_{22}(\gamma_{12}(p_3,\psi))$
	23	$p_{23}=\dfrac{c_{13}(\gamma_{13}(\cdot))+c_{23}(\gamma_{23}(\gamma_{13}(\cdot)))}{\gamma_{23}(\gamma_{13}(\cdot))}$	$\gamma_{23}=\gamma_{23}(\gamma_{13}(p_3,\psi))$
第三层	3	p_3	$\gamma_3=\gamma_3(\gamma_{21}(\gamma_{11}(\cdot)),\gamma_{22}(\gamma_{12}(\cdot)),\gamma_{23}(\gamma_{13}(\cdot)))$

资料来源：本研究自行整理。

除了目标函数（13）外，表5－1还显示，可追溯水平和提供可追溯性的成分数量越多，第三层级公司付出的实现可追溯性的成本就越高。这就引出了这样一个问题：第三层级公司如何在无可追溯性、部分可追溯性或完全可追溯性之间进行选择呢？

基于以上假设，研究食品供应链如何选择可追溯性只要评估第三层级公司的决策就足够了。如果第三层级公司向第二层级中至少一个公司提供式（7）所列支付方案的合同，而后者又向相应的第一层级的公司提供类似的合同，则实现食品质量信息沿供应链的可追溯性是可行的。当然，随着多成分食品及其供应链的差异，可追溯的成分、可追溯水平、溢价补偿以及可追溯对减少责任损失的影响是不同的。需要注意的是，虽然额外水平的可追溯性对收益有间接影响，但它们主要直接影响成本。基于库恩－塔克条件，为进一步分析的需要，本文提出以下命题：

$$\gamma_{1i}\geqslant 0,\quad \frac{\partial E[\prod_3]}{\partial\gamma_{1i}}\leqslant 0,\quad 和\ \frac{\partial E[\prod_3]}{\partial\gamma_{1i}}\gamma_{1i}=0,\quad i=1,2,3 \tag{17}$$

命题1：如果第一层级中每个公司提供可追溯性的边际成本超过了第三层级公司为构建沿食品供应链可追溯性系统而提供的边际收益，那么就不能实现可追溯性。

如果每个一阶条件（14）－（16）都有边界解决方案，则不会实现可追溯性。从式（17）中的库恩－塔克条件可以看出，如果每一种成分的可追溯预期边际利润为正而且递减，那么第三层级公司就没有采用可追溯性的动机。换句话说，如果消费者支付的价格溢价和拥有可追溯性所带来的预期风险降低所获得的边际收益之和不能覆盖其供应链上的边际总成本，则实现沿供应链食品质量信息的可追溯性是不可行的。

到目前为止，有关多成分食品购买意愿的需求研究依然较少。在已有的少量此类研究文献中，韦贝克（2005）认为消费者可能面临着信息超载，无法理解单一成分食品供应链可追溯系统所提供的全部信息。消费者会发现，使用由多成分食品质量信息可追溯系统提供的信息可能很困难，这反过来会阻碍他们为这些产品的可追溯性买单；同时，对多成分食品配方中使用的每一种成分的安全风险进行评估的困难性，也增加了消费者对可追溯性能够减轻食品安全风险认识的不确定性。显然，这些因素可能对自愿实施多成分食品供应链的可追溯性构成挑战。

命题2：如果第三层级公司提供可追溯性的边际效益等于其构建沿食品供应链可追溯系统付出的边际成本，则沿供应链的部分可追溯性，或至少一种成分的可追溯性是可以实现的。

假设在所涉及的三个成分中，有一个成分的可追溯边际利润为零，即：如果式（17）中的第一个不等式严格成立，第二和第三个等式在本例中自然成立，则至少对一种成分的可追溯性选择有一个内部解决方案。

在多成分食品供应链中实现部分可追溯的原因有很多。第三层级公司可能从风险评估报告中得知，配方中使用的成分并非都具有同样的危险性。由于实现可追溯性的成本随着可追溯成分数量的增加而增加，使用这些评估，公司可能决定仅对有限数量的成分实施可追溯性。此外，消费者可能不愿意为多成分预制食品中所有成分信息的可追溯成本支付价格溢价，但由于他们意识到这些成分信息中的部分可能具有更高的危险性，因而愿意为实现部分成分信息的可追溯成本支付价格溢价。

命题3：如果向第三层级公司提供三种成分（产品）的第二层级的每一家公司，以及提供这些相关成分（产品）的第一层级的每一家公司都接受一份向下游公司提供可追溯性的需求合同，则将实现沿食品供应链的完全可追溯性。

完全可追溯性要求每个必要条件式（14）-（16）都存在一个内部解决方案。对于式（17）中的库恩-塔克条件，本例因要求对于每一种成分均具有可追溯性，故第一个不等式方程都严格成立，而其余方程是自然成立。在这种情况下，如果满足了第二个订单条件，每个第一层级的公司都能从相应的第二层级公司处接受一个提供可追溯性的需求合同，则第三层级的公司预期利润最大化。类似地，每个第二层级的公司都将接受来自第三层级公司的可追溯性需求合同。合同上确定了一个可追溯水平和相应的价格溢价补偿。

有些多成分的食品，在其加工过程中这些多种成分被混合在了一起，无法再确定每一成分的原始特征。例如，一个蔬菜混合汤等。除非对每一种成分都实现可追溯性，否则就不可能确定是什么导致了最终的食品安全危害。由此可见，这种情形可能是为减少食品安全危害实现全面可追溯性的强大驱动力。

本节的可追溯性模型可用于分析水平和垂直网络效应。所谓水平网络效应是指一个成分可追溯水平的变化如何影响另一个成分可追溯水平的变化。尽管每种成分的可追溯水平不同，但消费者支付的溢价、预期食品安全损失的价值以及第三层级公司面临的可追溯成本均取决于上游第一层级和第二层级公司提供的可追溯水平。而当供应链中不同层级公司间的合同变更影响到第三家公司与它们中的一个公司的合同签订时，就发生了所谓的垂直网络效应。例如，第三层级公司的决策将影响第二层级与第一层级公司间签订的关于价格溢价和可追溯水平合同，这就是供应链中的垂直网络效应。在这个模型中，垂直网络效应可以从消费者支付的价格溢价或食品安全风险概率的变化中得到。

为得到水平和垂直网络效应，可将第三层级公司的目标函数修改为只包含一个选择变量的函数，其余成分的可追溯水平设定为固定值，并作为参数处理。经此修改，该目标函数就可以用来评估水平网络效应，即第一层级的一个公司设置的最优可追溯水平如何随另一个公司设置的可追溯水平的变化而变化。同样，这种方法也适用于评估垂直网络效应。

据此，固定成分 2 和 3 的可追溯水平，则第三层级公司的预期利润为：

$$\begin{aligned} \underset{\gamma_{1i}}{Max} \prod_3 = {} & \pi_3 + p_3\gamma_3(\gamma_{21}(\gamma_{11}),\gamma_{22}(\gamma_{12}),\gamma_{23}(\gamma_{13})) \\ & - [\sum_{i=1}^{3} c_{1i}(\gamma_{1i}) + \sum_{i=1}^{3} c_{2i}(\gamma_{2i}(\gamma_{1i}))] \\ & - c_3(\gamma_3(\gamma_{21}(\gamma_{11}),\gamma_{22}(\gamma_{12}),\gamma_{23}(\gamma_{13}))) \\ & - \psi L(\gamma_3(\gamma_{21}(\gamma_{11}),\gamma_{22}(\gamma_{12}),\gamma_{23}(\gamma_{13}))) \end{aligned} \tag{18}$$

$s.t.: \gamma_{11}, \gamma_{12}, \gamma_{13} \geqslant 0$

式（18）中，逗号分隔的是作为外生变量的第 2 和第 3 成分的可追溯水平。第三层级公司最大化期望利润的一阶必要条件为：

$$\begin{aligned} \frac{\partial \prod_3}{\partial \gamma_{11}} = 0 \Rightarrow p_3 \frac{\partial \gamma_3(\cdot)}{\partial \gamma_{21}}\gamma'_{21} - \psi L'(\cdot)\gamma'_{21}\frac{\partial \gamma_3(\cdot)}{\partial \gamma_{21}} \\ = c'_{11} + c'_{21}\gamma'_{21} + c'_3(\cdot)\gamma'_{21}\frac{\partial \gamma_3(\cdot)}{\partial \gamma_{21}} \end{aligned} \tag{19}$$

式（19）表明第一层级的成分 1 的最优可追溯水平，是成分 2 和成分 3 的可追溯水平、消费者支付的溢价以及食品安全风险概率的隐函数，即：$\gamma_{11}^* = \gamma_{11}$（$\gamma_{12}$，$\gamma_{13}$，$p_3$，$\psi$）。第三层级公司最大化期望利润最优解的二阶条件为：

$$\begin{aligned} \frac{\partial^2 \prod_3}{\gamma_{11}^2} = {} & -c''_{11} - c''_{21}(\gamma'_{21})^2 - c'_{21}\gamma''_{21} + p_3\gamma''_{21}\gamma'_3 + p_3\ (\gamma'_{21})^2\gamma''_3 \\ & -\psi L'\gamma''_{21}\gamma'_3 - \psi L''(\gamma'_{21}\gamma'_3)^2 - \psi L'(\gamma'_{21})^2\gamma''_3 - c'_3\gamma''_{21}\gamma'_3 \\ & - c''_3(\gamma'_{21}\gamma'_3)^2 - c'_3(\gamma'_{21})^2\gamma''_3 \end{aligned} \tag{20}$$

基于供应链的可追溯水平与成本、责任损失函数间的相关性假设 3、5 和 7，则式（19）可简化为：

$$\frac{\partial^2 \prod_3}{\gamma_{11}^2} = -c''_{11} - c''_{21}(\gamma'_{21})^2 - \psi L''(\gamma'_{21}\gamma'_3)^2 - c''_3(\gamma'_{21}\gamma'_3)^2 < 0 \tag{21}$$

最优的二阶条件可由隐函数定理验证，因此必要条件就界定了与第一层级公司 1 的合同的最优可追溯水平集。由此可进行比较静态分析。水平网络效应是指当为另一家公司设置的可追溯水平发生变化时，与第一层级特定公司合同中确定的可追溯水平也将发生变化。如下式（22）所示，第一层级公司 2 的可追溯水平变化对同层级公司 1 的可追溯水平集的影响的水平网络效应为：

$$\frac{\partial\gamma_{11}^{*}\left(\gamma_{12},\ \gamma_{13},\ p_{3},\ \psi\right)}{\partial\gamma_{12}}=$$

$$\frac{\left(p_{3}-\psi L'-c'\right)\left(\partial^{2}\gamma_{3}/\partial\gamma_{11}\partial\gamma_{12}\right)\gamma_{21}'\gamma_{3}'-\left(\psi L''+c_{3}''\right)/\partial\gamma_{11}\partial\gamma_{3}/\partial\gamma_{12}}{-c_{11}''-c_{21}''(\gamma_{21}')^{2}-\psi L''(\gamma_{21}'\partial\gamma_{3}/\partial\gamma_{11})^{2}-c_{3}''(\gamma_{21}'\partial\gamma_{3}/\partial\gamma_{11})^{2}} \tag{22}$$

式（22）等号右侧的分母是二阶条件，因此是负的。当为第一层级公司 2 设置的可追溯水平发生变化时，分子上的 $\partial^{2}\gamma_{3}/\partial\gamma_{11}\partial\gamma_{12}$ 是第一层级公司 1 可追溯水平的变化对第三层级公司可追溯水平的部分交叉效应。根据可追溯函数的线性假设 3，该交叉偏导一定为零；因此分子的符号只依赖于第二项。根据假设 5 和假设 7，损失函数和成本函数都是凸函数，故分子也是负的，水平网络效应是正的。如果合同中任何一层级公司的可追溯水平发生变化，那么其他层级公司提供的可追溯水平也将发生相同方向的改变。

这是一个出乎意料的结果。根据可追溯水平具有替代品、互补品还是独立品的特征，可以期望的水平网络影响分别为负、正或零。研究结果表明，不同成分之间的可追溯水平是互补的。这说明，在多成分食品供应链中，仅对一种成分实现可追溯，整个供应链的可追溯水平不会增加，即对更多可追溯性需求的响应在一定程度上是无弹性的。

模型中的垂直网络效应来自价格溢价和食品安全风险概率的变化，这是网络效应。因为当第三层级公司受到外部因素影响时，它们会间接地影响向第一层级生产成分 1 的公司提供的可追溯水平（及相应的溢价）。消费者支付价格溢价变化的垂直网络效应为：

$$\frac{\partial\gamma_{11}^{*}\left(\gamma_{12},\ \gamma_{13},\ p_{3},\ \psi\right)}{\partial p_{3}}=$$

$$-\frac{\gamma'_{21}\partial\gamma_3/\partial\gamma_{11}}{-c''_{11}-c''_{21}(\gamma'_{21})^2-\psi L''(\gamma'_{21}\partial\gamma_3/\partial\gamma_{11})^2-c''_3(\gamma'_{21}\partial\gamma_3/\partial\gamma_{11})^2} \tag{23}$$

根据式（21），式（23）中右侧的分母是二阶条件，为负值；再根据可追溯函数的假设3，式（23）中右侧的分子是正的，因此分数的符号是负的。显然，式（23）的结果是正的。这表明，消费者愿意为可追溯性支付的溢价越高，上游企业对提供可追溯性的要求就越高，故这种垂直网络效应是正的。这一结果的重要性在于，在多成分食品供应链中拥有额外的可追溯水平，就足以对供应链的领导者起到激励作用。这与轩尼诗、鲁森和米拉诺夫斯基（2001）关于提供更安全食品的研究结果一致。

食品安全风险概率的变化对第一层级公司提供的可追溯水平的影响为：

$$\frac{\partial\gamma^*_{11}(\gamma_{12},\gamma_{13},p_3,\psi)}{\partial\psi}= \frac{L'\gamma'_{21}\partial\gamma_3/\partial\gamma_{11}}{-c''_{11}-c''_{21}(\gamma'_{21})^2-\psi L''(\gamma'_{21}\partial\gamma_3/\partial\gamma_{11})^2-c''_3(\gamma'_{21}\partial\gamma_3/\partial\gamma_{11})^2} \tag{24}$$

类似式（23）所示的分析，式（24）右侧的分母是二阶条件，有一个负号。回忆一下假设3（可追溯性函数在可追溯水平上是递增的），和假设7（损失函数是递减函数），因此式（24）右侧分子的符号也是负的。既然负负得正，则这种垂直网络效应也应该是正的。

第五节　本章小结

本章提出了一个正式的网络模型用以分析多成分食品供应链上公司间提供自愿可追溯的经济性。该模型借鉴了垂直控制和代理理论，将多成分食品链的可追溯性作为一个协调和制度问题加以研究。在这个自愿可追溯的网络模型中，食品供应链有三个层级，最终产出由 n 个成分组成。第三层级公司根据消费者的支付意愿和/或减少食品安全损失的机会，与上游公司签订提供可追溯性需求合同。为了实现沿供应链的可追溯性，第三层级公司必须考虑到供应链中每个公司提供可追溯性的成本。

本章的研究结果源自构建的一个包含三层级的供应链模型。其中，完全可追溯是指存在从第一层级公司，经由第二层级公司到第三层级公司，向消费者销售一种多成分产品的垂直的、向下游流动的可跟踪的信息流。此时，如果对每一种成分进行可追溯的边际效益大于供应链中每一家公司因提供可追溯性所产生的边际总成本，则实现完全可追溯是可行的。这一结果与戈兰等（2004）认为完全可追溯是不可行的假设相矛盾。不过，现实中适用这一结果的条件可能难以满足，比较少见。更现实的情况可能是采用部分可追溯，即第三层级的公司只与有限数量成分的生产企业签订可追溯性需求合同。这样可以节约可观的成本，而且更加合理，因为组成多成分食品的一些成分可能具有非常有限的食品安全危害发生的概率，或者进入最终产品中的比例很少，从而导致产生的效益低于支付的可追溯性成本。

在分析多成分食品供应链质量信息可追溯的实现时，必须考虑横向和纵向网络效应。按照所设计的模型显示，可追溯性的水平网络效应总是正的，这意味着第三层级公司生产的产品中各成分的可追溯水平具有互补性。垂直网络效应是源于消费者向第三层级公司支付的可追溯性溢价和食品安全风险概率发生的变化。研究表明，垂直网络效应是正向的；随着消费者愿意为可追溯性付费意愿的增加，或者食品安全风险发生的可能性增加，食品供应链的上游企业愿意提供更多的可追溯性。

本章构建的模型有一些限制条件，在以后进一步的研究中可以适当放宽。一个可能的扩展是考虑多成分食品供应链不同可追溯对象的选择。其次，可以进行相应的仿真研究，从而提供关于部分和全部可追溯性的激励如何影响供应链企业的行为及其网络效应的另一个视角。最后，在方法的应用方面，探索将每种成分安全危害的概率参数化，以便分析在采用部分可追溯的情况下，确定可以成为可追溯的对象的标准。

第六章　农场水平食品质量信息可追溯经济性实践：寿光蔬菜产业实证分析

第一节　简介

在全球范围内的食品市场上实施与质量保证相关的各种可追溯系统正成为开展相关业务的条件。这些食品质量信息可追溯性系统，一部分是企业自发组织实施的，另一部分则是根据政府和公共部门要求建立的（斯特恩斯、哥顿和里顿，2001）。强制可追溯性最初是源于欧洲联盟（欧盟）委员会和议会1760/2000和1825/2000法规的要求在牛肉产品及其相关部门中建立。之后，欧盟颁布了178/2002条例并制定了新的《食品法》，要求对所有供人类食用的食品实施质量安全的可追溯性。在欧洲议会和理事会颁布的第178/2002号条例第3条中，可追溯性被定义为“在生产、加工和分销的所有阶段追踪和跟踪食品、饲料、用于食品生产的动物或预期将被纳入食品或饲料的物质的能力”。虽然这一规定明确了建立一条跨越食品供应链的信息路径的必要性，但对于必须共享哪些类型的信息、系统需求和系统特征却并没有予以明确。

随着政府部门提出更严格的食品质量法规，私营企业（个人、生产商、物流配送商以及零售商等）一直在执行自己的质量标准，以满足消费者对更安全食品日益增长的需求（吉罗·海罗德、哈姆迪和索勒，2005年），加之自愿可追溯性通常与质量保证体系相关联，因此几乎不可能将实施可追溯性的动机与遵守质量标准的决策区分开来。不过，可追溯性并不是当前每个质量保证体系的要求。

虽然关于可追溯性需求的研究时见于报端（如霍布斯等，2005），但有关可追溯性的供应以及企业为什么要提供可追溯性的实证研究依然少见。在已有的各种可追溯系统实践中，企业一般是根据法规、市场需求和自身特点来提供沿供应链自主选择可追溯性方案。山东省寿光市的蔬菜种植业就非常适合用来分析影响企业提供可追溯性的因素，这主要缘于寿光市是我国较早开始蔬菜质量安全可追溯体系建设的地区，拥有积极打破国际贸易壁垒的超前意识和丰富实践经验。位于山东省寿光地区的蔬菜生产者由合作社和其他类型机构组织起来，在过去的数十年间，他们中的蔬菜农户一直在向日本的连锁超市出口蔬菜商品。近年来，虽然参与到蔬菜质量安全溯源体系中的菜农数量不断增加，但仍有相当数量的菜农并没有参与到蔬菜质量安全溯源系统中来。

为了较为深入地分析寿光市蔬菜产业采用可追溯性的动机，本章将运用亨兹、斯基珀（2002）以及亨兹、波隆纳（2003）曾开发的一种方法，这种方法可用于解决逻辑回归中的完全或准完全分离问题（这种现象也称为单调似然问题，在使用小样本和协变量的估计离散选择模型中经常出现）。

由于政府相关部门正在努力推广质量信息可追溯性系统的应用，了解其相关政策和战略决策对企业层面的影响就显得非常重要，所以本实证研究的结果对政府部门的政策制定以及企业的战略决策可能会产生影响。研究表明，生产者组织在农产品质量信息可追溯的实践中可能发挥着重要作用，同时零售商在构建和完善食品质量信息可追溯体系方面也扮演着关键角色；就企业决策者而言，因资源集中具有规模化效应，菜农及其生产合作组织等在实施质量信息可追溯的过程中可能受益。

第二节　农场水平实现质量信息可追溯的动机

企业有各种各样的动机来实施质量安全信息的可追溯性。例如，默维森等（2003）证明了在牛肉行业实施质量安全信息的可追溯性可获得以下好处：增加透明度、减少责任、提高召回的有效性、加强物流、改善对牲畜流行病的控制、更容易获得产品许可和价格溢价补偿。同时，由于可追溯性降低了信息不对称的程度，因此它可以降低交易成本，从而提高信任水平并促进企业间契约的达成。

戈兰等（2004）在调查了美国农业食品行业的几个可追溯系统后发现，实施质量安全可追溯系统的动机随行业系统的不同而大不相同。比如，布尔（2003）在一项研究中发现，欧洲肉类和家禽行业采用可追溯系统的主要驱动因素是更高的生产不确定性、更高的道德风险和机会主义行为、更高的质量监控成本、以及无法识别的特征。戈登·史密斯（2004）在粮食供应链如何完善信息流相关问题的研究中认为生产者、加工商、零售商对信息的估值不同，生产商希望获得价格溢价补偿，但加工商和零售商可能不愿意提供价格溢价，这就有可能妨碍沿粮食供应链质量信息可追溯的实现。不过，如果提供沿粮食供应链的可追溯性，零售商或加工商能够从消费者处获得价格溢价补偿或给企业带来降低责任风险的机会，他们将寻求接受并执行与供应商的提供可追溯性的需求合同。

开展食品沿供应链质量信息可追溯的动机研究，主要方法普遍采用案例研究法。例如，索达诺和维尔诺（2003）曾对意大利番茄加工企业的管理者进行过一系列采访，结果显示，33%的受访企业采用了可追溯性系统。另据报道，实施可追溯性带来的好处是因此改善了食品安全，增强了消费者信心，提高了供应链管理效率，以及获得了潜在的竞争优势。这些好处可能会随企业规模的扩大而增强。

为了分析强制可追溯性对意大利牛肉产品供应链的影响，莫拉和梅诺兹（2005）调查了一些养殖场和加工企业，重点关注它们的成本要素和实施可追溯性的驱动因素。他们对15家屠宰场的调查结果显示，规模大、采用质量信息可追溯系统能够为相应的企业带来竞争优势。关于实施质量信息可追溯的成本问题，鉴于HACCP和ISO 9002认证具有互补性的特征，在企业已经建立产品质量保证体系的情形下，再实施质量信息可追溯的成本会降低。此外，虽然可追溯性全面提高了企业的成本，但对这些成本的感知却随企业的规模不同而不同。他们在调查中发现可追溯性成本占企业生产总成本的比例为1.5%到4%不等，具体取决于企业的规模。对中等规模的公司来说，可追溯性成本的占比似乎更高。关于实施质量信息可追溯的动因：莫拉和梅诺兹（2005）认为受访企业实施可追溯性的缘由主要有三类，即减少内部缺陷、减少外部缺陷和获得战略优势。他们通过对零售商（COOP，意大利合作社）如何利用合同迫使其供应商实施更严格的可追溯性系统的案例分析，指出实施质量信息可追溯系统有助于公司的运营和产品差异化策略。

班特勒、斯特拉涅里和巴尔迪（2006）对意大利肉类加工供应链中的可追溯性和交易成本进行过另一项实证研究。该研究是基于32家肉类加工企业的子样本而进行的，他们设计了一份调查问卷，以确定可追溯性是如何影响那些拥有意大利质量标准UNI 10939认证的公司的关键交易因素和成本。其调查的结果显示：在是否接受提供可追溯性需求合同的决策中，自愿可追溯对合同关系的明确影响更大，尤其对那些不再依赖非正式关系来选择合作伙伴的小企业而言，更是如此。大型企业也报告可追溯性的采用影响了其供应链管理战略的重组。不过，由于这些大型企业以前建有产品质量保证系统，该系统对企业可追溯性的采用起到了相应的促进作用，所以质量信息可追溯系统对企业供应链战略重组实施的影响应该较小。总而言之，他们的研究发现可追溯性系统通过改进信息流、加强信任和在整个供应链中的责任分配是可以为企业带来好处。

迄今为止，对果蔬行业实施质量安全信息可追溯性的实证研究较少。2000年，一群隶属于欧洲零售商产品工作组（Eurep，北欧最大的零售商协会）的零售商创建了Eurep GAP标准，这是一种良好农业实践的通用标准；2001年，这一标准成为供应商向隶属于Eurep的零售商提供水果和蔬菜的强制性标准；2003年，该标准的应用范围被进一步扩展到含肉类制品在内的更广领域。Eurep GAP标准每三年审查一次。截至2018年，该标准已涵盖200多项主要和次要义务的清单及建议，其中的可追溯性需求是其主要义务中的第一个义务。

鲜活农产品经营方式是大多数零售企业业务的战略资产。斯特恩斯、哥顿和里顿（2001）通过对德国和英国主要连锁超市的质量保证和营销经理进行一系列深入访谈，研究了农产品领域实施 Eurep GAP 质量保证体系的相关问题。他们的研究报告指出，质量保证体系的推广应用主要是由零售商推动的。这种市场力量源于零售商具有的商品销售高集中度、消费者商品消费看门人角色和物流方面的比较优势。在如何定义、管理和在供应链上实施更高的质量和安全标准方面，这些企业似乎已经形成了共识：Eurep GAP 这样的行业质量标准给出的相应规范，值得企业遵守。

吉罗·海罗德、哈姆迪和索勒（2005）观察到，消费者对食品安全和环境关注的日益加深，导致欧盟的大型零售运营商，如英国的玛莎百货和法国的家乐福等，提出了自己独特的质量保证方案。这些质量保证方案往往比公共法规中包含的质量要求更为严格。他们曾就 Eurep GAP 标准实施对零售行业的企业质量保证体系建设的影响进行了建模，并得出结论：企业的质量保证体系可能会导致企业间合同的减少，进而回归到现货市场交易。

基于对 9 块种植两种不同品种橙子地块的成本分析，运用生产成本（包括可变成本、固定成本和机会成本）评估的全面成本计算方法，佩雷斯和朱莉娅（2005）比较了西班牙瓦伦西亚地区柑橘企业实施 Eurep GAP 标准和一般标准下的生产成本。结果表明：即使考虑到较高的认证费用，实施 Eurep GAP 标准的企业生产成本仍然低于实施一般标准的企业生产成本。值得注意的是，由于缺乏数据，他们的研究没有将机会成本列入到估计中。

影响企业采用可追溯性因素的实证研究可以通过离散的选择模型来进行，正如希尔伯曼和桑丁（2000）所做的关于新技术或农业实践（包括与合作伙伴共享信息）的可追溯性分析模型。他们的研究在回顾农场层面采用的技术文献的基础上，将技术采用与技术推广区分开来分别作为影响农场采用可追溯性的因素。当然，技术采用与技术推广也可以作为一个影响因素纳入到可追溯分析模型中，他们将这定义为聚合采用。

可追溯性的实现是引入信息技术的结果。基于农民调查的多项逻辑模型，霍夫曼和麦西耶（1991）研究了农场一级微型计算机技术的普及问题，发现受教育程度和农场结构对微型计算机技术普及率的影响最大。2004年，史密斯等分析了美国大平原地区农业企业使用计算机和互联网的情况，发现专业计算机的应用教育和非农就业率对互联网的使用影响最大。最后，贝尔和布朗（2006）使用离散选择模型分析了美国东北部农贸市场使用电子商务的情况，认为农场规模扩大、加工或品牌产品的销售增加了采用电子商务的可能性。

第三节　农场水平质量信息可追溯的经济性模型构建

可追溯性，意味着所有参与食品生产、加工和分销的公司间的信息流动，是一个供应链问题。可追溯性可以由政府机构、在供应链中具有市场影响力的加工商或零售商来实施或推动，也可以由公司自身的激励机制推动。构建从农场到餐桌的农产品质量安全信息的可追溯性，农民必须参与其中。

一、质量信息可追溯性的理论和离散选择模型

农场一级实施可追溯性决策模型的构建。假设一个农民的目标是追求总利润最大化（Π^T），他有两个收入来源：销售产出的净利润（π）；和采用可追溯性获得的溢价补偿收入（$p\gamma$）（每单位可追溯水平 γ 支付的价格溢价 p）。假设销售产出的利润独立于可追溯水平，农民对于销售的产品质量可以提供或多或少的信息，这些信息的多少在一定程度可以反映出可追溯水平的高低。因此，在销售产出利润保持不变的前提下，可追溯水平的选择将成为影响其利润的重点。实现沿供应链的可追溯性是昂贵的，因为追溯涉及到创建信息，依据索达诺和维尔诺（2003）的研究，可追溯性的

平均成本呈一个二次 U－形曲线，$C(\gamma)$ 表示可追溯性的总成本函数，是一个递增的凸函数。实施可追溯性成本的大小在一定程度上取决于农民的统计学意义上特性差别，例如，年龄较大和受教育程度较低的农民可能会发现实施可追溯性的成本更高。莫拉和梅诺兹（2005）以及班特勒、斯特拉涅里和巴尔迪（2006）的研究发现，由于构建可追溯系统需要较高的固定成本，产量较大的农场的可追溯成本相对较低。因此，一个农民的可追溯水平（γ）的选择问题可由下式解决：

$$Max \prod{}^{T} = \pi + p\gamma - \frac{\alpha}{\delta}C(\gamma) \tag{1}$$

$$s.t.: \gamma \geqslant 0$$

式中：α——表示农民逐渐增大的实施可追溯性的成本特性；

δ——表示农场的规模。

这时，其库恩－塔克条件是：

$$\gamma \geqslant 0, \quad \frac{\partial \prod{}^{T}(\gamma)}{\partial \gamma} \leqslant 0, \quad 和 \quad \gamma \frac{\partial \prod{}^{T}(\gamma)}{\partial \gamma} = 0 \tag{2}$$

这说明可追溯性的边际成本函数是递增的，式（2）确定的可追溯水平可使农民的可追溯性收益最大化。当然，农民有可能决定实施一个零水平的可追溯性，在这种情况下，有一个边界解决方案来解决（1）中的问题。为了进一步描述其最大利润，我们再次考虑库恩－塔克条件。

当 $\gamma = 0$ 时，农民的边际利润减少，因为提供可追溯性会降低盈利能力，此时的边界解决方案为：

$$\frac{\partial \prod{}^{T}}{\partial \gamma} = p - \frac{\alpha C'(\gamma)}{\delta} = 0 \tag{3}$$

式中 $C'(\gamma)$ 表示可追溯性的边际成本。这种关系表明，为了确定可追溯性的水平，农场（公司）需要可追溯性的价格溢价等同于其边际成本。当可追溯性的价格溢价等于它的边际成本时，内部解决方案就出现了，如式（3）所示。此时，利润最大化的充分条件为：

$$\frac{\partial^2 \prod{}^{T}}{\partial \gamma^2} = -\frac{\alpha C''(\gamma)}{\delta} < 0 \tag{4}$$

如果农民收益有一个内部的解决方案，且满足充分条件（4），则按照隐函数定理，最优利润的可追溯水平是溢价、农户特征和农场规模的隐函数。将最优的可追溯水平代入一阶必要条件中，则给出了可追溯性的选择函数。对 p、δ 和 α 的收益率进行静态比较，最优的可追溯水平将随外生变量的变化而变化。表 6－1 总结了这种静态比较分析结果及其假设的符号。可追溯水平随价格溢价金额和农场规模的增加而提升；随着农民年龄、受教育程度等的减少而呈下降趋势。

表 6－1　保费、农户特性、农场规模对最优可追溯水平的影响

影响因子	影响结果	影响的方向性
$\frac{\partial\gamma^*}{\partial p}$	$\frac{\alpha}{\delta C'(\gamma)}$	+
$\frac{\partial\gamma^*}{\partial\alpha}$	$-\frac{C''}{\delta C'(\gamma)}$	−
$\frac{\partial\gamma^*}{\partial\delta}$	$\frac{C'}{\delta C'(\gamma)}$	+

资料来源：本研究自行整理。

农民对可追溯性确切水平的选择决策是不可观察的，但计量经济学家可以观察到农民是否采用了一种或另一种类型的可追溯性。继马达拉（1983）之后，一个离散的选择经验模型被用来研究影响提供可追溯性类型选择的因素。从一阶条件出发，这个经验模型被定义为：

$$\gamma_i^* = \beta_i X_i + \varepsilon_i \tag{5}$$

$$\gamma_i = \begin{cases} 1,\ 如果\ \gamma_i^* > 0 \\ 0,\ 如果\ \gamma_i^* \leqslant 0 \end{cases} \tag{6}$$

这里 γ_i^* 是由第 i 个农场选择的不可观察的可追溯水平，γ_i 是观察到的、与农民采用的可追溯水平相对应的可追溯性方案的类型。当这个变量的值为 1 时，农场选择更高水平的可追溯性，例如“蔬菜质量安全溯源系统”或 Eurep GAP 所要求的可追溯性。否则，农场可能会选择一个可以留在市场的基准水平的可追溯性。X_i 是影响农民选择的外生变量的行向量，例如年龄、受教育程度、农场的规模和位置、总产量、农民是否建立了质量保证体系以及他是否隶属于农民组织等。β_i是未知系数的一个列向量，ε_i是一个农场的具体误差项。第 i 个农场的离散选择可定义为（马达拉，1983）：

$$\text{Prob}\left(\gamma_i=1\right)=\text{Prob}\left(\varepsilon_i>-X_i\beta_i\right)=1-\text{F}\left(-X_i\beta\right) \tag{7}$$

假设误差项的累积分布为 logistic，则经验规范为：

$$\text{Prob}\left(\gamma_i=1\right)=\frac{e^{\beta_iX_i}}{1+e^{\beta_iX_i}} \tag{8}$$

下面将根据此规范与相应的调查数据，来检验关于影响寿光市蔬菜产业实施可追溯性可能性的因素假设。

理论模型表明，可追溯性的最优选择受可追溯性溢价、农户特征和农场规模的影响。简化形式模型展示了不同因素对所采用的可追溯系统类型的影响。在估计中不可能直接包括价格溢价、可变成本或固定成本，因为在农场一级没有这些数据。平托和法伽塔（2005）的相关研究表明，农场特征，如遵守现有的质量保证体系、生产力和耕地碎片化，可以作为实现可追溯性成本的替代。莫拉和梅诺兹（2005）以及班特勒、斯特拉涅里和巴尔迪（2006）也发现，遵循质量保证系统降低了采用可追溯性的成本。在山东寿光地区，使用受保护原产地标识（PDO）的生产商必须遵守质量保证标准，因此采用可追溯性的成本将会更低。对于相同大小的蔬菜大棚，多产的大棚将具有更高的产量，需要更多的注册活动，并且具有更高的可追溯性成本。假设，如果一个农场有较高的生产力水平，那么采用政府指定的可追溯性系统的几率就会降低。实施和运营可追溯系统涉及相当大的固定成本，较大的农场比较小的农场更有能力支持这些投资。

其他的农场特征会影响采用的可追溯性类型。优质出口产品通常对质量标准要求更高，因此，可以认为，对日本的蔬菜出口增加了山东寿光蔬菜产业采用更严格的可追溯性的可能性。专职的农民更依赖于市场条件，因为他们比兼职农民更能应对迫使他们创新的不断变化的环境。最后，一些生产者组织参与市场的发展更有活力，并可能敦促其组织内农民采用可追溯技术，以保持竞争力。显然，与这些组织的合作有望提高农民采用的可追溯水平。

农民的社会人口属性是影响采用的可追溯性的附加因素。新技术应用研究的文献表明，更年轻、受教育程度更高的农民更有可能采用新技术（霍夫曼和麦西耶，1991）。技术应用的地理效应已经得到充分的证明，靠近区域消费中心的农场更有可能进行技术创新（希尔伯曼和桑丁，2000）。

二、经验估计方法

Logistic 回归模型使用最大似然估计来获得观测数据最高概率的向量参数值（肯尼迪，1998）。对于大样本，最大似然估计值是一致的、不变的、接近正态分布并且有效。然而，在很多情况下，例如在本案例研究中，因各种条件的限制，研究只能获得相对较小的样本，此时的最大似然估计值可能存在偏差。

在小样本的 logistic 回归中，最大似然估计值可能不收敛。造成这种现象的一个原因可能是一个或多个协变量的组合可以完全地分离因变量的事件和非事件。阿尔伯特和安德森（1984）针对这种情况提出了完全分离或准完全分离的概念。

为了诊断是哪个自变量导致了这个问题，艾莉森（2001）建议检查具有大系数和标准误差的协变量。这是另一种检测问题的方法，即分析因变量和每个协变量之间的联列表。当表中两个相对的单元格不包含任何观察值时，则完全分离；仅有一个单元格是空的时，则准完全分离。这个问题的标准解是报告非收敛解（每个引起问题的变量都有一个无穷大的符号）的最后一次迭代的结果，估计一个替代模型，使用精确的 logistic 回归程序，或发现更多的数据（艾莉森，2001；...；佐恩，2005）。非收敛估计的报告系数将具有正确的符号和大小；然而，由于显著性检验是不正确的（SAS），因此应避免对检验的结果进行推论。

佐恩（2005）认为，从已发表的相关研究成果可以看出，尽管分离问题更加频繁和更加广泛，但很少有社会科学家对此予以承认。洛雷罗、格拉西亚和内加（2006）在曾经发表的一篇论文中谈到，由于在样本的一个子组中只有有限的观测数据，他们面临着非收敛性问题（分离）。

艾莉森（2001）提出的解决单调可能性的方法是相当不成功的，因为经常导致不准确的估计（佐恩，2005；亨泽和赛珀，2002），故没有吸引力。为此，福斯（1993）提出了一种分离函数的修正方法，通过它可以获得最大似然估计值，从而在参数估计为无穷大的情况下消除一些小或中样本的偏差。他的解释是，纠正偏差是“为产生可能性估计的机制而设计的……而不是为了估计本身”。

基于福斯开发的方法，亨泽和赛珀（2002）提出了一种他们称之为惩罚似然估计的方法来纠正 logistic 回归中的分离问题。该方法的程序包括修改分离方程，对信息矩阵的对角线元素引入惩罚，从而减少由于样本量小而造成的通货膨胀偏差。利用改进的分离方程，通过惩罚似然算法得到的参数估计，其绝对值和标准差均低于用极大似然法估计的值。不过，这里需强调的是，该方法在运用中需研究参数估计对惩罚后的似然函数的影响，以确定 Wald 置信区间和检验是否合适。如果该剖面图显示为非对称似然函数，则推断应基于惩罚似然比检验和置信区间；如果函数是对称的，则允许使用类似 Wald 的方法进行推断（亨泽和赛珀，2002）。

亨泽和波隆纳（2003）使用著名的牛顿 - 拉夫森（Newton - Raphson）算法，开发了一个 SAS ®宏来估计福斯惩罚后的 logistic 回归。这种方法消除了分离的问题，是以前用来处理这个问题所用特别程序的一种可靠替代方法。然而，由于协变量的多重共线性或近似退化的协变量分布，估计问题仍然存在。

对可追溯性采用 logit 模型进行估计会遇到准分离问题。下面将结合寿光市蔬菜种植实例并就非收敛解和 logit 惩罚似然估计问题进行阐述。

第四节　山东省寿光市的蔬菜种植业

山东是我国食品生产和农产品出口大省，食品工业销售收入位居全国第一；农产品出口占全国农产品出口的1/4，出口量连续多年位居全国第一。为保障山东省农产品的质量安全，山东省标准化研究院从2003年开始，抽出专门力量研究食品安全可追溯系统，开发出了我国第一套蔬菜质量安全可追溯系统。通过积极参与科技部“食品安全关键技术应用的综合示范”和“射频识别（RFID）技术与应用”等重大专项研究，山东省建立了寿光蔬菜、诸城禽肉、烟台水产三大农产品质量信息可追溯性示范区。其中，在果蔬可追溯系统建设上，寿光市以科技局牵头，联合原寿光农业局、原寿光质监局建立蔬菜质量安全可追溯平台（高振英，2008）。截至2019年，山东食品安全可追溯系统已在青岛、济南、寿光等地的数十家禽肉、蔬菜、水产等企业进行了推广应用，并在部分城市的超市中安装了配套的食品质量信息可追溯终端查询机，基本搭建起了山东食品质量安全信息可追溯网络。

我国蔬菜产量和种植面积近年来保持平稳增长，2016年全国蔬菜产量79779.71万吨，同比增长1.6%，全国蔬菜种植面积2232.83万公顷，同比增长1.5%。其中寿光蔬菜年产量约为450万吨，种植面积约为80万亩，冬暖式大棚45余万个，大棚蔬菜种植面积近2万余公顷。寿光农产品物流园是全国最大的蔬菜批发市场，蔬菜交易品种达300多个，经营旺季日交易量达2000多万公斤，年交易量40多亿公斤，商品辐射东北、华北、西北等全国各地，成为“买全国、卖全国”的蔬菜集散、信息交流和价格形成中心，并出口日、韩、俄等多个国家和地区。仅蔬菜一项，农民年人均纯收入达7000多元，占全市农民人均纯收入的50%。寿光市建成了8处国家级、省级优质农产品基地，10个国家级农业标准化示范区和众多农产品示范区，有20余处的优质菜果基地获得了原农业部无公害农产品基地认定，一些蔬菜生产基地被原农业部和山东省评为“无农药残留放心菜”生产基地。有“乐义”“圣珠”“欧亚特”等150余种农产品注册了商标，“乐义”蔬菜还被评为“中国名牌农产品”，提高了寿光蔬菜的知名度。随着蔬菜种植规模的不断扩大，寿光市各镇（街道）特色蔬菜基地也逐渐形成了“一乡一品”“一村一品”的种植特色。截至2018年，全市已有多个镇粮菜比例达到2∶8，有500多个村成了蔬菜生产特色村，有十几万户农民成了种菜专业户，形成了万亩辣椒、万亩韭菜、万亩芹菜等十几个成方连片的蔬菜生产基地，涌现出了“中国韭菜第一乡”“中国胡萝卜第一镇”“中国香瓜第一镇”等专业蔬菜生产特色村镇，农业生产基本实现了区域化布局、规模化经营、专业化生产。

寿光市已经组织各类农民专业合作组织200余个，会员总数达到5万余人，辐射带动了60%的村，约20万农户。截至2018年，全市近10万农民获得了“绿色证书”，3万余名农民取得“农民技术员”资格，150余人获得“农民科技专家”称号。如今的寿光，每年向社会提供优质蔬菜40亿千克。从2000年开始，寿光市连续举办多届中国（寿光）蔬菜科技博览会，在国内外农业及相关产业领域产生了巨大影响。2009年，寿光市蔬菜批发市场被国家认证中心顺利认证为规范的“绿色市场”。

第五节　调查方法和数据

为了收集本研究的数据，本课题组通过电话联系了7个以市场营销为导向的农民专业合作组织的负责人，询问他们实施的可追溯系统的类型以及他们是否愿意参与调查。此外，课题组还联系了当地生态蔬菜原产地管理办公室，要求其在数据收集方面提供帮助、进行合作。与此同时，因为不可能获得与每个组织有联系的农民全部的可靠资料，课题组对样本进行了分层，共确定210名农民为本次实证研究的样本，其中30名农民来自所联系的7个寿光地区农民专业合作组织。

在2019年4月期间，课题组向各专业合作社组织的负责人发送了一份电子邮件问卷。对于每一个被联系的组织，其负责人都被要求随机抽取30名有记录的农民作为样本。调查问卷是由联系的每个组织的人员根据他们所掌握的记录填写的，这些记录包括每个农场实施的可追溯系统的类型、农场和农民的特征、地点以及农场向其销售产品的市场。调查中的所有变量都是二元或分类的。在第一次接触后的三周内，课题组又给他们打了一个提醒电话，并重新分发了调查问卷。7个专业合作社组织中有6个提供了总共140个农场（或蔬菜大棚）的观测数据。然而，由于部分数据的不完整，只有138个观测结果可用。

因变量（采用可追溯性）被设计为三个类别。然而，由于不可能获得没有实施可追溯性的农民的观察结果，故在分析中使用138个观测值对“蔬菜质量安全可追溯系统”的采用（37%的观察）与作物综合管理相关法规作为可追溯性基准（63%的观察）进行比较。在logistic回归中，当农场采用“蔬菜质量安全可追溯系统”时，因变量取1，当农场采用基准可追溯性水平时，因变量取0。

表6－2为分析所用自变量的描述性统计。蔬菜种植的面积以公顷为单位计算；大多数蔬菜农场都小于五公顷，约36%的蔬菜种植面积超过6公顷。样本中超过86%的农民是农业合作社组织的成员，他们销售的产品拥有相应的质量保证体系。实地调查的数据显示，每公顷蔬菜的平均产量为17吨。在样本中，大约40%的农场每公顷产量为16－20吨，10%的农场每公顷产量为15吨或更少，50%的农场每公顷产量超过20吨。样本中近25%的农民将产品销往日本，而同期该地区生产的蔬菜平均仅有5%的总产量出口到日本。

表6－2　调查变量描述性统计（N＝138个有效样本）

变量	变量值	有效的百分比
蔬菜农场规模	<5公顷	53.62
	6－15 h公顷	36.96
	＞16公顷	9.42

续表

变量	变量值	有效的百分比
专业合作社组织的成员	是	86.23
	否	13.77
每公顷的产量	<15 吨/公顷	10.37
	16－20 吨/公顷	39.26
	21－25 吨/公顷	40.00
	>25 吨/公顷	10.37
出口日本	是	64.49
	否	35.51
全职还是兼职	全职	79.71
	兼职	20.29
农业合作社组织的性质	地方、专业合作社	64.29
	国家级、省级综合合作社组织	35.71
年龄（岁）	25－35	14.81
	36－45	16.30
	46－55	22.22
	56－65	35.56
	>66	11.11
受教育程度	中学	56.62
	高中	30.15
	职业教育	13.24
规模排名	位居前四	78.99
	其他	21.01

资料来源：本研究自行整理。

与该地区的一项调查（2018）一致，样本中80%的农民是全职的。变量专业合作社组织表示农民所属的生产者组织。虽然100%的样本农场属于生产者组织，但之前的研究发现，该地区80%以上的蔬菜生产者属于这类组织。为了进行分析，这六个组织被分成一个二元变量。第一类为国家级、省地级综合合作社组织，含三个最大的组织，也是该地区第一批采用“蔬菜质量安全可追溯系统”标准的组织。第二类为地方级专业合作社组织，包括三个规模较小、后来才采用“蔬菜质量安全可追溯系统”标准的组织。

三个变量反映了农民的社会人口特征。该样本与之前关于蔬菜生产者年龄和教育水平的研究结果一致。最后，近80%的样本公司位于该地区蔬菜栽种规模排名前四的村镇。据相关的数据显示，这四个村镇的蔬菜产量占该地区蔬菜总产量的50%以上。

总体而言，与全国统计数据相比，样本农场的规模更大，更注重专业化生产，每公顷产量更高，更有可能销往日本市场。在其他方面，它们与国家统计数字相当。因此，文献调查结果集中在可能采用较高可追溯水平的农场。使用这些外生变量，用SAS®9.1版本对可追溯水平的离散选择进行建模。

第六节　影响山东寿光蔬菜产业实施质量信息可追溯性的因素

本节阐述了山东寿光蔬菜产业中采用“蔬菜质量安全可追溯系统”与标准可追溯性系统的结果。在logit估计中，由于数据点的拟完全分离，极大似然算法没有收敛。如前所述，发生这种情况时，可能不存在最大似然估计值。表6－3中的模型1显示了使用所有外生变量对整个可追溯性选择模型进行最大似然估计的结果。相关矩阵没有显示模型自变量之间的多重共线性的证据。艾莉森（2001）之后，人们删去了异常高值的参数估计和标准误差，这是相关变量销售到特定国家或地区的情况，表明它几乎完美地预测了因变量的观测值，是导致准完全分离问题的变量。表6－4显示了因变量、可追溯系统选择和外生变量（对日本销售）之间的交叉频率。对应于没有销售到日本和采用“蔬菜质量安全可追溯系统”标准的单元，没有任何观察值。这是一个明显的分离指标。

表6-3 采用可追溯性的最大似然估计和惩罚似然估计

	Model 1 （*N* = 138）	*Model* 2 （*N* = 138）
Intercept		-7.01 ***
蔬菜农场规模 1		-.34
(1 = <5 公顷)	-18.39	(.71)
蔬菜农场规模 2	-.46	0.43
(1 =6 -15 公顷)	(.36) a	(1.53)
合作社组织成员	.43	1.74
(1 = 是)	(1.53)	(5.71)
生产率 1	2.59	.40
(1 = <15 吨/公顷)	(13.34)	(1.46)
生产率 2	.83	-.52
(1 =16 -20 吨/公顷)	(2.30)	(.59)
生产率 3	-.65	-1.25 *
(1 =21 -25 吨/公顷)	(.52)	(.29)
销售至日本	-1.59	4.84 ***
(1 = 是)	(.20)	(129.97)
农民的类型	∞	1.53 **
(1 = 全职)	1.91	(4.61)
合作社组织性质	(6.77)	1.31 **
(1 = 国家级、省级综合合作	1.61	(3.70)
社组织)	(5.01)	.83
年龄 1	1.07	(2.28)
(1 =25 -35)	(2.91)	1.87 *
年龄 2	2.39	(6.50)
(1 =36 -45)	(10.96)	.82
年龄 3	1.07	(2.27)
(1 =46 -55)	(2.91)	1.58
年龄 4	2.00	(4.87)
(1 =56 -65)	(7.43)	-1.87 **
受教育程度 1	-2.50	(.15)
(1 = 初中)	(.08)	-1.53 *
受教育程度 2	-2.05	(.23)
(1 = 高中)	(.13)	-0.28
规模排名	-.31	(.76)
(1 = Top 4)	(.73)	28.266 **
惩罚似然比		82.2 (129.1)
AIC (SC) [Pseudo R^2]		[.43]

[a]Odds ratio. *** $p<0.001$; ** $p<0.05$; * $p<0.1$.

资料来源：本研究自行整理。

表 6-4　向日本销售蔬菜采用可追溯性的农场及其销售变量交叉表

		销售至日本	
		0，不	1，是
采用“蔬菜质量安全可追溯性系统”标准	0，不采用	49[a] (35.51)[b]	38 (27.54)
	1，采用	0 (0)	51 (36.96)

注：a—农场的数量；b—农场的百分数。
资料来源：本研究自行整理。

表 6-5　向日本销售的惩罚可能性估计（模型 3）和可追溯性采用（模型 4）

	Model 3 (*N* = 138)	*Model* 4 (*N* = 89)
Intercept	2.78	-2.20
蔬菜农场规模 1	-1.2	-.32
(1 = <5 公顷)	(.30)[a]	(0.72)
蔬菜农场规模 2	-.06	.44
(1 = 6-15 公顷)	(.94)	(1.55)
合作社组织成员	1.80**	1.76
(1 = 是)	(6.08)	(5.80)
生产率 1	-3.29**	.36
(1 = <15 吨/公顷)	(.04)	(1.43)
生产率 2	-3.19***	-.51
(1 = 16-20 吨/公顷)	(.04)	(0.60)
生产率 3	-.95	-1.25*
(1 = 21-25 吨/公顷)	(.38)	(.29)
农民的类型	-.64	1.5**
(1 = 全职)	(.52)	(4.60)
合作社组织的性质	3.00***	1.3**
(1 = 国家级、省级综合合作社组织)	(20.01)	(3.67)
年龄 1	.49	.81
(1 = 25-35)	(1.63)	(2.26)
年龄 2	-.83	1.86*
(1 = 36-45)	(0.44)	(6.46)
年龄 3	-.55	.81
(1 = 46-55)	(.58)	(2.26)
年龄 4	-1.68**	1.57*
(1 = 56-65)	(.18)	(4.83)
受教育程度 1	-1.25	-1.88**
(1 = 初中)	(.28)	(.15)
受教育程度 2	-0.65	-1.53**
(1 = 高中)	(.52)	(.22)
规模排名	-.37	-.27
(1 = Top 4)	(.69)	(.76)
惩罚似然比	70.41***	28.27**
AIC (SC) [Pseudo R^2]	89.7 (133.6) [.40]	79.4 (116.7) [.27]

[a]Odds ratio. *** $p<0.001$; ** $p<0.05$; * $p<0.1$.
资料来源：本研究自行整理。

由于无法对模型 1 中的估计值进行推断，因此使用亨泽和赛珀（2002）开发的惩罚似然过程获得表 6 - 3 模型 2 中所述的无偏参数估计值。惩罚后的似然估计是无偏的；它们比模型 1 中的估计值略低。根据亨泽和赛珀（2002）的建议，检查惩罚参数估计的概要，以确定是否允许使用 Wald 参数和置信区间估计。唯一不完全对称的变量是对日本的销售，在惩罚后的似然函数最大值附近有轻微的不对称。这种不对称性非常小，因此也允许使用 Wald 估计来估计这个参数。

总体而言，惩罚似然比表明，在 1% 显著性水平下，参数估计值作为一个整体与零有显著性差异。伪 r 平方的计算遵循艾莉森（2001）的建议，结果表明，该模型具有较好的预测能力。这些变量上的假设符号通常得到了结果的支持。最高的生产力水平降低了农民采用“蔬菜质量安全可追溯系统”实现可追溯性的可能性。在日本销售、更大的蔬菜农场规模、并成为一个合作社组织成员的生产商增加了采用“蔬菜质量安全可追溯系统”标准的可能性。虽然全职农民和与大型生产者组织的合作增加了可追溯性采用的几率，但较低的教育水平降低了这种几率。在样例中，年龄似乎在可追溯性的选择中没有扮演重要的角色。与假设相反，位于主要消费市场周边且产量规模最高的生产者降低了采用较高可追溯水平的机会。

与行业经理和地区研究人员的接触以及迄今研究的结果表明，该地区农民对可追溯水平的选择可能无法与选择的销售市场相脱钩。这可以通过构建一个农民两步骤的决策模型来研究。首先，农民（或其所属组织）选择是否与日本连锁超市签订蔬菜销售合同。其次，农民决定要实现的可追溯性的类型。这种方法类似于卡切托娃和米兰达（2004）的工作，他们通过将接受合同的选择与使用的合同类型分离，重新分析了以前关于合同的研究。他们认为不同的因素可能影响每一个决定。为此，可以比较赤池参数（AIC）和施瓦兹参数（SC）或贝叶斯参数，以评估两步决策过程的第一步是否最好地解释了采用可追溯水平的决策。

表 6 - 5 显示了一个两步骤决策过程的分析结果。首先，在模型 3 中，

对剩余的外生变量作向日本销售决定的回归。其次，模型4针对89名向日本销售的农民的子样本，探究了他们采用"蔬菜质量安全可追溯系统"实现可追溯性的条件是哪些变量。为了便于与模型2进行比较，采用惩罚似然法对模型3和模型4进行估计。模型3和模型4的惩罚似然比表明，在1%显著性水平上，参数估计值作为一个整体与零有显著差异。艾莉森（2001）R^2统计量对模型3的预测能力为0.40，对模型4的预测能力为0.27。

模型3的结果表明，当农民隶属于大型生产者组织并使用合作社组织标签进行生产时，向日本销售产品的概率显著增加。受教育程度高、年轻的农民向日本市场销售产品的概率更高。蔬菜出口的机会随着农场规模扩大和生产力的提高而增加。由于模型4的估计只针对向日本市场销售蔬菜的农民，所以得到的结果是基于这个营销决策的。对出口到日本市场的农民采用"蔬菜质量安全可追溯系统"的可能性随着加入更大的生产者组织和成为全职农民而显著增加。低的受教育程度会显著降低采用"蔬菜质量安全可追溯系统"的概率。与上述主张相一致，对销往日本的农场采用"蔬菜质量安全可追溯系统"的可能性随着生产率的降低而降低。

对于使用整个样本的可追溯性模型（模型2）和仅基于向日本市场销售的农场的可追溯性模型（模型4），惩罚的似然比表明，两组参数显著不同于零。在这两种情况下，参数估计都有相同的符号和非常相似的大小。在模型2中，向日本市场销售的选择对采用的可追溯水平有非常显著的影响。当决策过程分为两个步骤建模时（模型4），对于向日本销售的农民子样本，影响采用可追溯水平决策的因素是相同的。为了比较一步骤模型和两步骤模型哪个更合适，艾莉森（2001）和卡切托娃和米兰达（2004）提出了AIC和SC统计量的比较，并主张数值越低的模型越可取。模型2的AIC和SC分别为82.2和129.1，模型4的AIC和SC分别为79.4和116.7。因此，模型4应是首选，两步骤决策过程似乎更充分地解释了农民采用可追溯水平的决策。

对于农民来说，第一步是选择是否将产品销往日本。一旦农民决定将其蔬菜产品出口到日本，他或她就必须选择是否采用更高的“蔬菜质量安全可追溯系统”的可追溯水平。研究结果表明，拥有较大规模农场、合作社组织的成员、全职经营者以及与更大、更创新的合作组织的农场采用“蔬菜质量安全可追溯系统”的概率更高。较高的生产率、较低的教育水平和位于主要消费市场周边且生产能力最强的位置降低了采用“蔬菜质量安全可追溯系统”的可能性。总的来说，这些结果证实了假设，并突出了农民组织和市场激励在采用蔬菜质量安全可追溯系统决策中的作用。

第七节　本章小结

在过去的十多年里，中国食品市场已经实施了一些企业和公共的可追溯性计划。然而，着眼于如何在农场一级实施质量信息的可追溯及其措施的研究相对较少。本文提供了山东寿光蔬菜产业可追溯性水平采用的实证证据。在此基础上，提出了一种处理 logistic 回归中准完全分离问题的新方法。

农场级别采用质量信息可追溯性的决策可以通过一个两步骤决策过程来描述。首先，农民选择自己想要销售产品的市场；然后，根据市场需求大小确定实施可追溯性的水平。规模较大的农场、加入合作社组织等质量保证体系的农场，以及隶属于规模较大的生产者协会的全职农民，采用更严格的可追溯标准（如“蔬菜质量安全可追溯系统”标准）的概率更高。另一方面，较高的生产力水平、较低的教育水平和都市圈生产中心的位置降低了采用“质量安全可追溯系统”的可能性。

这些发现对公共政策和企业战略决策具有重要意义。在本研究调查的案例企业（农场）中，实施可追溯性是为了响应企业和政府（公共）的号召并获得奖励。行业领导者指出，尽管实施可追溯性需要大量的投资，但由于质量安全可追溯系统可以改进信息管理的方式，他们已经开始从中获得了回报。研究结果表明，政府（公共）当局可能希望与生产者组织合作以决定如何在农场一级促进可追溯性的实施。例如，如果农民协会决定投资建立一个可追溯系统，为其所有的附属机构（个人）保存登记信息，就可能在信息收集和管理方面实现规模经济，从而避免网络外部性。

研究结果还表明，将可追溯性与质量保证体系的应用区分开来是不可能的。这就提出了一个问题，如何在没有或可能没有兴趣采用质量保证系统的农民或公司中促进可追溯性的实施。一个可能的解决办法是，对农民或合作社组织采取多种激励措施，并加强监督和执法。未来的研究应调查其他地区或产品在农场一级实施可追溯性的影响因素，以及进一步探索在供应链的所有级别实施可追溯性的动机，并确定实现可追溯性的更经济有效的方法等。

第七章　发达国家食品质量信息可追溯监管及经验借鉴

从20世纪90年代开始，世界上的许多国家和地区通过建立可追溯制度来推进食品质量安全信息的管理，欧盟、美国和日本是较早开展食品可追溯标准化工作的地区和国家。这些经济发达的地区和国家为此都建立了较为完善的食品质量安全保障体系，形成了法律法规健全，组织执行机构配套，以预防、控制和可追溯为特征的食品质量信息可追溯体系，基本实现了食品安全生产的全程监控。本章将主要分析和总结发达国家食品质量信息可追溯体系监管机制方面的经验及对我国的启示，以期为我国食品质量信息可追溯体系的监管实践提供有益的借鉴。

第一节　欧盟食品质量信息可追溯监管机制及其经验借鉴

一、欧盟食品质量信息可追溯监管的制度

欧盟是最早开展食品质量信息可追溯体系建设的地区。早在1997年，欧盟为应对疯牛病事件开始在欧盟范围内建立食品质量信息可追溯体系，尤其是牛肉制品的质量信息可追溯体系。为统一并协调内部的食品质量安全监管体制，这些年来欧盟先后制定了20多部食品质量安全方面的法规，形成了较为完整的法律法规体系。从2000年颁布的《食品安全白皮书》到2002年生效的《食品法》，欧盟在食品安全立法领域进一步确定了一系列的基本原则和理念，并在此基础上，逐步建立起了一套较为完备的食品质量安全的法律法规体系。

（1）2000年1月12日，欧盟发表了《食品安全白皮书》，以食品质量安全作为欧盟食品法的主要目标，形成一个全新的食品质量安全体系框

架。在这一新的食品质量安全体系架构中，欧盟提出了一项根本性改革，即首次把“从田间到餐桌”全过程管理原则纳入到食品质量安全政策中，强调食品生产者对食品安全应负的责任，并引进《危害分析及关键控制点》（HACCP）体系，要求所有的食品和食品成分均须具有可追溯性。

（2）2000 年 7 月 17 日，欧洲议会和欧盟理事会共同制定（EC）第 1760/2000 号法规，建立了对牛的验证和注册体系，并对牛肉和牛肉制品的标签标识做出了规定。根据该法规，欧盟的每一成员国都必须建立牛的验证和注册体系，这一体系包括：牛耳标签、电子数据库、动物护照、企业注册等。该法规规定，凡在欧盟市场上销售的牛肉，都必须执行强制性标签标识的规定。根据牛肉标签法，欧盟国家在生产环节要对活牛建立验证和注册体系，在销售环节要向消费者提供足够明晰的产品标识信息。

（3）欧洲议会和欧盟理事会于 2002 年 1 月 28 日通过的（EC）第 178/2002 号法规，建立了欧洲食品安全局，规定了食品安全法规的基本原则和要求，以及与食品安全有关的事项和程序。该法规将食品的可追溯性（Food Traceability）定义为在生产、加工及销售的各个环节中，对食品、饲料、食用性动物及有可能成为食品或饲料组成成分的所有物质的可追溯或可追踪能力。并且，该法规还要求从 2005 年 1 月 1 日起，凡是在欧盟国家内销售的食品必须具备可追溯能力，否则不允许上市销售，不具备可追溯性的食品将被禁止进口。

（4）2003 年 9 月 22 日，欧洲议会通过并于同年 10 月 18 日实施《转基因食品及饲料管理条例》等，将转基因食品的可追溯能力与标识结合起来，并要求 2004 年按强制性规定的要求实施。

（5）2004 年以来，欧盟通过改进立法和开展相关行动强化了食品安全的诉求，如：2004 年欧盟修订了食品卫生条例（EC）852/2004、动物源性食品特殊卫生条例（EC）853/2004、动物源性食品官方监管组织条例（EC）854/2004，通过 2004/41/EC 指令废除了其他原有的食品卫生指令等。

（6）2006 年，欧盟开始实施新的《欧盟食品及饲料安全管理法规》，该法规涵盖了“从田间到餐桌”的整个食品供应链，实现了从初级原料、生产加工环节、终端上市产品到售后质量安全反馈的无缝隙衔接，对食品添加剂、动物饲料、植物卫生、食品链污染和动物卫生等易发生食品质量安全问题的薄弱环节进行重点监控。该法规还进一步简化并加强了食品质量安全的监管机制，强化了召回制和市场准入资格，依法赋予欧盟委员会全新的管理手段，保证了欧盟实行更高的食品安全标准。该法规突出了食品生产过程中的可追溯管理与食品质量安全的可追溯性，尤其强调了动物源性食品的身份鉴定标识与健康标识。

在欧盟关于食品质量安全的整套法律法规体系中，《食品安全白皮书》是欧盟及各成员国完善其食品质量安全法律法规体系和管理机构的基本法规。根据欧盟的统一法令，各成员国相继制定和完善了涵盖所有食品类别食物链各环节的法律制度。

二、欧盟食品质量信息可追溯监管的机构

为对食品质量安全进行统一监管，欧盟于 2002 年 1 月 28 日正式成立了独立行使职能的欧洲食品安全管理局（EFSA）。欧洲食品安全管理局是欧盟的直属机构，下设管理委员会、9 个风险评估小组、6 个专门科学小组以及信息发布机关等，其经费完全由欧盟的预算提供，因此在源头上保证了食品质量安全监督的公正与透明。

欧洲食品安全局不直接制定规章制度，只监督整条食品供应链，负责对“从田间到餐桌”的全程食品质量安全监控，其主要工作是对食品安全进行风险评估，同时将评估结果向全社会公布。除此之外，欧洲食品安全局还负责交流食品安全议题，设立食品安全程序，规定涵盖整个食品链的安全保护措施，并建立对所有饲料和食品在紧急情况下的综合快速预警系统（RASFF）。这是一个连接欧盟委员会、欧洲食品安全局以及各成员国食品与饲料安全主管机构的网络。建立该系统的目的是为欧盟各成员国的食品与饲料安全主管机构提供交换有关信息、并采取措施确保食品安全的

有效途径。目前，综合快速预警系统对欧盟市场内外的食品和饲料的安全性进行监控，并每周发布一次预警及信息通报。

在欧洲食品安全局的督促下，一些欧盟成员国对原有各自的食品质量安全监管体制进行了调整，将食品安全监管职能集中到了一个主要部门。如德国于2001年将原粮食、农业和林业部改组成消费者权益保护、食品和农业部，接管了卫生部的消费者保护和经济技术部的消费者政策制定职能，实行对德国食品安全的统一监管，并于2002年设立联邦风险评估研究所以及联邦消费者保护和食品安全两个专业机构，各州、大区和市政府也都设立了相应的负责食品质量安全的监管部门，从而形成了全国范围内的统一的监管体系。英国、爱尔兰、丹麦、荷兰等国家也都成立了类似独立的国家级食品质量安全监管机构。在食品安全监管的具体实践过程中，欧洲食品安全局要求欧盟的每一个成员国需提出本国详细的食品安全控制计划，实施自查，同时制定紧急预案。欧洲食品安全局与欧盟各成员国的食品和兽医部门进行协调，检查审计其计划的执行。在公共健康遭受威胁的情况下，法律为欧洲食品安全局（欧盟委员会）提供紧急处置权，可主动采取行动，或与成员国的权力机构协作，以确保及时迅速地采取共同的行动。在实施可追溯体系的情况下，一旦发生问题，可迅速找出问题所在，确定原因，制定解决办法。强制性召回是欧盟食品法的关键部分，如果没有可追溯体系，强制召回就无从谈起。

三、欧盟食品质量信息可追溯监管的内容

欧盟食品质量信息可追溯体系的具体要求包括：应在食品生产、加工和分销的所有环节建立可追溯制度；食品和饲料的所有经营者要建立能够识别所有参与食品供应链的人和物的体系或程序、如何与其他经营者发生联系的体系或程序；以及食品可追溯识别和文件管理体系。欧盟建立的食品质量信息可追溯体系要求处于食品供应链中的各个阶段的生产商或经营者都必须了解其前一阶段和后一阶段的过程，即跟踪和追溯食品、饲料、

畜禽肉类以及特定成分在所有的生产、加工和流通过程的情况。简而言之，就是对食品“从田间到餐桌”进行全过程监控。为此，欧盟委员会在《食品安全白皮书》中对食品供应链各个环节涉及的每个单位和个人都规定了具体的职责，以实现“从田间到餐桌”全过程监管。

就农业生产者而言，他们的行为是食品质量安全的第一道防线，欧盟委员会要求他们对食品的质量卫生安全负直接责任：种植者要严格按照相关的安全标准选择和使用农药，并保证所使用的农药残留不超标；饲养者要严格按照规定选择饲料，切实遵守动物防疫检疫制度，保证动物的健康。

就食品加工者而言，他们必须严格按照相关食品加工、卫生管理的规定从事食品的加工生产。如果食品经营者进口、制造、加工、生产或销售的食品不符合食品安全标准，必须立即通过适当的程序，从最初的食品经营者直接控制的市场上退出、召回有问题的食品并通知有关主管部门。如果食品已到达消费者的手中，相关经营者应当有效、准确地通知消费者召回的原因，当在其他措施不足以达到保护消费者健康标准的情况下，必须从已获得该食品的消费者处召回该食品。另外，零售商和分销商也应当在其相应的活动期限内通过适当程序从市场上撤回不符合食品质量安全要求的食品，并提供可追溯食品的相关信息以协助生产者、加工者、制造者和有关主管部门针对性地采取相关行动。

就政府及监管者而言，欧盟委员会要求所属各成员国成立专门的食品安全监督和指导机构，定期对食品生产企业进行卫生检查；协助中小型企业分析、化验新产品的安全指数；对存在问题的食品采取封存、销毁和停止生产等措施。欧盟委员会认为，食品安全监督机构的作用不应仅局限在对企业进行定期检查，还应包括积极扶持企业，及时向相关企业提供科技信息和宣传欧盟的有关政策，帮助它们提高安全卫生生产水平，推动欧盟政策的贯彻落实。

消费者本身也应对自身的饮食安全负责。欧盟委员会表示，即便是最严格的食品质量安全保障措施也不能完全保证没有疏漏，这就需要消费者加强自身保护。消费者是整条食物链上保障食品质量安全的最后一个环节，食品的质量安全保障必须有消费者的直接参与。

欧盟建立的食品质量信息可追溯制度是为了实现对食品“从田间到餐桌”整个供应链全过程的有效控制来保证食品的质量安全。这样，当监管机构发现食品质量安全存在问题时，通过电脑记录就可以很快查到食品的来源，并采取相应的措施加以改进。在食品质量信息可追溯体系的标准方面，欧盟的进口商要求其相应的出口商需配合实施欧盟的统一标识（可追溯性的 EAN · UCC 规范），可追溯产品与流程标准需符合欧盟规定的食品安全标准。

四、欧盟食品质量信息可追溯监管机制的经验借鉴

欧盟的食品质量信息可追溯性实施之所以比较成功，一个重要原因是相关主体的合理分工与相互间的密切合作。各国政府食品主管部门负责检验检测工作，并管理国家数据库；相关科研机构承担质量信息可追溯相关技术的研究和标准制定以及人员培训等工作；食品供应链上的各主体负责完成相关质量安全可追溯性信息的记录和传递工作。由此可见，欧盟在食品质量安全领域开展了许多卓有成效的工作，建立了比较完善的食品质量信息的可追溯体系。欧盟食品质量信息可追溯体系的最大特点在于要求所有的食品生产经营者都必须建立相应的质量信息可追溯系统，将该项规定纳入到其法律框架下并强制要求执行。欧盟食品质量信息可追溯体系对食品供应链各环节涉及的单位和个人都制定了具体、明确的责任制，从而保证了食品“从田间到餐桌”的质量安全。

欧盟的食品质量信息可追溯体系实施比较成功的另一个重要原因是制定了一套完整的食品质量安全法规体系、建立了统一的食品质量安全管理事务机构、形成了统一的食品质量安全危机应急处理与预警分析的行动机制、搭建了统一和公开的食品质量安全信息发布平台和交流渠道。众所周知，一些欧洲国家，特别是德国、法国、意大利、奥地利、荷兰、比利时

等国的食品加工企业大多属于中小型企业，规模不大，都有着自己的一套保障食品质量安全的传统做法，因此，欧盟的一些措施在这类企业中落实起来是相对比较困难的。但正是由于欧盟制定的这套食品质量安全管理条例切实可行，建立的这套卫生监督管理体制完善、科学，既维护了欧盟各成员国传统饮食文化的多样性，又保障了各成员国食品企业加工生产的食品卫生安全，从而为世界各国提供了一个较为成功、可借鉴的范例。

第二节　美国食品质量信息可追溯监管的机制及其经验借鉴

一、美国食品质量信息可追溯监管的制度

在管理法律体系方面，美国有关食品质量安全的法律法规非常繁多，既有综合性法规，如《联邦食品、药物和化妆品法》《食品质量保护法》和《公共卫生服务法》等，也有《联邦肉类检查法》等非常具体的法律。这些法律法规覆盖了几乎所有的食品，为美国食品质量安全制定了具体的标准以及监管程序。以下主要介绍近些年来与食品质量信息可追溯性相关的美国法律法规。

（1）1996 年美国农业部食品安全检察署颁布《美国肉禽屠宰工厂（场）食品安全管理新法规》，目的是提高肉禽类产品的安全程度，使该行业现代肉禽类产品加工安全监测体系行之有效。美国的这部新法规强调食品质量安全应该以“预防为主，防范在先，实行生产全过程监控”为目标。

（2）2002 年美国国会通过《生物性恐怖主义法案》，将食品安全提高到国家安全战略高度，提出“实行从农场到餐桌的风险管理”，对食品安全实行强制性管理。在该法案的指导下，美国食品药品管理局（FDA）制定了《记录建立和保持的规定》《生产设施注册及进口食品运输前通知的

规定》和《管理性扣留的规定》等法规，为企业和执法者提供了实施食品质量安全信息的追溯技术和执法依据。这些规定明确要求种植和生产企业必须建立食品安全的可追溯制度，在种植环节推行良好的农业规范（GAP）管理体系，在加工环节推行良好的生产规范（GMP）管理体系，以及危害分析及关键控制点（HACCP）食品安全认证体系。无论在哪个环节出现了问题都可以追溯到造成问题的责任者。该规定还明确了企业建立质量安全可追溯制度的实施期限，即大企业（500 名雇员以上）在法规公布的 12 个月后必须实施，中小型企业（11～499 名雇员）在法规公布的 18 个月后必须实施，小型企业（10 名雇员以下）在法规公布的 24 个月后必须实施，即到 2006 年年底美国所有与食品生产有关的企业必须建立产品质量信息可追溯制度。

（3）2003 年 5 月爆发疯牛病，美国食品药品管理局颁布联邦法令，规定出口到美国的外国产生鲜食品必须能够在 4 小时之内提供产品可追溯的履历信息，否则美国有权将其就地销毁。

（4）2004 年美国食品药品管理局又公布了《食品安全跟踪条例》，要求所有涉及食品加工、运输、配送和进口的企业必须建立并保全相关食品流通的全过程记录，并要求所有与食品生产有关的企业到 2006 年年底都必须建立食品质量信息可追溯制度。美国食品药品管理局与美国农业部（USDA）、农业部食品安全检查局（FSIS）还制定了食品召回规定和规范市场的《联邦安全和农业投资法案》。

（5）2006 年，美国提出以危害分析及关键控制点的食品安全认证体系及全国动物标识溯源系统作为食品安全管控政策。规定美国的主要超市销售系统需记录并保留完整的食品生产履历。

（6）2009 年 7 月 30 日，美国众议院通过了《2009 年食品安全加强法案》。该法案对美国联邦现有的《食品、药品和化妆品法案》作出了近 70 年来最大的修改，即对美国的食品监管全过程都进行了修正和加强。该法案规定，境外向美国出口食品的企业必须每年向美国食品药品管理局登记，并缴纳 500 美元的登记费。集团公司下属子公司必须单独登记并缴纳年费，收费标准根据通胀因素进行相应的调整。该法案新增的“危害分析和基于风险的预防控制”一节要求企业建立一整套从危害分析、到制定针对性的预防性措施、再到召回和追溯等纠正措施的管理计划。法案还规定，美国食品药品管理局将以更高的频率对企业进行检查，企业一经发现不合格将面临失去在美登记资格的风险；另外，首次检查不通过的企业还要支付美国食品药品管理局进行复查的费用。当有证据表明某种食品存在风险时，美国食品药品管理局不需要提出确切的证据即可要求企业自愿召回或下达强制召回令，所产生的费用均由企业承担。因此，《食品、药品和化妆品法案》（修订）颁布后，美国市场上出现了较多的需要召回产品的情形。同时，企业若违反法案将受到更加严厉的处罚，比如企业违反《食品、药品和化妆品法案》第301条有关“掺杂”和“错误标签”食品的规定时，将处10年以下监禁，或处以罚款。民事处罚方面，罚金最多则可达750万美元。此外，《食品、药品和化妆品法案》（修订）还涵盖了原产地标注规定、信息通报制度、食品追溯制度、食品农产品标准制定等相关内容。

二、美国食品质量安全信息可追溯监管的机构

美国的食品质量安全监管体系分为联邦、州和地区3个层次，主要监管机构有20多个。在美国联邦层面上，负责食品质量安全管理的机构主要有：卫生与公众服务部下属的食品与药物管理局以及疾病控制和预防中心（CDC），农业部下属的食品安全和检验局（FSIS）以及动植物卫生检验局（APHIS），还有环境保护署（EPA）与全国海洋和大气管理局等。州和地区机构主要负责配合联邦机构执行各种法规，检查辖区内食品生产和销售点的合规性。

在美国的这些食品质量安全监管部门中，“食品与药物管理局”的管辖范围最为宽泛，涉及除肉类和家禽外的所有食品。除此之外，肉类、家禽和相关产品主要由“食品安全和检验局”负责监管；动物疫病的诊断、

防治、控制以及对新发生疫病的监测，保护和改善美国动物和动物产品的健康和质量主要由“动植物卫生检验局”负责监管。而饮用水的安全性以及食品农药残留问题则主要由“环境保护署”负责监管；鱼类和其他海产品的卫生状况由“海洋和大气管理局”监管；所有食源性疾病的调查和防治则是由“疾病控制和预防中心”负责监管。

美国联邦机构对食品质量安全的监管主要采取垂直管理方式，即对所属管辖范围内的事务实行从上到下的“一揽子”管理，如“食品与药物管理局”和“食品安全和检验局”对各种食品实行“从田间到餐桌”的全程监管，“疾病控制和预防中心”对食源性疾病则是从预防、治疗直至后期研究负责到底。显然，这种垂直的管理方式避免了食品质量安全链条上各环节间的脱漏或重复，防止了因管理缺位导致一个环节出现问题而影响到整个食品供应链整体的质量安全。

美国食品和药物管理局中从事食品安全研究的科学家达到数千名，包括化学家、微生物学家、流行病学家等；另外还有众多专门的检查人员，进驻饲养场、食品生产厂、销售点等地进行检查，对原料供应、生产、流通、销售和售后等环节进行全方位监管，确认生产过程符合法规以及食品标签内容正确无误，防止不安全食品流入市场，或防止不准确标签误导消费者，造成健康隐患。

美国联邦机构、州、地方机构与有关的当事人合作，鼓励开展食品质量安全活动，并对企业和消费者开展的提升食品质量安全水平的举措予以协助。美国的各级监管机构认为食品企业应对食品的质量安全负主要责任，企业应按照食品安全法规的要求生产食品。政府部门的作用是制定合适的标准，监督企业是否按照这些标准和食品安全法规进行食品生产。无论是建设现代化检验系统，还是开展“从田间到餐桌”的食品质量安全运动，美国各级食品监管机构都尽可能地利用企业资源，以便有效地保护公众避免食源性疾病的危害。

美国政府还充分利用网络优势为消费者提供有关各类食品的安全信息，以预防食品安全事故的发生。为此，美国联邦政府专门设立了“政府食品安全信息”门户网站，通过该网站，消费者可以链接到与食品质量安全相关的各个站点，查找到准确、权威并及时更新的信息。

除联邦政府机构外，美国的众多民间团体也是食品质量安全监管的重要力量。如 2006 年 6 月，一个名为“公众利益科学中心”的民间团体，起诉肯德基使用反式脂肪含量高的烹调油烹制油炸食品，危害了消费者的身体健康，进而促使了反式脂肪成为媒体关注的热点，并引来监管机构的介入。结果，肯德基和其他快餐店很快宣布停止使用反式脂肪来烹制食品。

三、美国食品质量信息可追溯监管的内容

美国食品质量信息可追溯制度分为 3 类，即农业生产环节的可追溯制度、包装加工环节的可追溯制度和运输销售环节过程的可追溯制度。美国食品质量信息可追溯制度是一个完整的链条，任何一个环节出现问题，均可追溯到上一个环节。

（1）农业生产环节的可追溯制度。在农药的使用上采取严格的管控措施。一般农药使用时要请专业的农药服务公司执行作业，并将农药用量控制在合理的浓度与适用范围内。使用毒性较高农药时，要求事先通知县农业局，在县农业局备案；在使用过程中，县农业局派专人到现场监督并指导农药的使用。在距收获期 7 天之内禁止使用任何农药。在采摘过程中，工人必须穿着工作服，戴手套，必要时还要洗手。生产基地必须保持洁净，远离污染源。所有废弃物必须经过处理，不能随意丢弃。

所有的生产过程，从种子处理、土壤消毒、栽培方式、灌溉、施肥、使用农药到收获采摘都要记录。任何产品都能够追溯到哪个生产基地、品种及生产时间。同样，跨国生产基地进行生产也必须执行《良好的农业规范》管理体系的规定。

（2）包装、加工环节的可追溯制度。美国的联邦法律要求所有产品的供应商（非运输企业）必须建立产品质量信息的可追溯制度。产品质量信

息可追溯制度分为前向可追溯制度和后向可追溯制度。前向可追溯主要记录的内容包括：企业的名称及其所属信息（国内或国外的）；产品名称、产品出产日期；产品商标、产品类型、产品品种特性、产品等级等；产品生产者、主要生产过程、产品包装者；生产区域信息；单位包装数量或重量。后向可追溯主要记录的内容有：产品接受企业的名称及所属信息（国内或国外的）；描述产品交割的类型，包括产品商标名称、产品品种特性等；产品交割日期；产品再生产企业、生产工艺、包装者以及产品识别条码信息等；产品单位包装数量（重量）；外包装损坏程度；产品的保存期；产品的保质期；产品运输企业名称以及运输企业相关的产品后可追溯信息等。

在产品加工生产过程中实行的可追溯形式主要有2种，即《良好的生产规范》管理体系和《危害分析及关键控制点》管理体系。《良好的生产规范》和《危害分析及关键控制点》管理体系都是以第三方认证形式建立的产品质量信息可追溯体系，美国联邦政府虽然不强调产品认证的必要性，但要求产品生产的每个环节必须可控、安全和可追溯。因此，许多企业在生产过程中都选择了《良好的生产规范》和《危害分析及关键控制点》管理体系来加强相关产品的质量安全管理。

（3）运输、销售过程的可追溯制度。美国在食品的运输、销售过程中主要实行食品供应可追溯制度和《危害分析及关键控制点》认证制度。

1）运输企业承接供应商给出的信息并转发给批发商、零售商关于产品的主要信息。

2）批发商除将产品供应商提供的信息输入电脑外，还要对产品进行分类标识，建立企业自身的条形码信息。该条形码信息主要记录有：本企业信息；入库产品的货柜编号；每一货柜的产品信息，包括产地信息；进口产品需请美国农业部检疫局进行产品检验，合格产品应加盖的标识章；经过《危害分析及关键控制点》认证的产品，应贴有《危害分析及关键控制点》认证机构的标识，通过有机认证的产品，应贴有有机产品认证标识；产品的接受企业名称及所属信息（国内或国外的）。

3）零售商同样需要了解以上信息，同时建立零售企业自身的条形码。该条形码记录的主要内容有：产品产地、属性；产品集装箱号码；产品包装类型、包装容器；产品种类、产品形式；产品品种；产品质量；是否获得过有机认证、《危害分析及关键控制点》认证等。

4）实行召回制度。如果在消费环节出了问题，企业有责任将产品召回。

四、美国食品质量信息可追溯监管机制的经验借鉴

美国是我国食品出口的第二大市场。据统计，2018 年我国对美食品出口金额达数百亿美元，再加上食品包装等相关产品，出口总值每年近千亿美元。美国又是世界上食品质量安全保障体系最完善、监管措施最严厉的国家之一。因此，研究美国食品质量信息可追溯体系监管机制方面的经验对完善我国食品质量信息可追溯体系的监管机制有着非常重要的借鉴意义，并对出口型食品生产加工企业开展对美食品出口业务有着非常重要的参考价值。美国在保障食品质量安全方面建立了一个十分强大的体系，有遍及全国的食品质量安全监管体系、完备的法律法规、应对特殊领域的特殊做法等。美国在食品质量信息可追溯监管方面的成功经验主要包括：

（1）集中、高效、针对性强的食品质量安全监管体系是保障食品质量安全的关键。美国食品质量安全监管体系主要由多个政府部门和一些民间机构组成，这些部门和机构在食品质量安全法规和标准制定、食品质量安全监管、食品质量安全教育等方面各司其职，形成了一个对食品质量安全实行“从田间到餐桌”的全程监管体系。联邦、州、和地方行政部门在保证食品质量安全方面起到互相补充和互相依赖的作用。

（2）强有力的、灵活的、以科学为依据的食品质量安全法律体系为保障食品质量安全提供了法律依据。美国有多部规范企业、团体和个人行为的食品卫生联邦法律法规，这些法律法规规范了食品质量安全指导原则和具体操作标准和程序，使食品质量安全各环节的监管、疾病预防和事故应

急反应等都能够有法可依。美国制定食品法规、条例和政策的重要原则是以危险性分析为基础，强调采取切实可行的预防措施。

（3）严厉的处罚规定和有效的食品来源可追溯机制对食品企业形成有力的威慑。上有严格监管，下有激烈竞争，若被查出食品质量安全有问题，生产商或销售商不仅都会受到处罚，而且还要花巨额费用召回相关食品，甚至产品由此丧失进入美国市场的资格。这从美国近年来发生的食品质量安全事故大多源于疏忽导致的意外，就可以看出奸商故意造假、掺毒的行为在美国已经没有了容身之地。

第三节　日本食品质量信息可追溯监管的机制及其经验借鉴

一、日本食品质量信息可追溯监管的制度

《食品卫生法》和《食品安全基本法》是日本保障食品质量安全的两大基本法律。《食品卫生法》于1947年颁布并经过多次修订，仅1995年以来就修改了十多次，2006年又做了修订。

（1）日本早在1947年就制定了《食品卫生法》《食品卫生法施行令》及《饮食业营业取缔法》等相关法律法规；根据不同的饮食品种，还相继出台了相关的规则，例如《牛奶营业取缔规则》《清凉饮料水取缔规则》《饮食物防腐剂、漂白剂取缔规则》《饮食物条件及取缔规则》《饮食物器具取缔规则》等。为了保证这些法律法规得到认真贯彻和实施，日本政府还设立了食品安全局、食品卫生协会、卫生保健所等管理和监督机构。这些法律法规和相应的监管机构在保障日本国民的安全健康方面发挥了重要的作用。

（2）2000年7月1日，日本农业标准法（Japanese Agriculture Standards，简称 JAS 法）完成修订并开始付诸实施，这是一个适用于生鲜食品及水产品的品质标识标准。

（3）日本的食品安全法规自 2001 年疯牛病事件发生后有了重大改变。在政府推动下，日本从 2001 年在肉牛生产供应体系中全面引入了质量信息可追溯体系。

（4）2002 年 6 月，日本农林水产省正式决定，将食品质量信息可追溯制度当作“安全、安心信息供应计划”的一个关键环节，推广到猪肉、鸡肉等肉食产业以及牡蛎等水产养殖产业和蔬菜产业中。2002 年 7 月，日本制定了一项从饲养场到包装车间强制实施质量信息可追溯的法律，要求生产者必须用耳部标签来标记每一个动物，并记录动物 ID 码、品种、性别和生产历史等数据，建立动物“家族式”信息的登记制度。

（5）2003 年 6 月，日本国会立法通过了称之为“牛肉生产履历表”的牛肉销售履历表制度，并于 2003 年 12 月 1 日正式实施。该制度要求自 2003 年 12 月 1 日起在日本各大小超市，所有牛肉制品的包装必须附有含八大内容的履历表。这八项内容为：牛肉所属性别、出生年月、饲养地、加工者、零售商、无疯牛病、病变说明、检验合格证等。

（6）2003 年，日本政府制定并开始实施《食品安全基本法》。该法强调了食品质量安全事故之后的风险管理和食品质量安全对国民身体健康影响的预测能力。该法规定，从 2003 年起，将食品质量信息可追溯体系通过分销途径延伸到消费者环节。除此之外，日本食品质量安全管理的主要法律依据还有《食品卫生法》《农药管理法》《植物防疫法》《家畜传染病预防法》《转基因食品标识法》《屠宰场法》以及《家畜屠宰商业控制和家畜检查法》等。不仅如此，日本还制定了大量的相关配套规章，为制定和实施标准、检验检测等活动奠定了法律基础。

（7）2004 年 3 月，日本政府发布了《日本蔬菜生产履历作业方针》。5 月成立了由食品加工商和中间商共同组成的“共同生产履历中心”，以统一条码的形式从同年 12 月 1 日起开始逐项实施农产品产销履历制度。

（8）2006 年，日本全面建立农作物的产销履历制度，并已经于 2010

年将质量信息可追溯体系扩展到涵盖日本市场上的所有食品。

二、日本食品质量信息可追溯监管的机构

从2003年起，日本的食品安全管理主要由农林水产省、厚生劳动省和食品安全委员会三个机构执行。在责任的划分方面，农林水产省下设食品危机管理小组和消费者安全局两个部门，负责食品的安全性和质量。厚生劳动省下属的药品管理局和食品管理局等机构主要负责食品的流通安全。2003年7月设立的食品安全委员会，主要负责对食品安全进行独立的风险评估，审议和监督相关政策的执行情况，并在全国各地设置有为数众多的派出机构来行使相应的管理职能。日本的食品安全委员会直属内阁，是一个具有协调职能的机构，负责对风险管理的各部门（如厚生劳动省、农林水产省等）进行政策指导与监督，以及相关风险信息的沟通与公开。

日本的食品安全委员会下建立有独立的、由日本全国各地470名安全监督员构成的食品安全监督员体系。食品安全监督员须在全国范围内公开选聘，任期两年，每年将对其中50%的委员进行改选。食品安全监督员的主要职责是经过必要的培训后，在日本国民的日常生活中通过观察及时发现存在的问题，同时将相关问题信息反馈至食品安全委员会。食品安全委员会每年都要根据监督员的报告进行相关问题的调查，分区域举行有关会议，将食品安全监督员的意见、建议与相关问题的各方进行双向沟通，并把讨论的意见、结果在网上公布，以使消费者能够得到及时、充分的信息，保障消费者的知情权。

在日本，中央和地方政府都有责任对进口食品进行安全检查，中央政府主要负责在口岸对进口食品实施检查，地方政府则负责在国内市场上对销售的进口食品进行检查。厚生劳动省大臣和各都、道、府、县知事指定的食品安全检验员，负责按授权范围履行相应的食品安全检验和指导职责。依据《食品安全基本法》，日本在进口食品质量安全把关方面，可视情况采取3个不同层级的进口食品质量安全管控措施，即例行监测、指令

性检验、全面禁令（林雪玲、叶科泰，2006）。

三、日本食品质量信息可追溯监管的内容

日本食品质量安全标准分为食品质量标准和安全卫生标准两大类。日本的厚生省颁布了2000多个农产品质量标准和1000多个农药残留限量标准；农林水产省颁布了351种农产品品质规格。在日本，食品质量安全认证和《危害分析与关键控制点》认证已成为对食品质量安全管理的重要手段，并普遍为消费者所接受。日本对进口食品实行进口食品企业注册和进口食品检验检疫制度。

2003年日本新修订的《食品卫生法》规定，食品及调料的加工、制造、使用、储藏、搬运、陈列等环节都必须保证清洁卫生；禁止贩卖变质、含有害物质、被病原微生物污染或混入不卫生异物的食品；对有疾病、可能因疾病死亡的畜禽的肉、骨、奶、内脏、血液等不准加工上市；食品的包装必须卫生；食品标签和食品必须一致；食品标签的说明中不得有虚假和夸大成分。食品上市要经过严格的检查，检查人员要经专业训练并获得相应的资格证书，食品制造企业要配备食品管理员，食品管理员必须具有医学、兽医学、畜产学、农艺化学等专业知识。食品一旦发生问题，日本保健所将根据有关法令进行检查，无论哪一个环节违反规定，都要依法追究肇事者的刑事责任并处以罚款。同年，日本颁布的《食品安全基本法》确立了“消费者至上”“科学的风险评估”和“从农场到餐桌全程监控”的食品安全理念，要求国内和从国外进口的食品供应链的每一个环节都必须确保食品质量安全并允许采取预防性的进口禁运举措。

为了让消费者放心，日本在食品供应链中实施了食品标签制，建立了完善的食品生产、经营记录制度，从而保证了从食品生产到销售的每一个环节都可以实现相互追查。在日本的食品超市和菜市场，每一类食品都被打上了各种标签。日本对食品标签的要求细致入微，食品的生产日期、使用期、食品的各种成分都要详细标出。

日本的法律法规对动物及制品的可追溯性要求有：①每个活体动物的耳部都要贴有标签，采集其 DNA 样本；②将 DNA 样本编译成 10 位数字代码，并与动物的耳部标签相连接，一同存放在由农林水产省管理的数据库中，该数据库对消费者和政府都开放；③有关动物健康与饲养的信息也以同一编码记录在公共数据库中；④动物的碎肉与内脏也继续保存原有的 10 位数字编码，这些编码在整个加工、分销的各个环节中必须一直保存。不过，在食品质量安全信息可追溯体系的标准方面，日本在标识管理上还没有统一的要求，在产品和流程的可追溯标准上主要依据的是食品质量安全认证和《危害分析和关键控制点》认证。

在食品质量信息可追溯体系的实施模式方面，日本主要实施的是农协组织带动农户的模式。日本农业协同组织（农协）下属的各地农户必须记录果蔬、肉制品和乳制品等食用农产品的生产者、农田所在地、使用的农药和肥料、使用次数、收获和出售日期等信息。这些数据和更为详细的情况还要通过网络予以公布，以便消费者详细了解食用农产品的生产和流通过程。

四、日本食品质量信息可追溯监管机制的经验借鉴

（1）相关法律法规日臻完善。根据不同时期出现的新问题，日本不断修改和完善相应的法律法规。日本现行的《食品安全法》前身是 1947 年的《食品卫生法》，该法一共经过 11 次修订，其中以 2003 年的变化最大。当时，日本的食品安全事故频发，如 2000 年日本出现雪印乳品公司食物中毒和消费欺诈事件，打破了日本食品安全的神话，这些构成了日本修改法律的客观原因。而作为世贸组织的成员，日本必须履行农产品协议，但政府意欲通过绿色壁垒等来限制外国食品的进口，这就必须有相关的食品贸易技术，这是修改法律的内在原因。另外，国际社会的共识是食品不仅要卫生，更要安全。因此，日本在修改法律时改变了立法目的，将《食品卫生法》更名为《食品安全法》，就是顺应了新世纪食品安全理念发展的大

势所趋，这其实是修改法律的基础动因。

（2）食品质量信息可追溯体系实施的范围逐渐扩大。2001 年日本农林水产省决定建设牛的可追溯体系，要求肉牛业实施强制性的可追溯制度。2002 年 6 月，日本农林水产省决定将食品质量信息可追溯系统推广到牡蛎等水产养殖产业。2004 年底，日本出售的每一块牛肉均有标记相应动物来源的号码标签，牛肉来源的可追溯成为可能。同时，日本开始实施牛肉以外食品质量安全信息的可追溯制度。2005 年底，建立了农产品“身份”认证制度，对进入日本市场的农产品进行“身份”认证。2008 年 12 月 22 日，日本农林水产省宣布建立大米的质量信息可追溯体系。

（3）多方协同、制衡的食品质量安全监管体系。2003 年出台《食品安全基本法》，成立了隶属于内阁的食品安全委员会，开始实施新的食品安全行政管理体制，形成了农林水产省、劳动厚生省和食品安全委员会三方协同、相互制衡的食品安全监管体系。

第四节　发达国家食品质量信息可追溯监管机制的启示

为应对发达国家和地区对进口食品设置的质量信息可追溯贸易壁垒，我国积极引进、实施食品质量信息可追溯体系，组建了中华人民共和国国家市场监督管理机构，出台了《食品质量安全法》等，这一系列举措都标志着我国食品安全管理的加强。然而，在食品质量信息可追溯体系的建设上，由于我国开展相关食品质量信息可追溯试点的时间较晚，且食用农产品的标准化生产相对落后，因此我国在相关的监管机构体系设置、协调机制、法律规范、执行力度等多方面都还存在进一步的规范和完善之处。相较于欧盟、美国、日本等发达地区和国家较成熟的食品质量信息可追溯的监管，我国食品质量信息可追溯体系的建设和监管领域可从以下方面予以借鉴：

（1）不断完善保障食品安全的法规与标准，对现有相关部门的法规、条例、技术标准等进行清理和规范。现阶段，我国涉及食品质量安全体系建设的法律、法规体系尚不健全，缺乏相关配套的规章制度，各项强化措施未上升到法律体系建设层面，无法形成长久的有效机制，各部门对于加强质量信息可追溯体系建设的意见、规定等也可能存在类似的问题。在现阶段我国食品企业缺乏实施食品质量信息可追溯体系的激励机制，同时外部环境又没有对应的法律基础作为保障的情况下，我国食品质量信息可追溯体系的建立和完善必将受到制约。因此，我国应加大在食品质量安全法律、法规体系建设领域的工作力度，研究制定相应配套措施，为制定和实施标准、检验检测等活动奠定法律依据。

（2）明晰各部门管理职责，强化食品质量安全监督管理工作的配套与协调机制。根据新出台的《食品安全法》，国务院设立国务院食品安全委员会，“作为高层次的议事协调机构协调、指导食品安全监管工作”，而国家市场监督管理总局依照本法和国务院规定的职责，对食品生产、食品流通、餐饮服务等活动实施监督管理。但事实上，相关改革正在进行当中，相关配套的举措也处在不断完善的过程中，如何更优效地实施食品质量安全的有效监管、执法监督，还有待于进一步地明晰。因此，我国应借鉴欧盟一些国家的成功经验和做法，进一步完善相应的改革措施；强化食品质量安全监督管理工作的配套与协调机制；要逐步实行食品质量安全监督管理的资源共享、减少浪费、降低监管成本。

（3）对违规行为制定严格的惩罚措施，加强对食品生产经营者的监管。正如前文所述，在美国，生产商或销售商若被查出食品安全问题会受到严厉的处罚，还要花巨额费用召回相关食品。美国众议院通过的《2009年食品安全加强法案》对出口企业的食品安全问题也做出了更严厉的处罚规定，当有证据表明某种食品存在风险时，美国食品药品管理局不需要提出确切的证据即可要求企业自愿召回或下达强制召回令，所产生的费用均由企业承担。这种严厉的惩罚措施极大地提升了食品企业不安全生产行为的风险成本，从而逆向地激励了食品企业遵守食品质量安全规定。反观我国对违规食品生产企业的处罚，远没有达到相应的震慑程度，没有起到对相关食品生产企业的警示作用，致使一些食品生产企业始终抱有侥幸心理，游走于法律法规的边缘违规进行不安全食品的生产，我国的广大消费者始终处于不安全食品的梦魇中。显然，我国只有加大对违规食品生产经营企业的处罚力度，加强监管水平，才能从根本上改善食品质量安全水平，为我国全面建成小康社会提供有力的保障。

第五节　本章小结

本章分析了世界范围内发展食品质量信息可追溯体系较早也较为完善的三个国家和地区：欧盟、美国、日本的食品质量信息可追溯制度、监管机构和监管内容，并总结了其在食品质量信息可追溯体系监管机制方面的经验，为我国食品质量信息可追溯体系监管机制的建设提供一些启示。

（1）欧盟相关的监管经验主要包括：要求所有的食品生产经营企业者都必须建立可追溯系统，并将该项规定纳入到法律框架下，强制执行；制定了一套完整的食品安全法规体系、建立了统一的食品安全管理食物机构、形成了统一食品安全危机应急处理与预警分析的行动机制、搭建了统一和公开的食品安全信息发布平台和交流渠道。

（2）美国相关的监管经验主要包括：集中、高效、针对性强的食品安全监管体系是保障食品安全的关键；强有力的、灵活的、以科学为依据的食品安全法律体系为保障食品安全提供了法律依据；严厉的处罚规定和有效的食品来源追溯机制，对食品企业形成有力的威慑。

（3）日本相关的监管经验主要包括：相关法律日臻完善；食品质量信息可追溯体系实施的范围逐渐扩大；建立了多方协调制衡的食品质量安全监管体系。

（4）我国实施食品质量信息可追溯体系监管得到的启示是：一是不断

完善保障食品安全的法规与标准，对现有的相关部门法规、条例、技术标准等进行清理和规范；二是明晰各部门管理职责，强化食品质量安全监督管理工作的配套与协调机制；三是对违规行为制定严格的惩罚措施，加强对食品生产经营者的监管。

第八章　我国食品质量信息可追溯的管控机制构建

根据上述分析可知，与食品质量信息可追溯管理相关的利益攸关者包括食品生产者、食品加工企业以及运输、销售企业等主体，涉及从原材料生产、加工生产、运输销售直至“消费者餐桌”的全过程，因此食品产业组织体系的安全保障是食品质量信息可追溯管控的关键，规范的信息传递载体和手段是食品质量信息可追溯管控的条件，完善的信息传递外部机制是食品质量信息可追溯管控的有力支撑，而健全的信息追溯机制和信誉机制则起到良好的保障作用。为此，本研究提出从食品供给产业的组织化机制、食品质量安全可追溯信息传递的规范化机制、食品质量信息体系的完善化机制、食品质量信息可追溯体系的健全化机制以及食品质量安全的信用体系构建等五个方面，构建我国食品质量信息可追溯性的管控机制。

第一节　食品供给产业的组织化

1. 食品供给的组织化可提高供给者信息传递的积极性

(1) 食品供给组织化可有效降低食品质量安全可追溯信息传递的成本

我国食品生产、加工和销售环节普遍存在的问题是供给主体规模过小，且过于分散。在市场进入门槛费用一定的条件下，分摊到单位食品的成本就过高。比如在信息传递方面，信息采集、传播等都需要一定的基础费用，相关研究表明，若甜玉米的生产规模达到40亩，一年就能抵消认证费用（近2.6万元人民币）。但人多地少是我国短期内无法改变的基本国情，要实现土地的规模化经营难度很大。不过，规模化经营除通过土地的规模化实现外，还可以通过将农户组织起来实现，即通过组织化实现规模化，以实现整个组织的规模经济效益，从而降低单位商品进行检测、认证、宣传等传递信息的费用。

（2）食品供给组织化有利于提高产品的质量水平，激发供给者传递信息的积极性

1）组织化有利于农业技术、生产经验和营销信息的传播与应用。食品质量安全水平的提高，在很大程度上取决于农业生产环节中农业投入品的使用情况和其他技术的利用情况。如农药、化肥、饲料、添加剂等农业投入品品质鉴定、使用方法、使用程序，农业生物技术对土壤的改良等农业技术。这些技术对食品质量提高和安全保障起到关键性的作用，且使用成本并不高。但问题是，技术推广成本却非常高。目前我国农业生产，大多以单个小农户分散经营为主，农业技术推广人员需要面对千家万户的小生产单位，农技推广的成本高昂。而通过组织化，农技推广人员只需要将技术传授给农业组织中的骨干人员，或者由农业组织将分散的农户组织起来，一并传授，这样就可以大大降低农技推广的成本。与此同时，组织内部的生产大户（或骨干人员）还可以将自己掌握的生产技术和经验传授给组织内的其他成员，以提高食品的质量。另外，组织化还有利于相关部门和单位了解消费者的需求信息，进而向市场提供适销对路的产品，这样也可以提高食品供给者传递质量安全信息的积极性。

2）组织化生产有利于农户之间的相互监督，提高组织内部信息的透明度。农业经济组织，不论是专业协会、合作社还是农业龙头企业或者专业市场的基地，它们通常负责从农业投入品的购入、使用，到农产品的生产、储藏、运输乃至销售全过程的一个或多个环节。这些经济行为一般都是以组织的名义统一完成。因此，组织中的任何一个成员的不良行为都会一定程度上影响到整个组织的利益。如山东栖霞一苹果协会曾与日本一家公司签订了苹果购销合同，但在采购过程中，检测出部分苹果的农药残留超标，结果所有的苹果都被退回，整个协会当年的经济损失 200 余万元。后经查处，这些农药残留超标的苹果，来自协会内两家使用高毒、高残留甲胺磷禁用农药的农户。虽然，这两家农户为此受到了严厉的处罚，但事后的惩罚并不能弥补协会全体成员之前的损失，他们的违规行为不单使自

己受到了一定的经济惩罚，还影响到了整个协会成员的共同利益。显然，这种风险共担、利益共享的机制，将极大地增强农户之间相互监督的积极性。因为组织成员之间的相互监督具有地缘性、灵活性、随时性的特点，是一种非常有效的内部监督形式，可大大地防范组织内成员的道德风险的发生，从而有利于解决因生产者道德风险造成的食品质量安全水平下降的问题。

（3）食品供给组织化可以提高信息传递的有效性

农户不愿传递有关自身产品质量安全信息的另一个主要原因：受能力有限，农户往往不知道采用怎样的方式和渠道来传递产品质量安全信息。当单个农户被组织起来后，不论是依靠组织内部精英的推广，还是依靠组织从外部聘请人员的传授，都将有利于农户选取合适的信息传递方式与传递渠道，从而提高信息传递的有效性。

总之，食品供给组织化可以降低信息传递成本，提高信息传递的效率，以及提高商品自身的质量安全水平，并以此来激发食品供给者有效传递质量安全信息的积极性。

2. 我国食品供给组织化存在的问题

（1）思想认识不足，组建和参与农业经济组织的积极性不高

农户的认识不足。由于宣传不够，再加上人们认识能力的局限性，相当一部分农户对新型农业经济的宗旨、性质、原则及其作用知之甚少，因而参与农业经济组织的主动性、积极性不高。部分农户对新型农业经济的性质存在误解，把新型农业经济等同于传统的集体公有制经济，导致一些具备条件发展农业合作经济的农户不愿再谈论合作经济，谈“合”色变。另外，部分农户对农业生产家庭承包经营的优势认同度很高，错误地“将农户组织起来”理解为是对家庭承包经营的排斥和替代，进而对建立在家庭承包经营基础上的“农业组织化”到底能给自己带来多大的实际经济利益，尚缺乏客观的分析和判断。这在一定程度上也影响了农业组织化的推进。

政府的认识也有待提高。部分领导和基层干部对发展农村经济组织的

必然性、重要性认识不足，片面地认为农业经济组织在提高农户的组织化程度、解决“三农”问题方面的作用不大，因而仅把发展农业经济组织作为权宜之计，没有将其摆在应有的位置上。有的担心农业经济组织发展起来后有可能形成强大的利益集团，会不利于当地政府部门的管理，因而采取了一种观望、等待的态度。有的出于政绩的需要，动用行政手段将农户撮合在一起，这样形成的农业经济组织，多数是“空招牌”，缺少实质性内容。有的没有认识到发展农业经济组织的长期性和内在规律性，急于求成、拔苗助长，重数量、轻质量，农户真正得到的实惠并不多。

（2）外部制度环境不健全，组织化推进难

支持政策不完善，扶持力度不大。以典型的农业合作社经济组织为例，目前全国各省、自治区、直辖市和计划单列市等都制定并下发了扶持发展农业合作经济组织的相关政策文件，但各市、县两级具体的、可操作性强的扶持政策制定不全面、不配套，扶持力度不大。主要表现在：一是资金少。目前各级财政只对农业合作经济组织提供了极少量的资金支持，远不能满足合作经济组织发展的资金需要。二是贷款难。农业合作经济组织由于既没有其他经济组织为其提供担保，又没有什么资产可供抵押，很难得到金融部门的信贷支持。三是免税难。我国现行税收制度还没有体现出对农业合作经济组织的优惠。税法规定农户自产自销是免税的，但农户联合起来就要缴纳增值税。这不仅增加了农户的负担，而且也严重挫伤了农户创办合作经济组织的积极性。四是运输难。农业合作经济组织在往外运销鲜活农产品时，不仅要缴纳较高的过路费、过桥费等，而且花费的时间长，进入大中城市还要受到严格的限制，造成了合作经济组织运行成本高昂，效益不佳。

行政介入不当。相当一部分农业经济合作组织在兴办时有政府职能部门的背景。政府职能部门的介入表现为两个方面：一方面是农委、科协、农技站、经管站、供销合作社等职能部门和实体通过兴办合作组织以有效行使其职能；另一方面是农户自己兴办的合作经济组织也通过依托或挂靠这些部门和实体来寻求庇护和支持。政府职能部门的介入有利于农业经济合作组织降低创建成本，获得稳定的资金来源和政府优惠政策的支持。但其负面影响也相当明显：一是决策权、分配权往往掌握在介入力量手中，有违“民办、民管、民受益”的组织原则，致使组织成员对组织的认同感不强，主动参与管理的积极性不高。二是因执行政府有关目标而影响组织目标的实现，使农户利益受损。

乡土文化过重，不利于农业组织内部管理。我国的农业合作经济组织是嵌入在乡村社会里的，农民小农意识严重、保守、自由散漫，往往只顾眼前利益、不顾长远发展，打个人小算盘，集体意识淡薄，导致部分农户宁愿自己孤单无助地面对市场，也不愿加入经济合作组织。同时，农村的乡土文化也不利于组织的管理。农村是一个熟人社会，亲情、友情、宗法以及其他关系密布其间，这些关系都将构成对农业经济合作组织管理权力、管理行为的挑战，它使简单的管理变得相对复杂起来，组织成员对共同利益的关注、对公共规则遵守的自觉性，在与这些关系的权衡中往往并不占有优势。

（3）内部问题繁杂，组织化进程不畅

内部组织机制不健全。整体上看，我国的农业经济合作组织还比较落后，许多农业经济合作组织不严密、制度不健全、管理不科学、机构松散，大量的经济组织章程缺失，没有制定书面的正式章程，有的只是口头约定，这对农业经济合作组织的规范化发展很不利。一方面，广大农户渴望经济合作组织能够帮助自己发展生产，科学经营，脱贫致富；另一方面，经济合作组织却因事权不清、责任不明，加上缺乏有效的激励机制和约束机制，智者不愿干、庸者瞎指挥，组织松散、管理滞后，难以担负起组织、引导广大农户按照市场需求合理安排生产经营活动、共同面对市场降低经营风险的重任。

组织成员的文化素质不高，组织发展壮大的潜力不足。组织成员文化程度低，增加了农业经济合作组织管理的难度。我国农村劳动力文化素质相对较低，目前农民平均受教育年限不足 7 年，农村劳动力中，文盲半文盲占 40.31%，初中文化程度占 48.07%，高中文化程度的仅占 11.62%，系统受过农业职业教育的管理层大多数人综合素质不高，适应市场经济的意识和能力不强，懂技术、会管理、市场开拓能力强的复合型人才更是缺乏。这就造成组织成员缺乏现代农业技术、生物技术和新品种的种、养、加工技术，更谈不上国际技术标准、国家标准在组织内部实施和运用现代管理技术进行管理。而新技术、新工艺引入与运用的缺乏，在很大程度上又制约了农产品质量的提高。同时组织成员的文化素质低，也不利于组织采用科学规范的信息传递方式来传递农产品质量安全信息，从而制约了农户传递信息的积极性、有效性。

3. 我国食品质量安全组织化供给推进的保障

（1）创建良好的外部发展环境

农业经济合作组织内部有降低交易成本、规避市场风险、促进技术转移、形成规模经济、优化资源配置以及维护合法权益等多重功能，但拥有外部获利机会是农业组织发展的根本动因。与此同时，国际经验也告诉我们，农业组织化程度的提高离不开政府扶持。我国农民还缺乏完全自主建立经济组织的经验和能力，政府应适应经济体制转型的需要，及时调整行为取向，加强对农业组织化的扶持引导，使其快速、规范发展。

从市场经济和农业组织化自身发展要求来看，政府行为调整重点要围绕以下方面展开：

加大资金和技术扶持的力度。政府可以从两个方面对农业经济组织进行财政支持：一是加大财政资金支持。从农业综合开发资金、扶贫款等财政支农资金中拨出专款或设立专项资金，用于资助农业经济组织发展，提高其经济实力，进行技术改进、品牌培育和市场开拓等。财政每年安排一定数额的贴息补助，用于支持经济组织的生产基地、加工设施、仓储运输设施建设等。利用财政资金调节、支持企业的技术改造和新产品开发，培育规模化的原料基地，提高产品质量。二是减免税费。利用税收杠杆加以调节、引导和支持龙头企业及名牌产品的发展，对档次不高、市场狭窄的产品开发可通过税收加以限制，推动产品结构的优化升级。对经济组织新建的或新引进的、有利于农产品质量提高和信息传递的新设施、新技术、新工艺等实行投资方向的调节税。同时，加快金融改革，加强信贷支持。政府要积极协调农业发展银行的政策性金融业务、农业银行和农村信用社的信贷业务向农业经济合作组织倾斜。要进一步扩大信贷规模，改善信贷服务，简化信贷手续，解决新时期合作经济组织发展的资金要求以及农户因资金限制而造成的产品质量难提高、信息难传递的问题。

创造良好的法制环境。完善市场经济的基础性法律法规，形成各种农民经济合作组织与其他市场主体公平有序竞争的法制环境。强化农民经济合作组织作为特殊市场主体的法律保护。当前最重要的是认真组织实施好《农民专业合作社法》，修订完善《农民专业合作社示范章程》，制定农民专业合作社登记办法以及农民专业合作社财务制度和会计制度等配套法规制度。同时，要深入研究规范农民金融互助合作组织、维权性农民组织等组织形式的发起、设立、运行的法律法规，构筑市场一般主体法与特殊主体法相结合的农民组织法律制度体系，以维护和规范农民经济合作组织的发展。

（2）加强农民经济合作组织自身建设

提高农民经济合作组织成员的素质。一是，要加强对组织成员的技术培训。有针对性地加大技术培训力度，在有条件的地区逐步推行农业职业教育，兴办农业中学、农业职高、农业职业技术学院等，大力培养适用型、技术型的农业科技人才，以提高组织成员运用新技术、新工艺的能力，从而促进农产品质量水平的提高。二是，培养一批农民经济合作组织的领导者、技术骨干和营销骨干。农民经济合作组织成功的一个关键在于组织领导者的观念与能力，如果领导者能够把握住市场机会、调动起农民积极性、健全好管理制度，农民经济合作组织就会获得比较好的发展。此外，组织内部的技术骨干面对面地向农户传递提高农产品质量的技术，可以解决那些因技术不足而导致的产品质量低下的问题；营销骨干带领组织成员进行农产品检验检测、认证、商标管理、品牌创建等一系列有助于信息传递的活动，可以弥补因信息不对称而造成的农产品“优质”难“优价”带来的经济损失。

提高农民经济合作组织的管理水平。首先，要明确组织的经营目标。在市场经济条件下，农民经济合作组织的经营以盈利最大化为目标，其前提是组织利益与组织成员利益的高度一致，将对内服务与对外盈利最大化作为经营宗旨。其次，要有一个严密的管理制度。制定较为完善的组织规章制度，包括组织活动制度、民主管理制度、信息服务制度、资金积累制度、风险保障制度、利益分配制度和民主监督制度等制度体系。理顺农业组织内部各方面之间的关系，严格按照有关法律、规章的规定开展工作，规范成员的经济行为，提高组织成员之间内部监督的效率，防范成员道德风险的发生。

提高农民经济合作组织的规模化程度。农民经济合作组织创新的最终目标是要实现农业产业化组织的高效益，即充分利用规模经济，降低单位农产品生产成本。当前，在农业分散经营条件下，新时期农民经济合作组织的规模经济效益受到土地流转等因素的制约，这种制度环境的刚性约束决定了农户经营及农业产业化组织创新的基本走向。为此，农民经济合作组织自身首先要根据不同区域的资源优势，尽可能地实行跨区域联合经营和生产要素大跨度优化组合，并逐步形成生产、加工、销售相连接的行业一体化企业集团，扩大组织规模，实现规模化经营。这不仅有利于组织利用先进技术进步成果，运用先进技术工艺，还可以在“精英”人员的带动下，实现以较低的成本进行农产品的质量安全信息可追溯。同时，通过内在经济和外在经济两种途径获取的规模经济，借助于组织间的整合，还能够形成具有内部规模优势的综合经济实体，进而在信息、协调、技术等方面提供优质服务。

提高农民经济合作组织的专业化水平。专业化是现代农业组织的基本特征，是资源和要素配置利用的最佳状态。提高专业化水平，一是提高食品生产、经营的专业化。通过专业化不断实现要素的分化和重组，从而可以提高单一产品的规模化，并以此降低单一食品质量信息可追溯的单位成本；二是通过农业产前、产中、产后环节的专业化建设，推动农业生产技术的转化利用，不断提高食品质量。合作组织可以向农户供应良种、资金、饲料和疫苗等生产资料，实行产前、产中、产后的技术配套服务，采用食品深精加工和综合利用技术、节本增效技术、生物措施为中心的生态环境建设技术，增加产品的技术含量，提高产品质量。另外，在降低生产成本的同时，农业经济组织还应注重品牌建设，加大优化食品商标注册力度，着力打造农业经济组织的质量品牌。

第二节　食品质量安全可追溯信息传递载体和手段的规范化

1. 食品标签管理：规范信息传递的载体

(1) 食品标签是信息传递的有效载体

食品标签是指在食品包装容器上或附于食品包装容器的附签、吊牌、文字、图形符号及一切说明物。食品标签一方面可以给消费者以知情权，引导消费者正确选购商品，维护消费者权益；另一方面又可以帮助企业进行宣传，扩大商品销路。这不仅有利于企业掌握上游产品的信息，明晰原材料的质量；而且也有利于缓解政府管理者的信息不对称。在食品质量信息可追溯体系中，标签作为一种传递信息的手段自然也就成为了可追溯信息的有效载体。

(2) 食品标签使用不规范的原因

食品标签使用有许多不规范之处，严重影响到信息受用者对信息的掌握程度。比如标签标注不全导致信息劣势方获取的信息不全面，而标签标注内容虚假则会扭曲信息劣势方对信息的掌握，致使食品标签从“消除信息不对称”转变为“加剧信息不对称”的角色等。食品标签使用不规范的原因，既有标签使用者（食品供给者）的主观原因，也有政府监管不力和消费者识别与监督能力不强等客观原因。

主观原因：一是有些企业不了解食品标签是产品（食品）质量要求的

重要组成部分，片面地认为；产品质量只是产品的内在质量，生产的产品只要符合产品要求的标准即可，食品标签标注的正确与否（即是否符合《食品标签通用标准》），则无关紧要。同时这些企业往往对《食品标签通用标准》内容不甚了解，也没有参加过相关的培训，以致屡屡出现不符合标签标准的错误。二是部分企业只了解《食品标签通用标准》的内容，但对该标准执行中涉及的相关法律、法规以及强制性标准不够熟悉；没有建立起以产品标准为核心的有效的标准体系；缺乏企业内部各部门之间以及企业与外部相关部门之间的信息沟通。三是随着市场竞争愈来愈激烈，为使产品能被消费者关注，一些企业特别关注产品的卖点，对食品标签的“广告效应”寄予“厚望”。为了追求经济效益，有意在食品标签标注上、产品宣传上、产品图案上违反《食品标签通用标准》，扭曲产品的质量安全信息，加剧了消费者与食品供给者之间的信息不对称，从而误导消费者的选择。由此可见，对不规范使用标签的食品供给者，一方面要加强宣传，使更多的供给者了解标签对宣传食品质量信息和提高产品竞争力的作用，减少前两种行为的发生；另一方面则要加大对明知故犯型企业的惩罚力度，使其违规的成本大于其从中获取的收益。

客观原因：一是政府宣传不够、监管不力。目前，我国还没有专门针对食品（尤其是生鲜农产品）标识的法规，与食品标签相关的法规是食品标签标准。我国食品标签有两大强制性国家标准：GB7718 - 2004《预包装食品标签通则》和 GB13432 - 2004《预包装特殊膳食用食品标签通则》。由于宣传不力和食品供给者自身的特点，标签使用者（尤其是分散的、规模较小的生产加工者）不能全面了解这些法规，导致不规范使用标签的现象出现。而且政府对不法企业不规范使用标签的惩罚力度不够，对违法者多是简单的警告和进行数额不大的罚款，很少去追究其他违法违规责任，导致企业仍有利可图，从而变相地激发了其违法的冲动。二是消费者识别和监督能力不强。消费者是标签最大的受用者，消费者可以从食品标签中获取大量的信息，包括产品的生产厂家、日期、地点、营养成分、致敏情况等信息。食品标签是食品供给者直接将产品信息传递给消费者最直接的载体或形式。但是目前多数消费者，尤其是那些文化水平不高、年龄偏大、收入水平不高的消费者对食品标签的关注很少。他们几乎不知道食品标签上规定应该标识哪些内容，以及如何标识才属于规范标识，因而无法识别不规范标签，更谈不上对其进行监督。消费者监督能力不强也加剧了企业违规使用标签的原始冲动。

（3）加强食品标签管理的对策建议

1）规范食品企业的行为。标签使用不规范是食品企业的行为，因此，治理首先要从企业自身着手，应让企业意识到一个企业要在市场中取胜，除了其产品质量要有竞争力外，最直接的方式是把自己优质产品的信息传递给消费者，而标签就是最简单、最直接、最便宜的信息传递方式。企业管理者还应该了解到产品的标准化不单单包括工艺和质量的标准化，同时还包括标识的标准化。所以，企业一定要规范、准确地使用食品标签。

企业要树立“诚信是创立品牌的基本要求，也是决定一个品牌能否持续赢得市场的重要因素”的理念。为了创立品牌，企业应当做到：要真诚面对公众，品牌不是吹出来的，吹出来的品牌也许能流行一时，但无法持久地赢得消费者。要暂时放弃眼前利益，调整好短期利益与长远利益的关系。

2）加强培训和宣传。一是加大对企业的宣传与培训。食品企业标准化服务网定期对相关企业的各级人员进行培训，树立以人为本，诚信经营的理念；使企业领导能够充分认识到食品标签的重要性，理解食品标签是产品质量的一个组成部分，如果食品标签标注的不正确，该产品则为不合格产品。对于不规范使用食品标签并造成严重后果的企业，应给予必要的惩处。同时，加强企业的法制教育和诚信经营理念培训，使其逐步走上规范化经营的道路。二是加大对消费者的宣传与培训。消费者是食品标签的最终受用者，也是监督者。加大消费者的宣传和培训，目的是让更多的消费者了解食品标签的相关标准与法规，使其了解规范的食品标签应该标识哪些内容，以及如何标识。对消费者的教育和培训可以采用大众媒体的形式，如电视、广播、网络、报刊、杂志等，通过这些形式的宣传，增强消费者识别违规标签的能力，使消费者不仅能够更好地从食品标签上获得产品质量安全方面的信息，而且也可以更好地促使消费者行使其食品的选择权和监督权。

3）建立食品标签审查制度。建立企业内部的食品标签审查制度，使食品标签从设计到定稿的整个过程都处于受控状态，从而在企业内部形成层层把关的机制；充分利用人力资源——企业标准化人员的优势，有效地控制差错，对出现的问题及时予以纠正。食品标签审查在加强内部控制的同时还应积极利用行业标准化协会的资源优势，建立由行业标准化委员会作为第三方的审核制度，以规范食品的标签管理。

4）加强市场监督管理。政府职能部门应加强监督管理的力度，建立食品标签的监管、规范机制，增加失信成本，让失信成本远远高于诚信成本。对于失信者，通过报刊、电视、广播等大众媒体，向社会公众曝光。对于绝大多数讲诚信的企业，应广泛宣传，形成信息对称，不让诚信企业因信息不对称而增加诚信成本。

5）完善食品标签法规。在《预包装食品标签通则（2004）》的基础上进一步完善食品标签的管理，除在形式上规范相关标准外，在内容上还应增添营养标签和过敏标签。除对预包装食品进行严格的标识管理外，针对大多数鲜活农产品、大宗农产品难包装的特点，也需制定无包装或简易包装的农产品进行标识的办法和规定，如对鲜活农产品进行挂牌标识等，加强对这部分农产品标识监管的力度。

2. 食品广告管理：规范信息传递的手段

（1）食品广告是信息传递的有效手段

广告是当前广泛传递信息的一种最主要的手段，每天遍布在电视、广播、网络、报纸、杂志等媒体上大大小小的广告，都是在向人们传递着各种各样的信息。食品也需要广告，通过广告让更多的消费者了解到产品真实的质量水平，这样不仅可以让消费者了解到更多的产品信息，缓解消费者与食品供给者之间的信息不对称，还消费者以知情权；而且还可以大大保护优质食品供给者的利益，防范因逆向选择导致的“劣币驱逐良币”的现象。因此，真实、规范的广告就成为传递食品质量安全信息最有效的手段之一。

（2）食品虚假或不良广告出现的原因

1）广告主唯利是图、广告从业人员职业道德素质低下。人总是追求自身利益最大化的理性人，这在经营者身上表现得尤为明显。利益的驱使会导致广告主（食品供给者）蓄意制作虚假广告。如一些企业急功近利，无视法律规定，为了达到“低投入、高回报、快回报”的目的，甚至不惜伪造、提供虚假证明文件，采取大范围、高密度广告宣传的手段，肆意夸大产品性能，扭曲产品信息，以追求轰动效应，牟取暴利。同时部分广告从业人员职业道德素质低下，缺乏行业自律性，为了实现自己的利益，没有认真审查广告的真实性，以不正当手段谋取利润。部分广告人的道德素质低下，已成为当前虚假广告滋生的重要原因，阻碍了广告业的健康发展和广告功能的正常发挥。

2）管理体制不健全，广告经营与发布混为一体。目前我国的广告管理与国际通行的广告管理机制不同。许多国家规定，广告在发布前要经过权威的广告审查机构严格的审查，审查合格后才能发布，而我国实行的是广告审查事后监督管理机制。这种广告审查管理的事后监督机制在实际运行中存在诸多问题：首先，广告审查权下放给广告媒体，由媒体进行审查，容易给虚假广告发布以可乘之机；其次，广告内容的审查和发布混为一体，媒体既是广告信息的发布者，又具有对广告进行审查的权力，在这种“既当运动员，又当裁判员”的广告管理机制下，媒体一旦受经济利益驱动，在审查、发布广告时就有可能见利忘义，使得广告审查功能形同虚设；其三，虚假广告产生后，媒体与广告监督管理部门又往往因责任不清而相互推诿，使虚假广告无法及时得到查处，为虚假广告的泛滥提供了机会。

3）广告管理机构与监管人员跟不上广告业发展的需要。从目前情况看，虽然我国县以上各级市场监督部门都设立了专门的广告监督管理机构，但普遍存在人员数量不足、素质不高的情形，使广告管理的法规得不到及时有效的贯彻，许多虚假广告无法及时依法查处；有的则仅仅“以罚代法”，未能起到惩前毖后的作用。广告监督管理人员不足也导致了广告管理的被动局面，往往是出了问题才去查，从监管程序上看，难以做到有效的事前防范与严格的过程控制，形成了广告业头痛医头、脚痛医脚被动监管的局面。

4）消费者方面的原因。首先，市场信息的主动权常被生产者与销售者掌握，消费者处于被动地位，往往成为企业广告“轰炸”和促销手段的牺牲品。其次，消费者缺乏自我保护意识，对有关法律法规没有认识清楚，对广告缺乏辨别能力；而且维权意识薄弱，发生问题后往往不积极投诉和索赔。再者，某些消费者存在“逆选择”心理，很容易被企业的虚假广告所吸引而上当受骗。

5）有关广告的法律法规不完善。《广告法》和《消费者权益保护法》对于虚假广告的处罚缺少具体明确的实施细则，对于执法有一定的难度，而且配套的法律法规更少，这让不少虚假广告者逃脱惩罚，从而更加放肆地实施虚假广告行为。

（3）加强食品广告管理的政策建议

1）改革现行的管理体制，对广告管理者加强监管，预防权力寻租。虚假违法广告愈演愈烈，监管不力是一大原因。政府应该加强对广告管理者的监管，赏罚分明，对权力寻租者，除了给予道德谴责、纪律处分和法律制裁外，还要加强经济处罚，使其得不偿失。如果权力寻租的成本大大高于收益，那么权力寻租就不会发生。因此，治理虚假广告的根本在于改革现行管理体制，建立一套有效的监管体系。

首先，要对现行管理体制进行改革，将广告的设计、制作、代理和发布各环节的管理权集中在市场监督管理机关，由他们严格依照《广告法》对广告行为进行全程跟踪和系统管理，推广广告发布前审查制度，建立集有效的事前防范、严格的过程控制与及时的事后查处于一体的完善的监管体系。

其次，要健全各级市场监督管理部门的广告监督。管理部门机构要配备足够的管理人员，并提高管理人员素质，使广告管理的法律法规得到及时有效的贯彻。

最后，市场监督管理机关的广告监督管理部门应该加强广告法规的宣传教育，使广告活动的有关责任主体进一步确立法制观念，使广告经营者、用户和消费者认识到，制作、发布虚假广告是违法行为，必然会受到法律的制裁，从而教育广告主和经营者自觉依法从事广告活动，要启发广大消费者勇敢地运用法律赋予的权力维护自己的权益，积极同虚假广告的侵权行为作斗争。

2）加重处罚，提高虚假违法广告的违法成本

惩罚虚假违法广告主。虚假违法广告屡禁不止的根本原因是巨大的利益诱惑，要从根本上遏制虚假违法广告的产生，就一定要加大经济处罚力度，让不法广告主得不偿失。目前，我国对虚假违法广告的实际处罚力度偏小，相较于广告主获得的广告收益而言，这点罚没金简直是九牛一毛。对于违法广告，美国往往要求经营者作更正广告。为真正达到更正广告的目的，让受骗的消费者知道广告真实的一面，更正广告必须符合以下要求：刊登时间不少于一年；成本不得少于原广告的四分之一；针对原广告中虚假不实部分进行揭露。我国的《广告管理条例施行细则》中也有类似规定，但实践中极少执行。同时，还可以仿照国外实行集团诉讼制，受骗的消费者不需要每个人都去起诉，只要有一个人赢得了官司，这个判决就适用于所有受害者，可以获得同等赔偿，这就等于给消费者一把尚方宝剑，对不法广告主杀伤力巨大，输掉一场官司，要赔的钱就是天文数字。

惩罚虚假违法广告人。媒体握有话语权，有着特殊地位。但依据《出版管理条例》第五十六条规定，可以由出版行政部门对媒体刊登虚假违法广告的行为予以处罚，如责令限期停业整顿、没收违法所得、罚款（违法经营额 1 万元以上的，并处违法经营额 5 倍以上 10 倍以下的罚款；违法经营额不足 1 万元的，并处 1 万元以上 5 万元以下的罚款）；情节严重的，可吊销许可证；触犯刑律的，依法追究刑事责任。不过，到现在为止媒体因刊播虚假违法广告而受重罚的例子十分罕见。同时，为防止广告主为媒体

罚款“买单”，对媒体的处罚不能只是罚款，而要做出一些广告主无法替代的处罚，如在各种评比、评优、考核中，把广告经营是否守法列为考核的重点指标，对问题严重、影响恶劣的媒体一票否决。对伪造广告合同的行为，可比照同级别媒体同类广告费用的上限进行处罚。

惩罚虚假广告的代言人。广告代言人一般是名人或明星，他们有着众多的“粉丝”，有着广泛的号召力和社会影响力，人们也往往认为他们具有良好的道德水准和高尚的人格，对其特别信任。因此，名人明星代言虚假违法广告的欺骗性更大、影响更恶劣、后果更严重，虚假违法广告的代言人无疑是不法广告主的帮凶。在国外，明星代言虚假违法广告，不但要罚款，还可能入狱。美国要求形象代言人必须是其所代言产品的直接受益者和使用者，否则会被重罚。法国电视主持人吉尔贝就曾经因为做虚假广告而锒铛入狱，罪名是夸大产品的功效。

3）充分发挥各级广告协会作用，实行行业自律

首先，各级广告协会应担负起对广告活动主体自我约束、自我管理的任务。加强行业自律来治理虚假广告，从建立正常的广告活动秩序出发，制定广告业的职业道德和从业准则，将禁止虚假广告的内容贯彻其中，明确规定对违反这些行为规范的会员，由协会给予相应处分，直到取消其会员资格，这样就能在行业内形成对虚假广告的强大压力。

其次，有条件的地方，广告协会可以牵头成立广告审查委员会。委员会可由广告管理人员、广告行业组织、广告经营单位和政府有关部门联合组成，日常工作由广告协会负责实施。这样把广告事后监督管理变为广告发布的事前、事中、事后全过程的监督管理，这将有效地净化广告环境，杜绝虚假广告的发布。

4）充分利用社会监管力量，鼓励全民参与。虚假违法广告泛滥成灾与每个人疏于监管不无关系。因此，必须创新社会管理体制，整合社会管理资源，提高社会管理水平，充分鼓励扶持各种社会自治性机制发挥作用，从而形成一种社会管理的氛围。建立一个全民监管体系，公布举报方法，为举报者保密，实行举报有奖，让虚假违法广告如“过街老鼠，人人

喊打”。虚假违法广告的受害者举报，一经核实，可先期获得赔偿。鼓励消费者拿起法律武器维护自身的合法权益，为受害者提起的诉讼提供各种援助。

5）建立长效监管机制，巩固治理效果，减少重复治理成本。如广告业务承接登记、审核、档案管理督察制度；广告信用监管制度，对有“前科”者重点监测，再犯重罚；广告活动主体退出广告市场制度，情节严重者取消其广告发布资格；终生追究制度，虚假违法广告任何时候被查出，都要受到处罚；建立虚假违法广告曝光制度，让违法者闻风丧胆；进一步完善广告代理制度等。

第三节　食品质量安全可追溯信息有效传递的外部机制

1. 食品质量安全信息体系是可追溯信息有效传递的外部机制

食品质量安全信息体系是指从事食品质量安全信息工作的机构、人员、信息资源、信息基础设施和信息技术等要素构成的系统整体，包括食品质量安全信息发布体系、风险收集与交流体系、信息咨询服务体系。其主要功能是完成食品产地环境、农业投入品使用、食品生产、加工、运输、储藏、消费等从“田间地头”到“餐桌”各个环节的信息的收集、加工、传递、反馈与利用以及食品质量安全风险信息的收集、交流和食品质量安全信息的咨询服务。

1）信息发布体系有利于保障消费者的知情权、选择权和监督权。食品质量安全信息发布体系，主要是发布食品质量安全总体趋势信息、监测评估信息、监督检查信息（含抽查）、食品质量安全事件信息以及其他食品质量安全监管信息。这些信息，尤其是检测评估信息、监督检查信息和食品质量安全事件的发布，让消费者可以了解到多数食品的品质和安全情况，较好地维护消费者的知情权。

消费者只有在拥有知情权的基础上，才能更好地行使选择权。当消费者了解到某种或某类产品出现质量安全问题（如质量不符合标准等）时，消费者就会压低价格，或减少消费，甚至不再消费该类产品，从而利用价格机制将劣质食品驱逐出市场。消费者手中的选择权可以大大促进食品市场“优质优价”机制的形成，并能有效地鼓励和监督优质食品供给者的行为，逐渐提高整个食品市场的质量安全水平。

2）风险信息收集和交流体系有利于对潜在风险的防范与治理。风险信息收集与交流体系使消费者和食品质量安全管理者能够及时获得与食品质量安全相关的风险信息，减少食品安全风险发生的概率，防范和阻止危害的持续扩张蔓延，从而将由环境和新技术等不确定性因素造成的危害减少到最小，切实保护消费者的生命安全。同时，在食品质量安全问题趋于全球化的今天，通过扩大区域间、国际间的食品安全风险信息交流，加强消费者、生产经营者和管理者等利益主体之间的有效沟通，可提前发现不安全食品的相关信息，提高风险防范能力，并较快地了解和利用其他地区防范和治理该风险的措施，进而提高我国食品质量安全风险管理的效率。

3）信息服务体系有利于为各利益主体提供信息咨询和服务。信息的匮乏是导致我国食品质量安全水平不高的一个主要原因。食品质量安全信息服务体系就是要为食品生产者、加工者、经营者（销售者）、消费者、管理者提供食品质量安全新科技、安全优质投入品、食品标准、食品认证、食品质量安全管理法律法规以及国外食品标准、认证和技术贸易壁垒等相关方面的信息咨询和服务。

食品供给者可以利用该体系经济、方便地查询国内外食品技术、标准、认证、法律等方面的信息，并可以得到专业人士的指导，在提高食品质量、取得认证资格的同时，增加自己的收益；消费者可以便捷地了解到无公害食品、绿色食品、有机食品等优质认证食品应该达到的质量安全标准，及认证食品标志使用的期限和识别方式，优质传统食品的种类及识别方法等方面的信息，以便有效地识别优质食品。同时，通过食品消费知识的增加，消费者还可以充分发挥其监督和裁判作用，减少食品市场上假冒伪劣和鱼目混珠现象的发生。食品质量安全的管理者也可以通过该体系实现部门之间信息的共享，以便更好地行使其市场管理和监督职能。

2. 完善食品质量安全信息发布体系

（1）信息发布体系的内涵与构成

1）信息发布体系的内涵。食品质量安全信息发布体系是指由相关职能部门负责的，用以发布于初级食品及其加工品种植、养殖、生产加工、运输、储存、销售、检验检疫等过程中监测获取的涉及人体健康信息的系统。其发布的信息应包含食品产地环境信息、农业投入品信息、初级食品信息及其加工品的信息；所涉及的环节，除食品生产环节外，还应包括食品加工和流通环节。

2）信息发布体系的构成。信息发布体系可以分为信息采集加工系统、信息发布传播系统和信息监督系统三部分。

信息采集加工系统。信息采集系统是整个食品质量安全信息发布系统的基础和信息流动的源头。食品质量安全信息的采集必须依靠食品检验监测体系获取相关的监测数据，包括对食品、农业投入品和产地环境进行监督检查、例行监测、抽样检查的数据，这不仅涉及食品生产环节的信息，还覆盖到食品运输、加工、储存、流通等环节中的质量安全信息。信息采集上来以后，要按照时间、品种、所处环节以及影响大小等标准对信息进行分类处理，以便信息的传播与利用。

信息发布传播系统。作为食品质量安全信息发布体系中的重要部分，信息综合发布传播系统的主要功能是对来自各级检测机构的食品质量安全信息进行汇总、整理、分析、发布，并深入传播。通过建立统一、权威的信息发布标准及发布渠道，制定适合本地区的食品质量安全信息发布办法，推动质量安全信息发布规范化，确保发布信息的客观公正。同时，要利用大众媒体，加大传播的广度和深度，使信息的覆盖面更广，影响面更大，利用更充分。

信息监督系统。信息监督系统是指发挥社会组织和消费者等其他非政府组织机关的力量，进行食品质量安全信息的收集和发布，形成与政府监管相补充的信息发布体系。在发挥政府监管作用的同时，还要充分发挥民间监管的积极性。为此必须完善基层食品质量安全信息监督网络，充分发挥各级消费者协会、食品行业协会及其企业自检的作用。

（2）完善信息发布体系建设的财策建议

1）加强食品质量安全信息采集能力建设

加大资金投入力度，增强信息采集能力。加大对食品质量安全检测设备的投入，添置先进仪器，更新落伍仪器；增加对技术人员进行基础应用技术的培训投入，加大对业务、法规、标准、计量的培训力度；加大对食品质量安全研究的投入力度，规范实验室的管理和测试过程，建立食品质量安全检测实验室质量控制规范，提高实验室的管理水平和技术能力；发展多种农药、兽药残留的一次检测、快速检测、专用检测技术；完善食品添加剂、饲料添加剂、违禁化学品检验技术；开发食品中新出现的重要人畜共患疾病病源检测技术。

整合现有的监测检测资源，完善食品检测体系。根据合理布局、重点投入、满足工作需要的原则，整合现有的监测检测资源，对当前各食品质量安全监管部门委托授权的食品检验、监测机构的资质实行统一认证，构建权威的食品质量安全监测检测评价体系，全面开展食品质量安全评估，切实解决重复检测造成的成本高、存在监测空白和盲区的问题，尽快形成层次清晰、布局合理、职能明确、反应快捷的食品质量安全检验检测服务体系，为食品质量安全管理工作和农业贸易活动提供技术支撑。

加强国际食品质量安全信息采集。首先，充分发挥驻外机构和驻外人员的信息收集作用，形成较为完善的信息采集网络，其次，重点关注世界卫生组织、世界粮农组织、欧盟委员会等权威组织发布的食品质量安全动态信息，积极参与国际农业、食品信息标准规则的制定，加强国际信息与技术交流，并承担相应的责任。

2）规范信息发布的内容。食品质量安全问题涉及的范围非常广泛，为了满足多方面的需求，体现权威性，食品质量安全信息的内容要全面、完整。内容应主要包括：①产品质量抽查、投诉信息。对于日常消费品，应定期进行抽样检查，并将检查结果全面、及时披露。②产品质量检验报告。这些化验、检测报告是市场监管信息的重要组成部分，因此必须披露。③重大事故调查处理报告。公开的内容应包含：事故发生的详细经过、事故发生的主要原因、对有关责任人的处罚、主要教训及整改措施等。④国外重要的食品质量安全信息。信息发布主要应该包含：重大的国际食品安全事件信息；国外与食品安全有关的标准、政策信息等。

3）加强职能部门网站建设，拓宽信息发布的渠道

建立“食品质量安全”专栏。随着食品质量安全问题的频繁发生，“食品质量安全”已经成为了人民群众关注的“公共热点问题”。食品质量安全专栏的设立，有利于消费者更详细地了解食品质量安全事件的始末。

明晰信息类型。根据信息发布的内容设定信息点击类型，使消费者可以从中查询到准确、及时、全面、透明的食品质量安全信息；生产者可以掌握食品质量安全政策、法规，获取准确、及时的市场引导，享受便捷、高效的政府管理服务；监管部门在开展食品监测、监控、监管时得到良好的信息支持，实时监控食品质量安全信息流动和经营主体行为。

4）理顺食品质量安全监管体制，形成权威、高效的信息发布主体

从纵向配置来看，实行中央管理机构垂直一体化监管模式，逐步形成以中央信息发布为主，地方发布为辅的信息发布主体。由中央政府承担食品质量安全监管的主要任务，地方政府负责溢出效应相对较小部分的监管。

从横向配置来看，重新划分监管权限，明确责任，形成权威、高效、统一信息发布主体。首先，把监管权力条理化，使得每个行政部门在权力运用时都有自己的“轨道”，在信息发布时不至于出现相互矛盾、相冲突的情况。其次，整合食品质量安全监管资源。在赋予市场监督管理局综合监管权力的同时，取消与其职能相矛盾的其他部门的相关职权，或者成立更高级别的统一监管机构，在更高层次上整合食品质量安全监管资源，从而形成权威、统一、高效的信息发布主体。最后，建立统一的信息发布平台，实现监管信息互联互通和资源共享，解决多头发布、相互矛盾、误导

消费者、影响政府权威的问题。

5）加强信息发布的立法建设。食品质量安全信息发布体系是使食品质量安全有关的信息及时与公众沟通的一个重要方面，是建设民主法制社会的一个重要内容。但有了信息发布体系，不等于地方或部门食品质量安全管理工作就会更透明，必须加大法律和相应措施保障的力度。政府在对生产企业进行检查和监督过程中必须认真履行对企业的监督检查责任，全面准确地收集信息，对于确是属于商业秘密的，应该加以保护，只要不涉及真正的商业秘密，就应该向公众披露。如果政府有关部门对应该获取的信息未能及时获取，或者对应该披露的信息未能及时披露，则应承担相应的责任。

3. 构建食品质量安全风险信息收集与交流体系

（1）风险信息收集与交流体系可有效矫正风险信息的不对称

长期以来，我国对食品质量安全的监管强调事后处理，缺乏预防性手段，对食品质量安全现存及可能出现的危险因素不能做出及时、迅速的控制。因此，有必要建立一套评价和降低食源性疾病爆发的新方法，同时加强对与食品有关的物理、化学、微生物及新的农产品相关技术等方面危险因素的评价，并逐步建立起我国的食品质量安全风险分析预警体系。

作为风险分析体系的重要组成部分，食品质量安全风险信息收集与交流体系能确保消费者及时获得与补充与食品质量安全相关的众多信息，增加消费者对风险信息的了解，减少食品风险发生的概率，防范和阻止危害继续扩张蔓延，切实保护消费者的生命安全。同时，在食品质量安全问题趋于全球化的今天，通过扩大区域间、国际间风险信息交流，加强消费者、生产经营者和管理者等利益主体之间的有效沟通，可提前发现不安全食品的相关信息，增强食品供应链主体之间信息的透明度，提高风险防范能力。

（2）食品质量安全风险信息收集与发布体系建设经验借鉴及建设重点

1）国外经验借鉴。总的来看，以科学为依据的风险分析已成为发达国家食品质量安全信息制度和体系建设的基础。食品质量安全风险信息收集和交流体系在风险分析体系中发挥了重要的作用。食品质量安全信息管理部门不仅在国内与其他监管部门、受监管企业、消费者等群体进行信息交流和协作，而且在国际范围内与国际相关组织和其他相关国家和科研机构进行风险信息交流与合作。欧盟在《食品安全白皮书》中提出了建立一个统一的欧盟食品安全权威机构的设想，为欧盟范围内各国间的食品质量安全管理建立统一决策、交流和合作的平台。欧盟的这种作法，对在我国这种地域广阔、内部差别大的国家实现全社会范围内的食品质量安全目标具有积极的指导意义。

2）我国建设的重点。①尽快确立完善的进出口有害生物的风险分析体系、潜在危害的风险预警体系，真正把有害物质拒之门外。同时建立起覆盖全国各省、市的食品质量安全风险评估和预警体系，有效地预防和控制潜在危害的爆发，通过有效的风险管理把风险控制在可接受的范围内。②建立食品污染物数据库信息系统。食品污染物数据是控制食源性疾病危害的基础性工作，是制定国家食品安全法律、法规、标准的重要依据。建立和完善食品污染物监测网络，有效地收集有关食品污染信息，有利于开展适宜的危险性评估，也为创建食品的预警及快速反应体系提供数据支持。③建立由政府统一指导管理，各部门既分工又协作的覆盖各省市的污染物及疾病疫情报告和监测体系，在各个生产环节设点布控，有计划、有重点、经常性地进行安全卫生监控和评估，对早期发现的潜在隐患、可能发生的突发事件及时报告。④建立由国家市场监督总局负责风险分析权威机构，通过信息分享机制，统一分散在各个职能部门的信息，借助于污染物及疫病疫情报告和监测体系，进行食品质量安全的风险评估和交流。同时建立起预警及快速反应体系，提前消除由于食品中的有害因素所造成的危害。⑤建立全社会范围内、包含了各种利益相关主体的食品质量安全风险信息交流体系，这是有效实施食品质量安全制度的基本保障。

（3）我国食品质量安全风险信息收集与发布体系建设的对策

1）加强信息源建设，确保信息的数量和质量。食品质量安全风险信息采集与交流体系采集的信息主要来自于通过检验检疫、监测、可追溯体系、市场检查获取的信息，国际组织和国外机构发布的信息，国内外团体、消费者反馈的信息等。为确保信息的准确、及时、全面，必须加强信息采集源的建设。为此：①要建立和完善食品污染物和疫病疫情监测体系，制定监测计划，科学分析、综合评价监测数据，对早期发现的潜在隐患、可能发生的突发事件及时报告。②要建立食品有害污染物和疫病疫情应急报告制度，及时采集来自消费者举报和医疗机构、食品检验检疫机构汇报的风险信息，并重点关注世界卫生组织、世界粮农组织、欧盟委员会等权威组织和其他相关国家发布的农产品安全动态信息。③要建立公开、通畅和高效的信息报告系统，保证来自不同部门的风险信息被准确、快速地传送到食品风险分析的权威机构。

2）加强与完善信息发布与交流平台建设，提高风险信息的利用效果，防范风险的发生。食品质量安全风险信息交流体系的主要职能是把风险分析机构和其他职能部门的风险预警信息和风险管理措施及时通告给各利益相关团体，提醒各利益相关团体采取必要的防范措施，并就整个风险分析过程进行持续的相互交流。因此，必须加强风险信息交流平台的建设。第一，要建立一套完全公开化、透明化的消费者组织、中介组织、企业和政府间沟通的机制，强调公众参与和不同部门间的风险信息交流，规范风险分析程序，并使风险评估结果透明化。第二，要通过食品质量安全信息发布平台，及时将风险预警信息发布出去，并建立风险信息交流的网络平台，链接各职能部门，建立统一、协调和高效的食品质量安全管理体系，以实现决策的科学化和实用化。第三，要使消费者关注食品质量安全，关注国家的食品质量安全政策，就必须建立透明公开的政府工作方式，及时向他们传达和通报相关的风险信息，鼓励其广泛参与风险信息的报告、政策措施的制定和实施过程，同时消费者需要得到及时的食品安全危机的信息和特定团体对特定食品风险的信息。第四，要充分发挥中介组织的作用。要充分发挥各类行业协会、消费者协会、国际相关组织、新闻机构和其他各种信息服务组织的监督评价和信息传播等作用，帮助消费者提高对食品质量安全的有效认识，降低他们所面临的食品质量安全风险。第五，要加强与国际相关组织和其他贸易国家的交流与合作。

4. 健全食品质量安全信息服务体系

（1）信息服务体系可以满足信息劣势方主动消除信息不对称的需要

作为食品质量安全信息体系的一部分，信息服务体系就是要在管理者、生产者、经营者和消费者之间建立有效的信息查询、咨询、反馈机制，满足整个利益相关主体的信息需求，消除或削弱他们之间的信息不对称，增强各利益相关主体的食品质量安全意识，掌握相关的知识，提高食品质量安全建设的自觉性。

与信息优势方主动传递信息不同的是，信息服务体系为信息劣势方提供了一个主动去搜寻、查询和咨询信息的平台，可以在该体系中查找到自己需要的各种与食品质量安全相关的信息。①生产加工者通过对国外食品质量安全法律法规的查询，可以减少供给商因对国外法律法规知识信息的匮乏而产生的贸易壁垒，并通过对农业投入品和产地环境的标准要求，加工、运销等环节的技术标准的查询、掌握，减少他们因信息匮乏导致的食品供给不达标的可能。②消费者也可以了解到不同等级的食品应达到怎样的标准，以便更好地消费和监督。同时也可以掌握一定的食品质量安全科普知识，缓解了消费者对食品质量信息的缺失，提高其食品质量鉴别能力，矫正消费者与食品销售者之间的信息不对称。③管理者通过查询，掌握食品质量安全法律、法规、标准等相关信息，缓解因信息不对称导致的监管效率低的问题。

（2）我国食品质量安全信息服务体系建设的重点与对策

我国食品质量安全信息服务体系建设才刚刚起步，建设的重点应主要放在食品标准库建设、专家咨询库建设、相关技术建设、法律法规建设等方面。

1）食品标准库建设。食品质量标准是食品质量安全信息查询的主要内容。

从涵盖的种类来看，食品标准库应包括食品产地环境标准、农业投入品使用与质量标准、生产加工工艺、食品质量品质标准、各项食品认证标准等。

从标准覆盖的范围来看，食品标准库应包含国际标准、区域标准、国家标准、行业标准、地方标准和企业标准，要加大对这些标准收集与整理的力度。具体而言，这六类标准涉及：①国际标准。由国际标准化或标准组织制定，并公开发布的标准是国际标准。ISO 批准发布的标准是目前主要的国际标准。ISO 认可的一些国际组织，如食品法典委员会（CAC）、世界卫生组织（WHO）等制定发布的标准也是国际标准。②区域标准。区域标准是由某一区域标准化或标准组织制定，并公开发布的标准。如欧洲标准化委员会（CEN）发布的欧洲标准（EN）就是区域标准。③国家标准。国家标准是由国家标准团体制定并公开发布的标准。如 GB、ANSI、BS、NF、DIN、JIS 等是中、美、英、法、德、日等国国家标准的代号。我国的国家标准由国务院标准化行政主管部门制定。如药品国家标准、食品卫生国家标准、兽药国家标准、农药国家标准等。④行业标准。由行业标准化团体或机构发布，在某行业的范围内统一实施的标准是行业标准。⑤地方标准。地方标准是由一个国家的地方主管部门制定并公开发布的标准。⑥企业标准。一些大企业内部适用的标准。

从标准使用的时间来看，应及时跟踪和更新数据库的内容，以便食品供给者、消费者和管理者查询使用。伴随着时间的推移和科学技术以及经济的发展变化，标准体系也不断发展和变化。因此，标准化信息库的建设也要及时跟踪与更新。

2）专家咨询体系建设。加强食品质量安全管理中专家咨询体系的作用，开发各种专家系统和数据库，为信息受用者提供各种信息咨询服务，以缓解信息优势方与信息劣势方之间的信息不对称程度。

首先，要使专家咨询工作常态化、制度化，加强政府管理部门和科研院所、行业协会之间的广泛合作，尤其是在食品质量安全管理系统重大课题攻关、食品质量安全风险分析、风险评估、危害预测等方面。为信息需求者提供一个可以向专家直接咨询的平台。

其次，针对食品质量安全信息化管理工作中若干关键环节，由政府部门提供专项经费，利用科研院所的科技、人才优势，组织科研人员和专家进行专项攻关和研究。比如，针对食品生产阶段因动植物保护引起的食品污染问题，组织专家对生产者进行定期辅导和对生产地进行定期监测，并在专家咨询体系的基础上，开发应用于各种食品质量安全生产相关环节的专家系统，替代专家为相关用户提供技术指导；在国际通行规范采标方面，可组织专家对《良好的生产规范》管理体系、《危害分析及关键控制点》食品安全认证体系等国际上广泛采用的规范进行研究分析，找出我国现行规范与之相比存在的差距，并吸收其合理之处，积极向国际通行规范靠拢；在质量认证方面，组织有关方面专家，成立食品质量认证委员会；在建立突发事件的快速反应体系中，吸纳相关领域的疾病诊断专家、流行病学专家、兽医专家和律师等组成紧急预案制定专家组；以及安排专家参加国际食品会议，进行信息交流等。

3）其他体系建设。如法规、生产规范建设方面，应全面收集国际、国内和地方有关食品质量安全的各项法律、法规和生产规范，并及时更新，以便农产品消费者、供给者和政府管理者查询使用。

第四节　食品质量信息可追溯机制的健全与完善

1. 可追溯体系可有效矫正信息不对称

食品质量信息可追溯体系可以为食品消费者、供给者和管理者提供各自所需的信息，为其提供一个顺向追踪和逆向追溯的平台，可以有效地缓解食品供应链体系各主体之间的信息不对称。

首先，有利于消费者对食品质量信息的了解。对于一个健全的质量信息可追溯体系，消费者可以在购得的产品包装上，发现产品的编码，利用超市内的计算机查询系统或手机扫描编码，可直接查询得到生产这批产品的有关信息，由餐桌回溯至农场，了解其完整的生产、运输与销售过程。

通过信息的逆向查询可以有效地缓解消费者对食品质量信息的缺失程度。

其次，有利于该产品供给者对上下游产品信息的了解。通过可追溯体系的记录管理、标识管理，食品生产、加工、运输、储藏、销售等各个环节形成一个紧密的链条。各环节上的任何一个主体都可以根据记录的信息或原料及成品上的标识来了解上下游产品的信息，从而有利于供应链主体之间的信息传递。

最后，有利于政府对食品质量信息的管理。可追溯体系最基本的功能是召回问题产品、降低不良影响、减少损失、惩罚责任人。当在消费环节发现问题食品时，可以通过可追溯机制，召回问题产品，并快速有效地查询到问题食品的根源，及时解决问题，把经济损失降到最低。同时还可以明确供应链条内各行为主体的责任，并采取针对性的惩罚措施。

2. 食品质量信息可追溯体系的基本内容

（1）记录管理。生产经营记录是食品质量信息可追溯系统建设中的基础信息，可保证生产经营者真实地记录各个阶段的信息，以供信息受用者查询，使消费者可以感受到生产经营者对食品质量安全负责任的态度。

（2）查询管理。消费者可以在购得的产品包装上，发现产品的编码，利用相关计算机的查询功能或手机扫描编码，可直接查询得到生产这批产品的有关信息，由餐桌回溯至农场，了解其完整的生产、运输与销售过程，以提高消费者对产品的信心。这种连接生产者与消费者的编码系统，是构建整个食品质量信息可追溯制度的核心技术之一。

（3）标识管理。食品标识是食品质量信息可追溯系统建设中最为重要的管理信息，它的基本功能是能够对食品进行跟踪识别和逆向追溯。这就要求在食品供应链中的每一环节，不仅要对自己加工成的产品进行标识，还要采集所加工的原料上已有的标识信息，并将其全部信息标识在加工成的产品上，以备下一个加工者或消费者使用。这好比一个环环相扣的链条，任何一个环节断了，整个链条就脱节。而供应链信息中断，是实施食品质量信息可追溯的最大问题。

（4）责任管理。通过标识管理，在发生了食品质量安全问题的情况下，通过传递发现问题的有关信息，确定有关生产经营主体的责任，确定有关产品的批号，是在库存中，还是运输中，或者已经售出，确定其他有同样质量问题的批号，并采取纠正行动。从而明确界定在供应链不同阶段中相关主体的责任，减少消费者的疑虑和恐慌。

（5）信用管理。食品质量信息可追溯体系建设中的一项重要内容，就是生产经营者必须负责相应阶段信息的真实性。每一阶段的从业者必须记录此阶段的进货来源、储存处理信息，同时承袭先前的生产与流通履历，并对这些记录的信息负责。如果发生以假充真、以次充好、擅改标签或记录的情况，在追查食品真伪之时，便可自下游往上游追溯，追查出不安全食品及违纪犯法的从业者，实行产品召回，依法惩处失信者，维护社会公平。

3. 我国食品质量信息可追溯体系建设存在的问题及制约因素

（1）食品质量信息可追溯体系建设存在的问题

我国的食品质量信息可追溯体系建设正处于快速成长、不断完善的阶段，在建设推进过程中还存在一些问题：一是食用农产品生产与流通管理的工业化规则建设基础薄弱；二是鲜活农产品的生产、经销、批发的参与主体，组织化程度低，难以实行严格的行业管理；三是信息化在农村与初级农产品批发经销方面发展水平还比较低，实现食品质量信息可追溯的技术基础还比较薄弱；四是法律法规体系尚未健全，严重制约了食品质量信息可追溯体系的建立和完善。

（2）食品质量信息可追溯体系建设的制约因素

食品质量信息可追溯体系建设过程中涉及的主要利益主体包括：政府（制度供应者）、食品生产经营者（具体实施者）和消费者（主要受益者）等。在食品质量信息可追溯体系的建设中，不同利益主体参与建设的动机各不相同：政府以实现社会福利最大化，保障整个社会的食品质量安全为目标；食品的生产经营者以谋取利润最大化为目标；而消费者则以自身福利最大化为目标。目标利益追求的差异会影响到食品质量信息可追溯体系的建设，并可能成为开展食品质量信息可追溯体系实践的主要限制因素。

1）从政府的角度来看。政府代表国家来执行法规和监督管理，既是食品质量信息可追溯体系的供给者，又肩负着监督管理的职能，在食品质量信息可追溯体系的实施中具有重要位置和关键作用。但是，目前中国各级政府部门在食品质量安全中所承担的责任以及所采取的管理手段与措施，与全面实施食品质量信息可追溯体系的要求相比还有很大差距。特别是在以下这些方面的差距更大：①食品产地环境、投入品、食品生产过程、包装标识、食品质量安全标准界定和市场准入制度等方面的管理力度薄弱；②各地区、各行业经济发展不均衡，使得食品从生产、加工、销售到消费各环节之间的关系脆弱；③食品质量安全相关的法律法规和标准制度建设相对滞后、相关的信用制度尚不健全等。

2）从企业的角度来看。一方面，企业（农业合作社组织、农户）作为食品的供给者，应该承担食品质量信息可追溯的责任，并要为实施食品的质量信息可追溯性付出相应的成本。不过，实施食品的质量信息可追溯性属于政府保障食品质量安全的一个保障制度，尽管从企业长远发展来看实施食品的质量信息可追溯性与企业追求利润最大化的目标是一致的，但它是一项复杂而又长期的工程，短期内难以见到明显的经济效益，故仍有部分企业因不愿意承担或付出这样的成本而选择不参与食品的可追溯实践。另一方面，由于企业的利润一定程度上依赖于其他企业和消费者的行为，这就使得企业之间的行为具有策略性的特征。如果企业可以从特定的信息中获利，则它们通常会选择不将其公开化。而食品质量信息的可追溯性暗含着某种或某些特定信息要在整个产品供应链条中流动、被公开化了，故出于自身利益的考虑，部分企业可能希望在某种程度上隐匿某些信息，而不愿意参与食品质量信息可追溯的实践。

3）从消费者的角度来看。消费者是实施食品质量信息可追溯的主要受益者，也将是最终推动者。按照需求决定供给的经济法则，食品质量安全信息的缺失一定有其需求层面上的诱因。一方面，消费者的某些观念和消费习惯在某种程度上造成了食品质量安全信息的缺失，例如我国消费者长期以来主要是以能量和营养为其需求偏好，这就导致了长期以来的对增产技术的备受关注；反之，则对食品质量安全生产技术和安全信息的需求相对不足。另一方面，我国居民的收入差距较为明显，大量的低收入消费者对无安全保障的食品（价格相对便宜一些）的消费倾向较强；中等收入者是否购买有安全保障的食品，需要在购买力和偏好之间进行权衡，一旦食品安全保障信息不明确时就有可能使他们的消费选择发生替代性转移，从而导致在人们收入差距不断扩大的情形下，全社会对有安全保障的食品的支付意愿无法得到有效提高。此外，消费者对安全食品缺乏认知与基础知识，也导致了其食品质量安全防范意识较差。

4. 构建食品质量信息可追溯体系的对策建议

（1）可追溯系统的构建

食品质量信息可追溯系统之所以能够快速准确做出反应，发现问题根源，依赖于全部过程的自动化和国内、国际上系统的兼容。可追溯系统涉及多个行为主体，建立一个可靠的食品质量信息可追溯系统的前提是对数据进行整合，建立各行为主体的信息共享机制和食品质量安全信息数据库，实现从原料到最终产品的追踪以及其过程的逆向追溯和消费者、企业、政府之间的信息共享。基于信息共享的食品质量信息可追溯系统一般由中央控制平台、区域平台、企业端管理信息系统和用户信息查询平台四部分构成。

1）中央控制平台。中央控制平台通过中央平台数据库实现各个参与方身份管理、信息编码的解释、各参与方相互关系管理等功能，同时，运用各种管理模型、定量化分析手段、运筹学等方法对食品可追溯体系所需的数据进行分析，为食品质量安全可追溯各个参与方系统接入提供技术支持。

2）区域平台。区域平台的核心为产品数据库，记录存储相关信息，不仅包括产品的各种信息，还包括所有加入可追溯系统中产品供应链上的经济主体的信息，另外还包括相应的质量标准、质量认证以及最近发生的质量安全事件等信息。区域平台通过对食品质量安全可追溯信息管理，为本区域内各类企业加入食品可追溯系统与本区域平台，以及将产品质量信息提供给中央平台或与其他区域平台进行数据交换与共享提供技术支持。

3）企业端管理信息系统。在企业端管理信息系统中，供应链上每个经济主体都要把其产品相关信息记录存储到管理信息系统中，并按照要求把信息数据提交至产品数据库。企业端管理信息系统由经济主体自行开发管理，但是其中产品编码的标准要遵从行业或国家的相关规范。

4）用户信息查询平台。用户查询平台是消费者、企业以及政府部门用来查询农产品质量安全信息的系统，其查询方式包括互联网网站查询、超市终端机器查询和手机短信查询等。该系统连接到食品数据库中，根据不同的权限，可以查询到产品、企业名录、安全标准、认证信息、安全事件等各种信息，增加信息透明度和公开度，最大限度地满足消费者的知情权，提高消费者的信心，在一定程度上减弱信息不对称，减少安全事件的发生。该系统由行业协会或者政府相关部门开发维护管理。可追溯信息查询系统作为消费者可以直接使用的信息检索工具，是构建整个食品质量信息可追溯系统的核心之一。

产品数据库中的信息主要来源于企业端管理信息系统，企业端管理系信息系统也可以从数据库中得到上下游企业产品的信息，两者之间的信息是双向流动的；用户通过查询平台向中央或区域平台提出请求，从产品数据库中获得信息，信息是单向流动的。

（2）寻求可追溯体系的技术支持

食品质量安全可追溯系统的实施涉及多种技术，统一的标准是可追溯系统的基础。统一的编码和食品信息标准能够实现信息的准确传递和不同数据库之间的无缝链接，从而达到快速追溯的目的。基于信息的标准化，下列技术为信息共享提供了支持：

1）数据共享技术。构建可追溯系统的一个基本要素是中央数据库和信息传递系统。基于纸张的记录很难满足快速追溯的需求，家畜个体或单位群体的迁移必须记录到中央数据库或者无缝地与数据库框架相链接，从而实现数据共享。

2）编码技术。技术应用的基础是产品标识和编码，因为只有对实体进行准确标识才能实现有效的跟踪和追溯。条码技术是最早使用的一种自动识别技术，因其识别的可靠性高、成本低廉、技术成熟，是编码系统主要应用的一项自动识别技术。国际物品编码协会（GSI）开发出用于食品跟踪与追溯的全球统一标识（EAN · UCC）系统。EAN · UCC 系统在全球贸易项目代码（Global Trade Item Number，GTIN）、全球位置码（Global Location Number，GLN）、系列货运包装箱代码（Serial Shipping Container Code，SSCC）和应用标示符（Application Identifier，AI）等一系列编码方案的支持下，通过扫描等方式实现自动数据获取，通过电子数据交换（EDI）或者互联网实现数据通信，成功地应用于对饮料、肉制品、鱼制品、水果和蔬菜的可追溯系统中。EAN · UCC 系统以具有一系列标准化的条码符号作为载体，表示产品或服务的标识代码及附加信息编码，是 EAN · UCC 系统最基本的支撑技术。EAN · UCC 系统是比较成熟的技术体系，该体系在欧洲已经成功应用于食品质量安全可追溯系统的实践中。

3）射频识别技术。射频识别（RFID）系统利用射频标签承载信息，射频标签和识读器之间通过感应、无线电波或微波能量进行非接触双向通信，从而达到识别目的。RFID 技术的特点包括可以非接触识别（识读距离可以从十厘米到几十米）、可识别高速运动物体、抗恶劣环境、保密性强以及可同时识别多个识别对象等，是实现物流过程实施货品跟踪非常有效的一种技术。

4）网络技术。网络是将所有分散的个体、饲养场、屠宰厂和销售点信息连在一起的桥梁，LAN、WAN 等有线网络技术和 GPRS、蓝牙等无线通信技术以及 Internet 技术为可追溯系统提供了支撑。通过 Internet 及 XML 技术的应用，实现数据集中存储、管理，数据输入后可立即查询，突破企业防火墙的限制，拥有低维护成本和客户端零安装的优势。

5）GPS 和 GIS 技术。随着 GPS 技术的民用化以及服务和设备成本的降低，许多可追溯系统已经加入了家畜个体和饲养场地理位置引用信息和相关分析功能，在动物疾病爆发时能够提供更多辅助决策信息。

6）生物信息学技术。生物信息学技术的发展和应用使得基于 DNA 的可追溯成为可能，DNA 标识需要建立庞大的基因数据库，需要研制专用的基因匹配搜索引擎，没有现代信息技术的支撑无法实现基于 DNA 的可追溯系统（王立方，陆昌华，谢菊芳，2005）。

通过以上技术能够实现信息共享，构成了建立食品质量信息可追溯系统的基础。

（3）完善可追溯体系的体制支撑

1）制定、发布、执行有关食品质量安全的生产标准、生产技术规程和法律法规，推行食品质量标准认证。食品质量标准是食品安全生产的基础，是质量安全监管的依据。各级政府应依次制定、颁布和实施农药、兽药、消毒剂、添加剂以及食品生产、加工用水、行业加工人员卫生等一系列的食品安全卫生的法规条例及管理办法；制定和发布无公害食品或绿色食品安全质量要求以及产地环境要求等行业标准，建立包括产前、产中、产后全过程的生产标准和技术规程。由国家市场监督管理总局牵头，组织相关职能部门，建立联合工作小组，根据国家、省和地方有关的法律、法规和条例，对食品质量安全进行严格控制管理。为促进食品标准的实施，应加快食品质量认证进程，以国家市场监督管理总局、海关总署和生态环境部为主，推动生产加工企业申请 GMP（良好生产规范）和 HACCP（危害分析关键控制点）认证以及 ISO9000 质量管理体系和 ISO14000 环境管理体系等质量及管理标准的认证，保障食品的质量安全。

2）建立系统合理、分工明确、权责明晰的三级检测控制监管体系。建立三种类型的食品安全检测控制监管体系：①建立系统合理、分工明确、权责明晰的“基地、乡镇、县市”三级检测控制监管体系；②建立食品“基地生产、加工配送、市场流通”三个层面一个链条全过程系统、严格、科学、合理的检测控制监管体系；③建立食品生产加工过程中、终端产品检测、产品进入市场前三个关键点快速在线检测控制监管体系。山东示范区的实践表明，建立的三种类型的食品安全检测控制监管体系有效、协调、配合运行，切实保障了示范区的食品安全，至今山东示范区的食品没有发生一例不安全事故，保障了出口，保障了人们的身体健康。

3）建立食品市场准入制度、不安全食品召回制度及产品标识体系。市场准入制度的建立，对食品进行风险分析和评估，根据食品的风险程度，确定市场准入条件。实行生产许可证管理。食品生产加工企业必须在环境条件、生产设备、加工工艺、原料购入、执行标准、人员资质、检测能力、管理制度、出厂包装等方面具备保证产品质量的条件，通过安全生产体系认证，获得食品安全卫生许可证和安全生产许可证后，方可加工生产。对食品出厂实行强制检验。具备产品出厂检验能力的企业可自行检验其出厂的产品，并在检验机构进行定期检验；无检验能力的企业，须委托法定检验机构进行出厂检验。实施食品质量安全市场准入标志管理。建立健全安全食品原产地、生产单位、加工企业、分级包装单位、运输企业、销售企业等产业链环节的食品安全标识制度和安全食品商标制度。凡是经检验合格的产品，在出场销售之前，必须在最小销售单元的包装上标注食品安全生产许可证编号，并加印或加贴质量安全市场准入标志。

推行不安全食品召回制度。生产企业建立不安全食品召回制度，以保证产品在出厂后的储存、运输及消费的各个环节都可以被识别并追回。监督管理机构建立不安全食品召回计划，包括发现问题后对不安全食品的生产企业的追溯及处理。同时监督生产企业完成召回计划的制订和实施。在流通领域，在完善食品抽样检验体系的基础上，发现不安全食品，立即启动食品召回计划。建立消费信息收集渠道，包括消费者举报和医疗检验信息汇总，发现食用农产品发生疾病后，立即进行确认并启动召回计划。建立政府网站，在网站和报纸等媒体上随时发布食品信息，将信息传递给消费者，以推进召回行动的实施。

食品质量安全监测监管体系是食品质量安全可追溯服务信息平台的支撑体系，它为可追溯服务信息平台提供基础数据，同时可追溯服务信息平台将食品质量安全管理的工作成果传递给全社会，为企业、政府和公众进行全方位、多角度的服务。

第五节 食品质量安全信誉机制的构建

一、以信息可追溯体系为支撑的信誉机制可有效矫正信息不对称

信誉机制可以有效矫正信息不对称。一方面，食品终端消费市场越来越成为一个可以重复博弈的市场，从而交易中处于信息优势的一方会主动传递信息，消除与信息劣势方的信息不对称，即“声誉”机制可以在食品终端消费市场发挥作用；另一方面，通过信誉机制中的信息披露机制和奖惩机制，给消费者更大的知情权，以便其更好地使用选择权和监督权，从而可以有效地约束食品供给商的行为，减少供给商传递虚假信息的可能。信誉机制从内外两个方面都可以起到约束供给商行为，鼓励或激发供给商全面、真实、有效传递食品质量安全信息的作用。

二、食品质量安全信用体系的构成

食品质量安全信用体系建设是一项庞大而复杂的社会系统工程。其建设内容主要包括：

（1）食品质量安全信用监管体制。为使食品质量安全信用体系建设取得实效，应进一步完善食品质量安全信用的监管主体和监管对象，合理配置各类主体的权利与义务、权力与责任。监管主体应当包括国家、社会和个人，监管对象应包括政府与企业。

（2）食品质量安全信用标准制度。食品质量安全信用标准是食品质量安全信息征集、评价和披露工作的基础。为实现食品质量安全信息的互联互通，保障资源共享，避免重复建设和资源浪费，以现行有关食品质量安

全的法律法规和技术标准为基础，国家市场监督管理总局会同有关部门共同制定食品质量安全信用基础标准。

（3）食品质量安全信用信息征集制度。食品质量安全信用信息征集是食品质量安全信用体系运行的基础，直接影响着食品质量安全信用的评价、披露以及监管。食品质量安全信用信息征集应依据依法、客观和公正征集信用信息，保障信息质量，维护国家经济安全，维护社会公共利益，维护企业合法权益的原则。食品质量安全信用信息来源于政府、行业和社会三个方面。政府信息主要是食品质量安全监管部门的基础监管信息；行业信息包括行业协会的评价等；社会信息包括新闻媒体舆论信息、信用调查机构的调查报告、认证机构的认证情况、消费者的投诉情况等。食品质量安全信用信息应当包括一定时期食品质量安全的静态信息和动态信息。

食品市场经营企业及相关单位应该做好食品质量安全信息记录，保证信息真实全面，并依法公开其信用信息，促进信用信息资源共享。政府各监管部门，应当依法全面、充分、及时、无偿地向社会公开其有关食品质量安全的政策、法律、标准等社会公用信息资源。

（4）食品质量安全信用评价制度。食品质量安全信用评价制度包括以下内容：

食品质量安全信用评价机构。与食品质量安全信用征集体系相匹配，逐步建立起食品质量安全的政府评价、行业评价和社会评价三者结合的评价体系。行业评价机构和社会评价机构由食品质量安全综合监管部门会同有关部门遴选确定。

食品质量安全信用评价原则。坚持独立、公正和审慎的原则，严格按照标准和程序进行评价，保证评价结论的合法性和权威性。

食品质量安全信用评价指标。企业内部评价指标包括原料进货渠道、产品品质要求、检验要求、制度建设与执行要求等。外部评价指标包括政府机构如公安、农业农村、商务、卫生、市场监督管理、海关等部门和社会中介机构的评价。上述评价指标应包括定性评价指标和定量评价指标。

食品质量安全信用等级。为鼓励食品生产经营企业通过努力，不断提高食品质量安全信用水平，结合目前社会信用等级建设情况，原则上确立食品质量安全信用从高到低划分为A、B、C、D四级制。各部门、各行业可根据部门、行业的需要具体细化各级评价指标条件。

食品质量安全信用评价方法。为发挥现代科技优势，提高资源使用效率，减少主观因素的影响，应结合先进的信息技术，设计食品质量安全信用管理软件，逐步通过统一的信息平台产生评价结果。

（5）食品质量安全信用披露制度。明确食品质量安全信用信息的披露主体、披露原则等制度。

食品质量安全信用信息披露主体。市场监督管理部门、有关机构和食品行业协会定期向社会披露食品质量安全信用信息，供社会随时查阅食品质量安全信用状况。国家市场监督管理总局与有关部门的网站上开辟联动的中国食品质量安全信用专栏及专项食品质量安全信用管理系统，综合披露食品质量安全信用信息，全面展示我国食品质量安全信用状况。

食品质量安全信用披露原则。食品质量安全信用披露应当遵循依法、客观与公正的原则，维护国家经济安全，保守国家秘密、商业秘密和个人隐私。

（6）食品质量安全信用奖惩制度。积极推进食品质量安全监管部门在各自监管领域的监管工作，并根据食品生产经营企业的信用等级情况对企业进行分类管理。对长期守法诚信企业要给予宣传、支持和表彰，如在年检、抽检、报关等方面给予便利，建立长效保护和激励机制。对严重违反食品质量安全管理制度、制假售假等严重失信的企业实行重点监管，可采取信用提示、警示、公示，取消市场准入，限期召回商品及其他行政处罚方式进行惩戒；构成犯罪的，依法追究其刑事责任。

三、突破食品质量安全信用体系建设的瓶颈

1. 食品质量安全信用体系构建的前提条件

食品质量安全信用体系构建的根本前提就是食品交易主体之间可以实

现重复博弈。要做到重复博弈，针对同一食品消费者而言，产品的销售者必须相对固定。而现在我国食品流通环节还存在诸多弊端，农贸市场在食品终端销售市场上仍占有一定的比例，且“三边”市场依然存在，食品销售者流动性较大，这给食品质量安全信用机制的构建带来一定的挑战。为此，要完善食品零售市场。

(1) 食品零售市场给信用体系的构建带来较大的挑战。

我国食品零售市场的主要形式和主要经营种类。现阶段我国居民食品消费的终端大多为大型超市、连锁超市、农贸市场和部分“三边”市场(即路边、墙边和河边交易市场)。随着我国城市化进程的加快，连锁店和超市的销售量占比呈不断上升的趋势，在城市地区占有较高的市场份额。但传统的食品零售方式“农贸市场”“三边”市场等在经济欠发达地区仍占有一定比重。从食品种类来看，农贸市场销售的蔬菜、果品、肉类、禽蛋、水产品等大多以鲜活食品为主，而通过大型超市、连锁超市、专卖店销售的食品种类则较为丰富，粮油、蔬菜、果品、肉类、禽蛋、水产品以及花卉和其他加工程度较高的食品等均有涉及。

而发达国家很少有我国居民所熟悉的“农贸市场”这种零售形式，而主要是经营生鲜食品的小型专业点。自20世纪60年代以来，这种商店逐渐被连锁店和超市所取代。连锁经营的超市在食品流通中的主渠道作用日益突出，随着经济的发展和人们安全消费意识的提高，这种交易形式也将成为我国主要的食品零售形式。

农贸市场这种食品终端流通形式难以实现销售者与消费者之间的重复博弈。首先，这类市场的供给者主要为零散的农户和小商贩，这些供给者的流动性较大，短期行为明显，与消费者之间难以形成长期重复的交易。因此，掺杂使假、投机取巧的行为时有发生。这类市场往往是食品质量安全事件经常发生的根源地。

其次，该类市场的进货渠道比较杂乱，出现问题难以追溯。由于该类市场的产品供给者一般为自产自销的农户、小加工者，和进货渠道较杂乱的小商贩。因此，一旦其销售的食品出现了问题，这类供给者或很快消失，或者因进货渠道杂乱、不固定，难以追溯问题的根源，对产品供给者（包括上游供货商）的信用难以形成一定的影响。

最后，这类交易市场的外部监管力度很差。首先，由于供给主体的流动性、随机性，使得问题查处、追究比较困难。而且这类交易市场一般为不设防的市场，市场准入制度在这类市场中基本失效。市场监督管理和卫生管理部门仅对那些有固定摊位，申请营业证的店面和摊位，进行市场监督管理和卫生检查，而对这类市场的管理一般仅是收取摊位费，在质量检测、卫生许可方面的管理则相对较弱。

因此，构建食品质量安全信用体系的前提条件——“重复博弈”，就难以实现。

（2）完善食品零售市场，为交易主体之间的重复博弈创造条件

取缔三边市场。如上文分析，“三边”市场虽然方便、快捷，减少了人们的交易成本，但“三边”市场存在很多的问题，如流通性强、无任何质量担保、环境卫生很差、低质量的食品居多等，这些问题严重影响到食品质量安全水平的提高。众所周知，“三边”市场的存在，源于改革开放之初，当时的食品供给短缺、在国家放开除粮、棉、油等大宗商品的流通市场后，大量的农户和小商贩进入城镇从事相关的经营活动，从而形成了进入门槛低、交易成本不高、流动性很强的“路边、墙边、河边”为特色的“三边”市场。但目前，食品供应整体上已由供不应求转为供过于求，仅存在结构和季节性的调整，且大型的农贸市场、超市和食品专营店已经形成或出现，这种灵活的、流动的“三边”市场形式已逐渐失去了存在的价值。因此，不论从“三边”市场对食品质量安全的影响来看，还是从其存在的意义来看，“三边”市场都已接近退出历史舞台的时期。

但“三边”市场的取缔直接带来一个问题：原有市场上的小商贩的就业安置工作怎么解决？“三边”市场上的小商贩本来就是一些无其他技能、年龄偏大、游离在社会底层的劳动者，当取缔了“三边”市场后，如何实现这部分人的再就业？笔者认为可以从以下几个方面着手：由政府牵头在正规的农贸市场帮助这部分人员争取或增设一些摊位和门面；可以由就业

主管部门搭桥，普通超市或者食品专营超市招聘工作人员时，可以优先考虑这类有工作经验的人员；鼓励与帮助他们实现其他渠道的再就业。

规范农贸市场。农贸市场虽然较“三边”市场有一定的稳定性，但仍存在交易环境差、产品质量低等一系列危害食品质量安全的问题。在当前我国经济水平还不是很发达的情况下，要想像部分发达国家食品交易以超市和食品专营店为主，还不太现实。短期内，在我国大部分中小城市，农贸市场仍将发挥着重要的功能。因此，对于农贸市场的改革应该因地制宜。一些经济发达的地区，应逐渐取缔农贸市场；大部分经济不发达地区应以规范为主。

如何规范农贸市场？笔者认为可以从以下几个方面入手：加强硬件建设，改善交易环境；宣传提高摊主和消费者的卫生和安全意识；整治摊位，加强市场准入管理；定期检查、抽查，加强市场监督管理、卫生等外部监管机制建设；加强市场内部管理，如制定不同期限的摊位租赁合同等，尽量避免摊主行为的短期性。

推进超市食品销售区和食品专营店建设。从发达国家农产品流通的经验来看，超市或食品专营店是食品终端零售市场最主要的形式。在提升食品质量安全水平方面，这两种交易方式与农贸市场相比，有着很大的优势。

一是，超市食品销售区和食品专营店有固定的店面、合法的经营许可证，交易地点固定、交易身份经注册登记，购买者相对固定，且一旦出现产品质量安全问题，食品销售者责任易于追究。因此，可以为食品交易双方的重复博弈创造条件。

二是，超市和食品专营店更注重自己的信用、更强调宣传生鲜食品安全的概念，并且在食品质量标准化管理方面也有农贸市场无可比拟的优势，有利于政府质量安全监管。

超市和专营店有上述众多的优势，将是今后我国食品零售市场最主要的形式。如何促进超市食品销售区和食品专营店的建设，一般而言须做好以下几个方面的保障工作：提高农民组织化程度，发展农民合作组织；建立健全农业标准化体系，积极推进农业标准工作；按照资源禀赋优势组织食品生产，发展地区特色食品；强化对小规模生产者的教育和帮助。

2. 食品质量安全信用体系构建过程中存在的突出问题

从制度建设的角度来看，目前我国的社会信用体系建设刚刚起步。建立起以道德为支撑、产权为基础、法律为保障的食品质量安全信用制度体系还有许多难题需要解决。目前，在食品质量安全信用体系建设中的突出问题主要是：

（1）信用价值认识不到位。目前，有些人对信用价值的认识还仍然停留在道德建设的层面，没有从信用为市场经济社会基石的角度来看待信用体系建设的必要性、重要性、复杂性和艰巨性。事实上，信用是现代社会存在的条件和运行要素。缺乏信用的社会必将增加社会的运行成本。培育信用社会，建设信用社会，就是改善生存环境，就是优化发展禀赋，就是提升人格尊严。只有各有关部门、地区、企业对信用建设有着深刻的认知和把握，才能扎扎实实地推进食品质量安全信用体系建设。

（2）信用标准确定不全面、不完善。信用标准是信用征集、评价、披露的基础，其体系是否科学合理直接关系到信用制度建设的进程与效果。目前，对于信用标准应当包括哪些具体内容，理论界和企业界均存在着不同的认识。笔者认为，信用标准应当包括法定和允诺的事项这两部分内容，其中法定事项为基本标准，具体包括有关食品质量安全的法律、标准、道德等规范的遵守情况。允诺事项为食品生产经营企业通过广告、合同等形式向社会和特定人员就食品质量安全所做允诺的践行情况。

（3）信用平台建设缺乏统一规划。信用信息平台的建立，绝不仅仅是单纯的技术路线选择问题。在不同的社会治理理念下，信息的整合完全可以采取不同的方式进行。目前许多部门热衷于建立起一统天下、包揽无余的信息平台，这种建构方案值得商榷。笔者认为，在信用信息平台建设上一定要实现从“资源所有”到“资源利用”的转变，从“资源封闭”到“资源开放”的转变。各地区、各部门、各行业应当积极配合政府公共信用信息交换平台的建设，充分利用国家信用基础设施机构建立的中央数据库，建立食品安全信用体系，而没有必要另起炉灶，重复建设。

四、食品质量安全信用体系建设的保障措施

实现食品质量安全信用体系的建设目标，必须落实四项保障措施：

（1）组织保障。各地区、各部门、各行业都应当从保障、维护、实现广大人民群众的根本利益的高度加强食品质量安全信用体系建设，制定具体的实施方案，建立和谐的工作机制，落实明确的责任分工，保障信用体系建设以及试点工作有条不紊地进行。

（2）法制保障。食品质量安全信用体系建设涉及食品质量安全建设的诸多方面，必须不断提高食品质量安全信用法制建设水平。要在调查研究的基础上，清理、修改与建立食品质量安全信用体系不相适应的地方性法规、部门规章和规范性文件，同时积极推进有关食品质量安全信用的法律、法规的制定与完善。

（3）技术保障。要切实加强食品质量安全信用体系基础设施建设，通过不断提高科技研究与应用水平，实现信用信息的互联互通与资源共享。

（4）环境保障。要不断强化与食品质量安全信用体系建设相关的社会舆论建设和政府信用体系建设，开展多种形式的食品质量安全信用宣传活动，形成人人讲信用，人人重信用，守信为荣，失信为耻的良好社会氛围。食品生产经营企业要开展重合同、守信誉、依法经营的活动，倡导文明经商，形成有效的企业自律；食品行业协会要积极普及食品质量安全基本知识，提高全民食品质量安全意识，维护消费者合法权益，为食品质量安全信用体系建设创造良好的社会法制环境。

第九章　主要研究结论与政策建议

本研究在对食品质量信息可追溯的经济性及其管控机制进行理论分析的基础上，考察了北京市和山东寿光市开展食品质量信息可追溯体系实践的状况与经验，通过实地调研、电话调查、面对面访谈和统计、计量经济分析研究了食品质量信息可追溯的经济性所涉及的食品供应链各层级企业行为特征和消费者行为特征及其影响因素，运用全国的宏观数据和典型案例分析了政府在食品质量信息可追溯管理中的行为，提出了政府管制、行业自律、供应链企业自控和社会监督四者相契合的食品质量信息可追溯体系的监管机制。本研究的主要结论将为进一步完善食品质量信息可追体系的政策提供依据。

第一节　主要研究结论

一、食品质量信息可追溯经济性的基本经济理论观点

1. 经济性是实施食品质量信息可追溯的主要原因

实施质量信息的可追溯性既有私人动机，也有公共动机。这里所谓的私人动机包括：物流效率、更快地召回、增强的产品差异化和获得最终消费者的价格溢价补偿；而可追溯性的公共利益（动机）则包括：提高管理动植物疾病和预防或减轻食品安全危害的能力；提高透明度；以及在监督和执行食品法律方面节约潜在的资源。将是否提供可追溯性的决定留给私营部门进行决策可能会导致可追溯性供应的不足。当可追溯性的社会外部性是正的、消费者需求和责任规则不足以保证企业提供社会最优水平的可

追溯性时，强制可追溯性（这里定义为要求提供社会最优水平的可追溯性）可能是政府及监管机构一个好的政策选择。

网络效应具有相反的效果，这取决于关注的是可追溯水平还是相应的价额溢价。网络效应对可追溯性溢价的影响表明，如果平均成本由U形曲线表示，则上游所需的可追溯性的私有阈值水平与有效的可追溯水平有关。一个正式的网络模型可用以分析多成分食品供应链上公司间提供自愿可追溯的经济性，且多成分食品链的可追溯性可作为一个协调和制度问题加以研究。为了实现沿供应链的可追溯性，供应链中各层级公司必须考虑到供应链中每个公司提供可追溯性的成本。如果对每一种成分进行可追溯的边际效益大于供应链中每一家公司因提供可追溯性所产生的边际总成本，则实现完全可追溯是可行的。不过，现实中适用这一结果的条件可能难以满足，比较少见。更现实的情况可能是采用部分可追溯，即只与有限数量成分的生产企业签订可追溯性需求合同。这样可以节约可观的成本，而且更加合理，因为组成多成分食品的一些成分可能具有非常有限的食品安全危害发生的概率或者进入最终产品中的比例很少，从而导致产生的效益低于支付的可追溯性成本。

在分析多成分食品供应链质量信息可追溯性的实现时，必须考虑横向和纵向网络效应。可追溯性的水平网络效应总是正的，这意味着供应链末端层级公司生产的产品中各成分的可追溯水平具有互补性。垂直网络效应是源于消费者向供应链末端层级公司支付的可追溯性溢价和食品安全风险概率发生的变化。研究表明，垂直网络效应是正向的；随着消费者愿意为可追溯性付费意愿的增加，或者食品安全风险发生的可能性增加，食品供应链的上游企业愿意提供更多的质量信息的可追溯性。

2. 食品质量信息可追溯经济性和公共品属性提出了政府管控的必要性

一般情形而言，食品供应链企业或经销商往往比普通消费者对食品质量安全与风险的认识更清晰。除非能够把与食品质量有关的所有信息都进行标识，否则供应链企业是不愿意主动将食品中的有关质量风险信息传递给消费者。这一问题的解决途径可以是：一是采取政府管控，禁止含有质量风险特征的食品进入市场；二是通过改善食品的质量标签、信息标识和建立质量保证体系。

众多食品生产企业（农场）实施可追溯性是为了响应企业和政府（公共）的号召并期以获得奖励。尽管实施可追溯性涉及大量的投资，但由于质量安全可追溯系统可以改进信息管理的方式，相关企业已经开始从中获得了回报。政府（公共）当局可能希望与生产者组织合作以决定如何在农场一级促进可追溯性的实施。例如，如果农民协会（农村经济合作组织）决定投资建立一个可追溯系统，为其所有的附属机构（个人）保存登记信息，就可能在信息收集和管理方面实现规模经济，从而避免网络外部性。

将质量信息的可追溯性与质量保证体系的应用区分开来是不可能的。如何在没有或可能没有兴趣采用质量保证系统的农民或公司中促进可追溯性的实施，一个可能的解决办法是，对农民或合作社组织采取多种激励措施，并加强监督和执法。

3. 构建科学的食品供应链系统是实施食品质量信息可追溯性的保障

食品质量安全问题发生的概率随食品供应链环节的增多而提高，食品供应链为食品质量信息的可追溯提供了相应的途径和载体，从而使得食品的商流、物流和信息流“三流”合一。信息流已成为现代食品流通的一个重要组成部分，使得食品供应链各环节的质量安全信息明晰化、公开化。

食品质量信息的可追溯性涉及从食品生产原料供给、食品生产、食品加工、食品分销等整个食品供应链各个阶段的质量信息可追溯。因此，从宏观角度来看，食品从生产的源头经由食品供应链的各个环节最终到达消费者的信息可追溯性与食品供应链上所有企业主体都有关。因此，食品供应链上各个企业主体的行为共同决定了食品质量信息可追溯的水平。避免食品供应链上各个企业主体的“搭便车”或机会主义行为，规避食品质量信息可追溯责任成为供应链组织者必须考虑的问题。

食品质量信息可追溯体系的建立和实施使食品的质量安全信息透明化、公开化，从而能根据各环节信息明确食品供应链各环节企业主体的责任，使食品安全由信任品转化为搜寻品，这将有助于弥补与消除食品市场的信息不对称和信息不完全，解决食品安全市场的失灵问题。

食品供应链企业主体权责的明晰一方面可以迫使存在质量安全隐患的食品退出市场，降低食品质量安全问题可能造成的社会危害；另一方面也可以给消费者及相关管理机构提供信息，避免因食品安全权责不清而引发纠纷。

为了提高食品质量信息的可追溯性水平，供应链企业可能借助于纵向协调和网络效应策略。越来越多的食品供应链企业已经认识到，要想获得消费者的信赖，企业就应该提供相应的质量信息的可追溯性。因此，很多食品供应链企业可能会采取契约、战略联盟和纵向一体化等方式，来确保食品质量信息的可追溯性要求。在食品质量标准明确和容易检验的情况下，契约可以在一定程度上解决在市场交易者质量安全信息传递不畅的问题。但如果食品质量安全标准难以确定或质量安全检验的成本过于昂贵，食品供应链企业就可能通过建立长期关系而形成战略联盟。如果战略联盟还不能解决食品供应链不同环节质量信息的有效传递和可追溯性，就需要考虑通过纵向一体化来解决质量信息的不对称问题。从契约、战略联盟到纵向一体化，虽然组织程度越来越高、越来越严密、越来越有利于食品质量信息的可追溯性控制，但企业的灵活性、扩张的能力在下降，管理成本在上升。

4. 食品质量信息可追溯性的实现水平是供应链企业博弈的结果

博弈论关注的是当人们知道其行为相互影响而且每个人都考虑这种影响时，理性的个体如何进行决策的问题。博弈论以个人理性和博弈各方收益最大化为假设条件。

在实施食品质量信息可追溯的过程中，博弈发生在供应链各环节企业主体之间以及内部，如食品生产经营者之间的博弈，食品生产经营者与消费者之间的博弈，各级政府之间以及公务人员与政府之间的博弈，政府、生产经营者和消费者之间的博弈。由于食品是人们日常生活中需重复购买的商品，因此必然会产生重复博弈问题，而博弈重复的次数和信息的完备性是影响重复博弈均衡结构的主要因素。但信息不对称成为食品市场的常态，解决食品质量可追溯信息不对称的一个重要方式就是实施食品质量信息的可追溯体系。在重复博弈过程中要获得多方共赢是有条件的。

第一个条件是食品供应链企业的信誉。大多数食品供应链企业通过信誉建设来提高食品质量可追溯信息的获取能力。信誉具有提供激励、抑制机会主义行为、降低交易费用的重要作用，是掌握信息的一方保证不欺骗另一方的一种承诺。食品供应链企业要建立良好的声誉，不但要接受一系列的质量安全认证，而且还要有一套严格的自我约束机制，通过品牌的塑造来增加消费者对产品的信赖，借助于品牌效应获得更多的利益。食品质量信息可追溯体系已成为食品品牌建设的重要内容。

第二个条件是消费者有较高的收入水平和愿意支付“价格溢价”的理性消费行为。构建食品质量信息可追溯体系需要供应链企业投入较多的经营成本，因而相关食品必然具有较高的“价格溢价”定价，消费者必须要有较高的收入水平才能够买得起优质优价的具有可追溯性的食品。但同时还要看到，消费者的行为是极其复杂的，消费者对食品质量安全信息的认知、支付意愿、购买行为等会对食品市场产生重要的影响。某些消费者的消费理念落后或不成熟，可能会造成具有可追溯性的食品难觅知音。

第三个条件是政府制定严格的相关法律，并严格执法。食品质量信息可追溯性能够成功实施的制度环境就是政府要制定严格的法律，并认真地贯彻执行，使食品供应链企业得到正向的激励，使违规者受到严厉的惩罚。

二、我国食品质量信息可追溯管控机制的构建

与食品质量信息可追溯管理相关的利益攸关者包括食品生产者、食品加工企业以及运输、销售企业等主体，涉及从原材料生产、加工生产、运输销售直至“消费者餐桌”的全过程，因此食品产业组织体系的安全保障是食品质量信息可追溯管控的关键，规范的信息传递载体和手段是食品质量信息可追溯管控的条件，完善信息传递的外部机制为食品质量信息可追

溯管控提供支撑，而健全的信息追溯机制和信誉机制则起到良好的保障作用。

1. 食品供给产业组织体系的安全保障

（1）创建良好的外部发展环境

农业组织化程度的提高离不开政府扶持。从市场经济和农业组织化自身发展要求来看，政府行为调整重点要围绕：加大资金和技术扶持的力度；创造良好的法制环境两个方面展开。

（2）加强农民经济合作组织自身建设

主要包括：提高农民经济合作组织成员的素质；提高农民经济合作组织的管理水平；提高农民经济合作组织的规模化程度；提高农民经济合作组织的专业化水平。另外，在降低生产成本的同时，农业经济组织还应注重品牌建设，加大优化食品商标注册力度，着力打造农业经济组织的质量品牌。

2. 食品质量安全可追溯信息传递载体和手段的规范化

（1）加强食品标签管理，规范信息传递的载体

首先是规范食品企业的行为，树立“诚信是创立品牌的基本要求，也是决定一个品牌能否持续赢得市场的重要因素”的理念；其次是加强培训和宣传，建立食品标签审查制度，加强市场监督管理，完善食品标签法规及其管理。

（2）加强食品广告管理，规范信息传递的手段

即：改革现行的管理体制，对广告管理者加强监管，预防权力寻租；加重处罚，提高虚假违法广告的违法成本；充分发挥各级广告协会作用，实行行业自律；充分利用社会监管力量，鼓励全民参与；建立长效监管机制，巩固治理效果，减少重复治理成本。

（3）建立健全食品质量安全可追溯信息有效传递的外部机制

食品质量安全信息体系是指从事食品质量安全信息工作的机构、人员、信息资源、信息基础设施和信息技术等要素构成的系统整体，包括食

品质量安全信息发布体系、风险收集与交流体系、信息咨询服务体系。

完善食品质量安全信息发布体系需：加强食品质量安全信息采集能力建设；规范信息发布的内容；加强职能部门网站建设，拓宽信息发布的渠道；理顺食品质量安全监管体制，形成权威、高效的信息发布主体；加强信息发布的立法建设。我国食品质量安全风险信息收集与交流体系建设的重点：加强信息源建设，确保信息的数量和质量；加强与完善信息发布与交流平台建设，提高风险信息的利用效果，防范风险的发生。

我国食品质量安全信息服务体系建设的重点应主要放在食品标准库建设、专家咨询库建设、相关技术建设、法律法规建设等。

3. 食品质量信息可追溯机制的健全与完善

(1) 构建可追溯系统

食品质量信息可追溯系统之所以能够快速准确做出反应，发现问题根源，依赖于全部过程的自动化和国内、国际上系统的兼容。可追溯系统涉及多个行为主体，建立一个可靠的食品质量信息可追溯系统的前提是对数据进行整合，建立各行为主体的信息共享机制和食品质量安全信息数据库，实现从原料到最终产品的追踪以及其过程的逆向追溯和消费者、企业、政府之间的信息共享。基于信息共享的食品质量信息可追溯系统一般由中央控制平台、区域平台、企业端管理信息系统和用户信息查询平台四部分构成。

(2) 寻求可追溯体系的技术支持

食品质量安全可追溯系统的实施涉及多种技术，统一的标准是可追溯系统的基础。统一的编码和食品信息标准能够实现信息的准确传递和不同数据库之间的无缝链接，从而达到快速追溯的目的。基于信息的标准化技术有：数据共享技术、编码技术、射频识别技术、网络技术、全球定位技术（GPS 和 GIS 技术）、生物信息学技术等，它们构成了建立食品质量信息可追溯系统的基础。

(3) 完善可追溯体系的体制支撑

体制支撑包括：制定、发布、执行有关食品质量安全的生产标准、生产技术规程和法律法规，推行食品质量标准认证；建立系统合理、分工明确、权责明晰的三级检测控制监管体系；建立食品市场准入制度、不安全食品召回制及产品标识体系。

4. 食品质量安全信誉机制的构建

实现食品质量安全信用体系的建设目标，必须落实四项保障措施：即组织保障、法制保障、技术保障、环境保障。

第二节　政策建议

1. 进一步完善食品质量信息可追溯体系相关的法律、法规和标准的体系建设

我国虽然已经建立了比较完整的食品质量安全管理的法律框架，在《农产品质量安全法》和《食品安全法》等多部法律中都提到了要建立和完善食品质量信息的可追溯体系，但目前还没有专门的食品质量信息可追溯体系的法律。食品质量信息可追溯体系是食品质量安全管理的高级阶段，对其质量可追溯信息的宽度、深度和精确度应该达到什么程度，目前还处于探索阶段。所以，应该认真总结现有实践的经验，为制定相关的法律、法规和标准奠定基础。食品的种类繁多，个体大小差异很大，特别是我国农户规模狭小，因此制定食品质量信息可追溯体系的法律、法规和标准要考虑可操作性，不仅要保证食品质量信息的可追溯，还要考虑管理成本的可承受性。

2. 建立专门的食品质量信息可追溯体系的管理机构，明晰其责权

我国现有食品质量安全管理的特征是分段管理，虽然国家成立了国务院食品安全委员会来负责分析食品安全形势，研究部署、统筹指导食品安全的管理工作，提出食品安全监管的重大政策措施，督促落实食品安全监管责任，但仍难以改变分工负责的基本格局。由于食品质量信息可追溯体系要求的管理工作高度整合，故应有单独的财政预算和专门的机构，明晰的责权，具体负责，以提高行政管理效率。

3. 加大政府的扶持力度，增强对食品企业的激励

食品质量信息可追溯体系建设的初期，企业因付出的成本较高、收益不明显而缺乏主动性。这时政府的作用就显得非常重要，加大政府对企业的扶持力度将为我国食品质量信息可追溯体系的建立和发展起到重要的保障作用。在食品质量信息可追溯体系建设的初期，政府可拿出专项建设资金予以支持，同时为食品企业或其他产业化组织提供硬件设备和技术培训支持，发挥农业产业化组织的带动作用。另外，要将保障食用农产品的质量安全作为一项重要内容纳入到农业补贴中，以销售农产品数量为基础，增加对农产品生产企业和农村经济合作组织生产的优质农产品的补贴，鼓励优质优价，增强其实施食品质量信息可追溯性的激励水平。

4. 食品质量信息可追溯性的建设要有选择、有重点地逐步推进

食品质量信息的可追溯性对于保证食品质量安全虽然十分重要，但受食品生产自身的特点、我国及拟发展水平特别是农业经济发展水平以及信息可追溯经济性的限制，还不能也没有必要对所有食品、所有食品成分都实行严格的可追溯性。因此，食品质量信息可追溯性的建设要坚持发达地区、发达产业的重点品种及影响食品质量安全的成分中推行，在构建符合中国国情的食品质量信息可追溯性的基础上逐步与国际标准接轨，以满足国内外高端食品市场对食品质量安全信息的需求。

5. 进一步提高我国农业的产业化经营水平和广大农民的组织化程度

食品质量信息的可追溯性必须建立在农业的产业化经营基础之上，但我国的国情是农户的经营规模狭小，以合作社为代表的组织化程度较低。这就需要在坚持农民家庭承包经营的基础上，支持合作社的发展，鼓励龙头企业带动，提高农民的组织化程度。只有在较高的农业产业化经营水平上，食品质量信息的可追溯性才能得到有效地保障和推广。

6. 提高技术水平，认真做好食品质量安全的基础性工作

很多国家或地区采用国际物品编码协会开发的全球统一标识（EAN.UCC）系统，对部分食用农产品进行跟踪与追溯；同时全球农业定位系统、故障模式影响及危害性分析（FMECA）、电子标签等技术也逐渐应用于食品质量信息的可追溯，以提升供应链管理效率，完善食品可追溯体系。要尽快全面采用 GSI 全球统一标志编码系统，加快我国食用农产品质量信息可追溯与国际接轨的步伐，提高我国食用农产品质量信息可追溯系统的国际化程度，满足国外在市场准入方面对食品安全可追溯的要求，有效应对国际农产品贸易技术壁垒，促进我国食用农产品的国际大循环。

食品质量信息可追溯性的实施是食品质量安全管理工作发展到高级阶段的产物，如果相关的基础性工作没有做好，就难以建立可信的食品质量信息可追溯体系。其重要的基础性工作包括农业的标准化生产、原产地认证、产品认证、体系认证以及信息化建设等，食品生产实行了标准化并得到了相应的一系列认证，质量信息的可追溯性实施就会水到渠成。

7. 加强对农民的相关技术培训

实现食品质量信息的可追溯性给农业生产提出了更高的要求，即农民要有较高的文化水平和生产技能。但由于农业生产的比较利益低下，素质较高的青壮年农民纷纷外出打工，剩下的农业劳动力难以满足现代农业生产的需要。因此，有针对性地开展农业技术培训就变得十分必要和迫切。

8. 加强对消费者的食品安全教育

影响消费者消费具有质量信息可追溯性食品的因素除收入水平外，还包括消费者的食品安全意识、对可追溯性的认知水平、对可追溯信息的搜寻能力、消费理念等。因此，政府有责任和义务通过广播、电视、期刊、杂质、互联网等向消费者宣传食品安全方面的知识，使消费者变得更加理性和成熟，通过消费者的理性消费和维权来促进食品市场的健康发展。

参考文献

[1] 安玉发，任燕，刘畅等．供应链主体食品安全控制行为与政府监管研究［M］．北京：中国农业出版社，2014.

[2] 白云峰，陆昌华，李秉柏．肉鸡安全生产质量监控可追溯系统的设计［J］．江苏农业学报．2005.21（4）：326－330.

[3] 陈共荣，王小波．行为经济学视角下的财务风险成因与防范［J］．财经理论与实践（双月刊），2007，28（5）：74－77.

[4] 陈椒．食品安全与食品供应链管理［J］．上海企业，2005（7）：60－62.

[5] 陈锡进．中国政府食品质量安全管理的分析框架及其治理体系［J］．南京师大学报（社会科学版），2011（1）：29－36.

[6] 陈锡文，邓楠．中国食品安全战略研究［M］．北京：化学工业出版社，2004.

[7] 陈晓红．食品质量安全的市场失灵及其治理——基于制度经济学的视角［J］．生产力研究．2008（14）：70－74.

[8] 陈潇源，黄金梅．美国食品安全监管模式对中国食品安全监管体系再造的启示［J］．经济研究导刊，2014（31）：327－328.

[9] 陈雨生，乔娟，赵荣．农户有机蔬菜生产意愿影响因素的实证分析——以北京市为例［J］．中国农村经济，2009（7）：20－30.

[10] 陈原，陈康裕，李杨．环境因素对供应链中生产者食品安全行为的影响机制仿真分析［J］．中国安全生产科学技术，2011（9）：107－114.

[11] 陈子雷，李维生．现代科学技术对食品安全管理的支撑作用研究［J］．山东农业科学，2012，44（12）：112－118.

[12] 程景民．中国食品安全监管体制运行现状和对策研究［M］．北京：军事医学科学出版社，2013.

[13] 大卫·德莫尔坦．科学建议的标准：风险分析和欧洲食品安全局的创建［A］．政策制定中的科学咨询：国际比较［C］．上海：上海交通大学出版社，2015.

[14] 代文彬，慕静．面向食品安全的食品供应链透明研究［J］．贵州社会科学，2013（4）：155－159.

[15] 邓淑芬，吴广谋，赵林度等．食品供应链安全问题的信号博弈模型［J］．物流技术，2005（10）：135－137.

[16] 丁国峰．我国食品安全风险评估制度的反思和完善［J］．江淮论坛，2014（1）：129－139.

[17] 杜海，瞿斌．食品供应链需增加透明度［N］．晶报，2013－05－23（B15）.

[18] 樊红平等．可追溯体系在食品供应链中的应用与探索［J］．生态经济，2007（4）：63－65.

[19] 樊行健，周冰．建立确保食品安全的供应链追溯体系［N］．光明日报，2013－05－25（07）.

[20] 方凯，王厚俊，单初．“公司＋合作社＋农户”模式下农户参与质量可追溯体系的意愿分析［J］．农业技术经济，2013（6）：63－72.

[21] 房瑞景，陈雨生，周静．国外食品安全溯源信息监管体系及经验借鉴［J］．农业经济，2012（9）：6－8.

[22] 冯臻．企业社会责任行动实施过程影响因素实证研究——基于计划行为理论视角［J］．企业经济，2014（4）：48－51.

[23] 苟建华．食用农产品封闭供应链运作模式及政策研究［M］．北京：经济科学出版社，2012.

[24] 顾宇婷，施晓江．食品供应链环节的监管博弈［J］．中国食品药品监管，2005（7）：5－8.

[25] 郭文奇．关于我国食品安全问题的深层思考［J］．中国食品学报，

2013，13（1）：1－4.

[26] 郭政，樱珊．加强食品供应链透明度的方法与挑战［J］．上海质量，2011（4）：45－48.

[27] 韩杨，乔娟．食品安全：消费者对可追溯食品的认知、购买意愿和行为研究——北京市消费者调查［C］//2007年中国青年农经学会论文集．北京：中国农业出版社，2007：569－573.

[28] 韩杨，乔娟．食品安全追溯体系形成机理及研究进展［J］．农业质量标准，2009（4）：46－49.

[29] 何畅．论我国出口食品供应链安全风险预控机制［J］．学术交流，2011（11）：75－78.

[30] 何慧书，徐兆权．芬兰的畜产品质量追溯体系及对中国的启示［J］．世界农业，2010（10）：56－58.

[31] 赫威．我国食品供应链流通体系存在的问题与应对策略［J］．商业时代，2012（14）：39－40.

[32] 侯守礼．转基因食品的标签管制问题研究［D］．上海交通大学博士论文，2005.

[33] 华锋．我国食品安全法律体系建设现状及对策［J］．河南师范大学学报（哲学社会科学版），2015，42（4）：44－48.

[34] 江激宇，柯木飞，张士云等．农户蔬菜质量安全控制意愿的影响因素分析——基于河北省藁城市151份农户的调查［J］．农业技术经济，2012（5）：35－42.

[35] 江勇，刘秀丽，沈厚才．基于委托代理模型分析奶制品供应链上的道德风险问题［J］．物流技术，2009（9）：105－107.

[36] 雷晞琳，莫鸣，戴健飞．食品供应链中食品安全风险的来源与防范［J］．企业活力，2012（11）：28－32.

[37] 李红．中国食品供应链风险及关键控制点分析［J］．江苏农业科学，2012，40（5）：262－264.

[38] 李炜．发达国家食品可追溯系统建设及其对我国的启示［J］．中国

防伪报道, 2012 (9): 26 - 29.

[39] 李中东, 管晓洁. 食品安全可追溯信息传递有效性研究 [J]. 山东工商学报, 2018 (03): 26 - 32.

[40] 李中东, 尉迟晓娟, 张玉龙. 食品供应链可追溯信息传递的动力机制研究 [J]. 山东工商学院学报, 2020: 41 - 45.

[41] 廉恩臣. 欧盟食品安全法律体系评析 [J]. 政法论丛, 2010 (2): 94 - 100.

[42] 廖琪宗. 企业组织结构对内部控制的影响 [J]. 现代企业, 2015 (6): 8 - 9.

[43] 林朝朋, 谢如鹤, 许晓春等. 消费者对猪肉供应链安全风险的关注程度和信息获取渠道分析——基于韶关市消费者的调查分析 [J]. 广东农业科学, 2008 (3): 100 - 102.

[44] 林海. 农民经济行为的特点及决策机制分析 [J]. 理论导刊, 2003 (4): 28 - 30.

[45] 林学贵. 日本的食品可追溯制度及启示 [J]. 世界农业, 2012 (2): 38 - 42.

[46] 刘畅, 张浩, 安玉发. 中国食品质量安全薄弱环节、本质原因及关键控制点研究——基于 1460 个食品质量安全事件的实证分析 [J]. 农业经济问题, 2011 (1): 24 - 31.

[47] 刘玫, 吴浪. 从系统动力学视角谈食品供应链风险管理 [J]. 商业时代, 2011 (18): 30 - 31.

[48] 刘永胜. 食品供应链安全风险防控机制研究——基于行为视角的分析 [J]. 北京社会科学, 2015 (7): 47 - 52.

[49] 刘永胜, 陈娟. 食品供应链安全风险的形成机理——基于行为经济学视角 [J]. 中国流通经济, 2014 (3): 60 - 65.

[50] 卢凌霄, 徐昕. 日本的食品安全监管体系对中国的借鉴 [J]. 世界农业, 2012 (10): 4 - 7.

[51] 逯文娟. 我国食品安全标准及其管理体系概况 [J]. 食品安全导刊,

2013 (7): 20 -23.

[52] 罗爱学. 基于安全视角的食品供应链风险防范研究 [J]. 经济视角, 2011 (8): 128 -129.

[53] 罗兰, 安玉发, 古川等. 我国食品安全风险来源与监管策略研究 [J]. 食品科学技术学报, 2013, 31 (2): 77 -82.

[54] 罗云波, 陈思, 吴广枫. 国外食品安全监管和启示 [J]. 行政管理改革, 2011 (7): 19 -23.

[55] 吕亚荣. 食品安全管制中的政府责任及策略 [J]. 改革, 2006 (6): 103 -108.

[56] 吕园园. 基于供应链的超市食品安全风险成因分析研究 [J]. 经营管理者, 2009 (14): 117 -118.

[57] 吕文栋. 管理层风险偏好、风险认知对科技保险购买意愿影响的实证研究 [J]. 中国软科学, 2014 (7): 128 -138.

[58] 缪瑞. 我国流通环节食品安全监管问题与对策研究 [J]. 中国商贸, 2013 (9): 17 -18.

[59] 慕静. 供应链视角下食品安全责任缺失风险的传导机制及规避策略 [J]. 粮食科技与经济, 2011 (5): 5 -17.

[60] 慕静. 食品安全监管模式创新与食品供应链安全风险控制的研究 [J]. 食品工业科技, 2012, 33 (10): 49 -51.

[61] 慕静. 食品供应链中企业社会责任缺失风险的传导及控制 [N]. 中国食品安全报, 2011 -09 -10 (A03).

[62] 倪建文. 食品供应链质量管理框架及中小企业质量文化建设 [J]. 湖南师范大学社会科学学报, 2010 (5): 83 -86.

[63] 聂强大. 基于战略视角的中国食品行业供应链风险控制 [J]. 市场周刊 (理论研究), 2008 (11): 12 -13.

[64] 浦徐进, 蒋力. 吴林海. 强互惠行为视角下的合作社农产品质量供给治理 [J]. 中国农业大学学报 (社会科学版), 2012 (1): 132 -140.

[65] 乔娟, 王慧敏. 基于质量安全的猪肉流通主体行为与监管体系研究

[M]. 北京：中国农业大学出版社，2013.

[66] 覃婵，文良娟，彭飞荣，李玉明. 农产品质量追溯体系在分散农户中的建立探讨 [J]. 安徽农业科学，2009 (27)：13264-13266.

[67] 秦荣生，张庆龙. 企业内部控制与风险管理 [M]. 北京：经济科学出版社，2102.

[68] 任燕，安玉发，孙梦洁等. 食品安全内涵及关联主体行为研究综述 [J]. 经济问题探索，2011 (7)：96-102.

[69] 宋超英，张筱莹，张乾. 消费者的品牌选择行为研究——基于行为经济学视角下的分析 [J]. 价格理论与实践，2008 (12)：76-77.

[70] 孙世民，彭玉珊. 论优质猪肉供应链中养殖与屠宰加工环节的质量安全行为协调 [J]. 农业经济问题，2012 (3)：77-83.

[71] 汤伯兴. 应重视食品安全文化建设 [N]. 中国医药报，2006-11-20 (B05).

[72] 童兰，胡求光. 农产品质量安全可追溯体系主体的利益博弈分析 [J]. 浙江农业科学，2012 (11)：1566-1570.

[73] 晚春东，宋威，晚国泽. 供应链环境下食品质量安全风险研究述评 [J]. 绍兴文理学院学报，2014，34 (10)：25-30.

[74] 王殿华，翟璐怡. 全球化背景下食品供应链管理研究——美国全球供应链的运作及对中国的启示 [J]. 苏州大学学报，2013 (2)：109-114.

[75] 王东. 国外风险管理理论研究综述 [J]. 金融发展研究，2012 (2)：23-27.

[76] 王东风，文向阳. EAN. UCC 系统用于水果和蔬菜的跟踪与追溯 [J]. 条码与信息系统，2004 (3)：6-11.

[77] 王铬. 食品供应链风险分析与防范 [J]. 中国物流与采购，2009 (2)：72-73.

[78] 王海萍. 食品供应链的安全监管 [J]. 社会科学家，2010 (9)：110-112.

[79] 王华书，林光华，韩纪琴．加强食品质量安全供应链管理的构想与对策［J］．食品现代化研究，2010（3）：267－271.

[80] 王慧敏，乔娟，宁攸凉．消费者对安全食品购买意愿的影响因素分析——基于北京市城镇消费者“绿色食品”认证猪肉消费行为的实证分析［J］．中国畜牧杂志，2012（6）：48－52.

[81] 王建华，马玉婷，晁熳璐．农户农药残留认知及其行为意愿影响因素研究——基于全国五省 986 个农户的调查数据［J］．软科学，2014（9）：134－138.

[82] 王可山，韩杨．消费者对质量安全畜产食品的消费行为分析——基于北京市消费者的实证研究［C］．//全国青年农业经济学者年会，2006：24－26.

[83] 王可山，李秉龙，商爱国．食品生产者诚信问题的经济学思考［J］．新疆农垦经济，2005（12）：28－31.

[84] 王可山．中国畜产食品质量安全的市场主体与监管机制研究［D］．中国农业大学博士学位论文，2006.

[85] 王路遥．论食品安全监管制度的完善［J］．法制博览，2015（06）（下）：202－203.

[86] 汪普庆．基于供应链的蔬菜质量安全治理研究［M］．武汉：武汉大学出版社，2012.

[87] 王喜珍．国外食品安全监管体制变革趋势及借鉴［J］．社科纵横，2013，28（4）：45－48.

[88] 王志刚，王斯文．消费者对食品安全风险来源的关注度分析——基于全国城乡居民的问卷调查［J］．中国食物与营养，2012，18（5）：37－40.

[89] 魏益民，刘为军，潘家荣．中国食品安全控制研究［M］．北京：科学出版社，2010.

[90] 文晓魏等．食品安全监管、企业行为与消费者决策［M］．北京：中国农业出版社，2013.

[91] 文晓巍，刘妙玲. 食品安全的诱因、窘境与监管：2002－2011 年 [J]. 改革，2012 (9)：37－42.

[92] 吴军，李健，汪寿阳. 供应链风险管理中的几个重要问题 [J]. 管理科学学报，2006，9 (6)：1－12.

[93] 吴浪. 食品供应链风险管理研究 [D]. 长春：吉林大学学位论文，2010.

[94] 吴林海，钱和等. 中国食品安全发展报告 (2012) [M]. 北京：北京大学出版社，2012.

[95] 吴林海，王建华，朱淀等. 中国食品安全发展报告 2013 [M]. 北京：北京大学出版社，2013.

[96] 吴林海，尹世九，王建华等. 中国食品安全发展报告 2014 [M]. 北京：北京大学出版社，2014.

[97] 吴群. 食品供应链中生产企业质量风险因素及防范措施 [J]. 物流技术，2012 (7)：328－330.

[98] 吴素春，张琴丽，胡坤. 食品供应链中核心企业食品安全风险防范分析 [J]. 科技创业月刊，2009 (10)：79－80.

[99] 郗恩崇，陈鹏. 食品供应链的风险诱因分析 [J]. 交通企业管理，2011 (7)：74－75.

[100] 肖为群，魏国辰. 发展农产品供应链合作关系 [J]. 宏观经济管理，2010 (5)：53－54.

[101] 谢菊芳. 猪肉安全生产全程可追溯系统的研究 [D]. 中国农业大学博士学位论文，2005.

[102] 徐成德. 发达国家农产品质量追溯的实践与借鉴 [J]. 农产品加工·学刊，2009 (09)：65－68.

[103] 杨波. 浅论我国食品行业供应链风险识别与控制 [J]. 中国市场，2008 (41)：120－121.

[104] 杨瑞龙，冯健. 企业间网络的效率边界：经济组织逻辑的重新审视 [J]. 中国工业经济，2003 (11)：5－13.

[105] 杨山峰，李瑞雪．基于食品供应链的食品安全保障机制研究 [J]．食品工业科技，2009 (8)：291 -293.

[106] 杨小敏．我国食品安全风险评估模式之改革 [J]．浙江学刊，2012 (2)：141 -149.

[107] 杨永亮．农产品生产追溯制度建立过程中的农户行为研究 [D]．浙江大学硕士学位论文，2007，65 -67.

[108] 叶俊焘，胡亦俊．蔬菜批发市场供应商质量安全可追溯体系供给行为研究 [J]．农业技术经济，2010 (8)：19 -27.

[109] 叶军，杨川，丁雪梅．日本食品安全风险管理体制及启示 [J]．农村经济，2009 (10)：123 -125.

[110] 尹世久，陈默，徐迎军．消费者安全认证食品多源信任融合模型研究——以有机食品为例 [J]．江南大学学报 (人文社会科学版)，2012，11 (2)：114 -120.

[111] 尹志洁．农产品质量安全信息不对称与对策研究 [D]．中国农业科学院硕士学位论文，2008：15 -30.

[112] 于辉，安玉发．在食品供应链中实施可追溯体系的理论探讨 [J]．农业质量标准，2005 (3)：39 -41.

[113] 余明桂，李文贵，潘红波．管理者过度自信与企业风险承担 [J]．金融研究，2013 (1)：149 -163.

[114] 喻闻．农产品供应链案例研究 [M]．北京：中国农业科学技术出版社，2008.

[115] 张诚，张广胜．农产品供应链风险影响因素的 ISM 分析 [J]．江西社会科学，2012 (3)：53 -57.

[116] 张谷民，陈功玉．食品安全与可追溯系统 [J]．中国物流与采购，2005 (14)：42 -44.

[117] 张汉江，肖伟，葛伟娜等．有害物质在食品供应链中传播机制的混合策略静态博弈模型 [J]．系统工程，2008，26 (1)：62 -67.

[118] 张会恒．政府规制理论国内研究述评 [J]．经济管理，2005 (9)：

31－34.

［119］张红霞．核心企业主导的食品供应链质量安全风险控制研究［D］．北京：中国农业大学学位论文，2014.

［120］张红霞，安玉发，张文胜．我国食品安全风险识别、评估与管理——基于食品安全事件的实证分析［J］．经济问题探索，2013（6）：135－141.

［121］张金丽，李真，邹瑾．供应链视角下食品质量安全控制的关键点分析［J］．物流工程与管理，2013（10）：101－103.

［122］张丽娜．我国政府规制理论研究综述［J］．中国行政管理，2006（12）：87－90.

［123］张婷．农户绿色蔬菜生产行为影响因素分析——以四川省512户绿色蔬菜生产农户为例［J］．统计与信息论坛，2012（12）：88－95.

［124］张卫斌，顾振宇．基于食品供应链管理的食品安全问题发生机理分析［J］．食品工业科技，2007（1）：215－220.

［125］赵方婷．食品安全事件折射供应链透明度不高［N］．现代物流报，2014－08－29（B02）.

［126］赵建欣，张忠根．基于计划行为理论的农户安全农产品供给机理探析［J］．财贸研究，2007（6）：40－45.

［127］赵建欣，张忠根．农户安全蔬菜供给决策机制实证分析［J］．农业技术经济，2009（5）：31－38.

［128］赵荣．中国食用农产品质量安全追溯体系激励机制研究［M］．北京：中国农业出版社，2012.

［129］赵荣，陈绍志，乔娟．美国、欧盟、日本食品质量安全追溯监管体系及对中国的启示［J］．世界农业，2012（3）：1－4

［130］郑红军．农产品质量安全控制综观研究［M］．北京：人民出版社，2011.

［131］郑智航．食品安全风险评估法律规制的唯科学主义倾向及其克服——基于风险社会理论的思考［J］．法学论坛，2015（1）：

91 -98.

[132] 周德翼，杨海娟. 食物质量安全管理中的信息不对称与政府监管机制 [J]. 中国农村经济，2002 (6)：29 -35.

[133] 周峰，徐翔. 欧盟食品安全可追溯制度对我国的启示 [J]. 经济纵横，2007 (10)：71 -73.

[134] 周洁红. 消费者对蔬菜安全的态度、认知和购买行为分析：基于浙江省城市和城镇消费者的调查统计 [J]. 中国农村经济，2004 (11)：44 -52.

[135] 周洁红，姜励卿. 农产品质量安全追溯体系中的农户行为分析 [J]. 浙江大学学报 (人文社会科学版)，2007 (2)：118 -127.

[136] 周清杰. 论我国当前食品安全监管体制的制度困局 [J]. 北京工商大学学报 (社会科学版)，2008 (6)：28 -32.

[137] 周应恒，耿献辉. 信息可追溯系统在食品质量安全保障中的应用 [J]. 农业现代化研究，2002 (6)：451 -454.

[138] 周应恒，霍丽玥，彭晓佳. 食品安全：消费者态度、购买意愿及信息的影响——对南京市超市消费者的调查分析 [J]. 中国农村经济，2004 (11)：53 -80.

[139] 周永刚，王志刚. 基于国际比较视角的我国食品安全监管体系研究 [J]. 宏观质量管理，2014，2 (2)：74 -81.

[140] 朱天舒. 食品供应链控制区质量安全管控理论与方法研究 [D]. 天津：天津大学学位论文，2010.

[141] 曾雄旺，杜红梅. 绿色食品原料生产者与加工商行为选择分析 [J]. 产业与科技论坛，2011 (5)：30 -32.

[142] 左两军，王雄志. 不同管制条件下食品供应链成员企业的质量管理行为分析 [J]. 华南农业大学学报 (社会科学版)，2008 (2)：70 -77.

[143] Agiwal S and Mohtadi H. Risk Mitigating Strategies in the Food Supply Chain [A]. American Agricultural Economics Association (New Name

2008: Agricultural and Applied Economics Association), 2008 Annual Meeting [C]. Orlando, Florida, July 27 -29, 2008.

[144] Akerlof G. A. The market for "lemons": quality uncertainty and the market mechanism [J]. The Quarterly Journal of Economics, 1970, 84 (3): 488 -500.

[145] Albersmeier F, Schulze H, Jahn G, et al. The reliability of third - party certification in the food chain: From checklists to risk - oriented auditing [J]. Food Control, 2009, 20 (10): 927 -935

[146] Albert, A. , and J. A. Anderson. On the Existence of Maximum Likelihood Estimates in Logistic Regression Models [J]. Biometrika, 198471 (1): 1 -10.

[147] Allison, P. D. 2001. Logistic Regression Using the SAS System: Theory and Application. Cary, NC: SAS Institute and Wiley, Inc.

[148] Amanor - Boadu, V. , and S. A. Starbird. 2003. "The Value of Anonymity in Supply Chain Relationships." Paper presented at the AAEA annual meeting, Montreal QC, 26 -30 July.

[149] Antle, J. M. 1995. Choice and Efficiency in Food Safety Policy. Washington, D. C: American Enterprise Institute, AEI Press.

[150] Arienzo A, Coff C, Barling D. The European Union and the regulation of food traceability: from risk management to informed choice? [A]. Ethical Traceability and Communicating Food [C]. Dordrecht: Springer Netherlands, 2008. 23 -42.

[151] Aruoma O I. The impact of food regulation on the food supply chain [J]. Toxicology, 2006 (221): 119 -127.

[152] Aulakh P S and Gencturk E F. International principal - agent relationships - control, governance and performance [J]. Industrial Marketing Management, 2000, 29 (6): 521 -538.

[153] Baer, A. G. , and C. Brown. 2006. "Adoption of E - Marketing by Di-

rect Market Farms in the Northeastern U. S. " Paper presented at the AAEA annual meeting, Long Beach CA, 23 –26 July.

[154] Bailey, D. , J. Robb. , and L. Checketts. 2005. "Perspectives on Traceability and BSE Testing in the US Beef Industry. " Choices, 20 (4): 293 –297.

[155] Baldani, J. , J. Bradfield, and R. Turner. 1996. Mathematical Economics. Fort Worth, TX: The Dryden Press, Harcourt Brace College Publishers.

[156] Banterle, A. , S. Stranieri, and L. Baldi. 2006. "Voluntary Traceability and Transaction Costs: An Empirical Analysis in the Italian Meat Processing Supply Chain. " Paper presented at the 99th European Seminar of the EAAE: Trust and Risk in Business Networks, Bonn Germany, 8 –10 February.

[157] Banterle A, Stranieri S. The consequences of voluntary traceability system for supply chain relationships. An application of transaction cost economics [J]. Food Policy, 2008, 33 (6): 560 –569.

[158] Bavorová M, Hirschauer N. Producing compliant business behavior: disclosure of food inspection results in Denmark and Germany [J]. Journal of Consumer Protection and Food Safety, 2012, 7 (1): 45 –53.

[159] Becker T. Consumer perception of fresh meat quality: a framework for analysis [J]. British Food Journal, 2000, 102 (3): 158 –76.

[160] Bertolinia M. , Bevilacquab M. , Massinia R. FMECA approach to product traceability in the food industry [J]. Food Control, 2006, 17 (2): 137 –145.

[161] Bogataj D and Bogataj M. Measuring the supply chain risk and vulnerability in frequency space [J]. International Journal of Production Economics, 2007, 108 (1 –2): 291 –301.

[162] Buhr, B. L. 2003. "Traceability and Information Technology in the

Meat Supply Chain: Implications for Firm Organization and Market Structure." Journal of Food Distribution Research 34 (3): 13 –26.

[163] Castro P. D. Mechanization and Traceability of Agricultural Products: A Challenge for the future [C]. Paper presented at the Club of Bologna meeting, 2002: 1 – 14.

[164] Caswell J. A., Mojduszka E. M. Using informational labeling to influence the market for quality in food products [J]. American Journal of Agricultural Economica N. S, 1996 (78): 1248 – 1253.

[165] Caswell, J. A. 2006. "A Food Scare a Day: Why Aren't We Better at Managing Dietary Risk?" Human and Ecological Risk Assessment 12: 9 – 17.

[166] Charlier C, Valceschini E. Coordination for traceability in the food chain. A critical appraisal of European regulation [J]. European Journal of Law and Economics, 2008, 25 (1): 1 – 15.

[167] Cho, B – H., and N Hooker. 2006. "Selection of Food Safety Standards." Paper presented at the AAEA annual meeting, Long Beach CA, 23 –26 July.

[168] Choe Y C, Park J, Chung M, et al. Effect of the food traceability system for building trust: Price premium and buying behavior [J]. Information Systems Frontiers, 2009, 11 (2): 167 – 179.

[169] Chopra S, Sodhi M S. Managing risk to avoid supply chain breakdown [J]. MIT Sloan Management Review, 2004, 46 (1): 53 –62.

[170] Christopher M and Peck H. Building the Resilient Supply Chain [J]. The International Journal of Logistics Management, 2004, 15 (2): 1 – 14.

[171] Coase, R. H. 1937. "The Nature of the Firm." Economica, New Series 4 (16): 386 –405. 1988. "The Nature of the Firm: Meaning." Journal of Law, Economics & Organization 4 (1): 19 –32

[172] Coff C, Korthals M and Barling D. Ethical traceability and informed food choice [A]. Ethical Traceability and Communicating Food: The International Library of Environmental, Agricultural and Food Ethics [C]. Berlin: Springer, 2008. 1 –22.

[173] Cope S, Frewer L J, Renn O, et al. Potential methods and approaches to assess social impacts associated with food safety issues [J]. Food Control, 2010, 21 (12): 1629 –1637.

[174] Cooter, R. D. 1991. "Economic Theories of Legal Liability." Journal of Economic Perspec – tives 5: 11 –30.

[175] Crespi, J. M., and S. Marette. 2001. "How Should Food Safety Certification be Financed." American Journal of Agricultural Economics 83 (4): 852 –861.

[176] Dani S and Deep A. Fragile food supply chains: reacting to risks [J]. International Journal of Logistics Research and Applications, 2010, 13 (5): 395 –410.

[177] Diabat A, Govindan K, Panicker V V. Supply chain risk management and its mitigation in food industry [J]. International Journal of Production Research, 2011, 50 (11): 3039 –3050.

[178] Dickinson, D. L., and D. Bailey. 2002 "Meat Traceability: Are U. S. Consumers Willing to Pay for It?" Journal of Agricultural and Resource Economics 27 (2): 348 –364.

[179] Dickson D L, Bailey D. Experimental evidence on willingness to pay for red meat traceability in United States, Canada, the United Kingdom and Japan [J]. Journal of Agricultural and Applied Economics, 2005, 37 (3): 537 –548.

[180] Doyon G., Lagimonière M. Traceability and quality assurance systems in food supply chain [J]. Stewart Postharvest Review, 2006, 2 (3): 1 –16.

[181] Dupuy, C., V. Botta - Genoulaz, and A. Guinet. 2005. "Batch Dispersion Model to Optimize Traceability in the Food Industry." Journal of Food Engineering 70: 333 - 339.

[182] Economides, N. 1996. "The Economics of Networks." International Journal of Industrial Organization 14 (6): 673 - 699.

[183] Engelseth P. Food product traceability and supply network integration [J]. Journal of Business & Industrial Marketing, 2009, 24 (5/6): 421 - 430.

[184] EurepGAP. 2004. "Checklist, Fruits and Vegetables, Version 2.1 - Oct. 2004." Available at http://www.eurepgap.org. Accessed in December 2005.

[185] European Parliament and Council. 2000. "Regulation (EC) No 1760/2000, Establishing a System for the Identification and Registration of Bovine Animals and Regarding the Labeling of Beef and Beef Products and Repealing Council Regulation (EC) No 820/97." Official Journal of the European Communities L 204: 1 - 10.

[186] European Commission. 2000. "Commission Regulation (EC) No 1825/2000, Laying Down Detailed Rules for the Application of Regulation (EC) No 1760/2000 of the European Parliament and of the Council as Regards the Labeling of Beef and Beef Products." Official Journal of the European Communities L 216: 8 - 12.

[187] European Parliament and of the Council. 2002. "Regulation (EC) No 178/2002, Laying Down the General Principles and Requirements of Food Law, Establishing the European Food Safety Authority and Laying Down Procedures in Matters of Food Safety." Official Journal of the European Communities L 31: 1 - 24.

[188] European Parliament and of the Council. 2003. "Regulation (EC) No 1830/2003 Concerning the Traceability and Labeling of Genetically Modi-

fied Organisms and the Traceability of Food and Feed Products Produced from Genetically Modified Organisms and Amending Directive 2001/18/EC. " Official Journal of the European Communities L 268: 24 -28.

[189] FAO/WHO guidance to governments on the application of HACCP in small and/or less - developed food businesses [J]. Fao Food and Nutrition Paper, 2006 (86): 1 -74.

[190] Fearne, A. 1998. "The Evolution of Partnerships in the Meat Supply Chain: Insights from the British Beef Industry. " Supply Chain Management: An International Journal 3 (4): 214 -231.

[191] Firth, D. 1993. "Bias Reduction of Maximum Likelihood Estimates. " Biometrika 80 (1): 27 - 38.

[192] Folbert, J. P. , and J. C. Dagevos. 2000. "Veilig en Vertrouwd - Voedselveiligheid en het Verwerven van Consument envertrouwen in Comparative Context" LEI, Den Haag, the Nether- lands.

[193] Forward S E. The theory of planned behavior: The role of descriptive norms and past behavior in the prediction of drivers' intentions to violate [J]. Transportation Research Part F: Traffic Psychology and Behavior, 2009, 12 (3): 198 -207.

[194] Gabinete de Planeamento das Politicas Agro - Alimentares (GPPAA). 2001. "Estudo Previsional de Comportamento de Mercado da Pêra Rocha - Relatório Final. " Gabinete de Planeamento das Politicas Agro - Alimentares, Alfragide, Portugal.

[195] Gellynck, X. , R. Januszewska, and J. Viaene. 2005. "Firm's Costs of Traceability Confronted with Consumer Requirements. " Paper presented at the 92nd EAAE Seminar in Quality Management and Quality Assurance in Food Chains, Göttingen Germany, 2 -4 March.

[196] Giacomini, C. , M. C. Mancini, and C. Mora. 2002. "Case Study on the Traceability Systems in the Fruit and Vegetable Sector. " Paper pres-

ented at the 17th Symposium of the International Farming Systems Association, Lake Buena Vista FL, 17 –20 November.

[197] Giraud – Héraud, E. , H. Hammoudi, and L. – G Soler. 2005. "Retailer – led Regulation of Food Safety: Back to Spot Markets?" Paper presented at the 11th EAAE Conference, Copenhagen Denmark, 24 –27 August.

[198] Golan, E. B. , Krissoff, F. , Kuchler, K. Nelson, G. Price, and L. Calvin. 2003. "Traceability for Food Safety and Quality Assurance: Mandatory Systems Often Miss the Mark. " Current Agricultural, Food, & Resource Issues (4): 27 –35.

[199] Golan E, Krissoff B, Kuchler F, et al. Traceability in the US Food Supply: Dead end or superhighway? [J]. Choices: the Magazine of Food, Farm & Resource Issues, 2003, 18 (2): 17 –20.

[200] Golan E, Krissoff B. , Kuchler F. . Food traceability: One ingredient in a safe and efficient food supply [J]. Prepared Foods, 2005, 174 (1): 59 –70.

[201] Goldsmith, P. 2004. "Traceability and Identity Preservation Policy: Private Incentive vs. Public Intervention. " Paper presented at the AAEA annual meeting, Denver CO, 1 –4 August.

[202] Goles T, Jayatilaka B, George B, et al. Soft lifting: Exploring determinants of attitude [J]. Journal of Business Ethics, 2008, 7 (4): 481 –499.

[203] Gracia, A. , and G. Zeballos. 2005. "Attitudes of Retailers Towards the EU Traceability and Labeling System for Beef. " Journal of Food Distribution Research 36 (3): 45 –56.

[204] Griffith C J, Livesey K M, Clayton D A. Food safety culture: the evolution of an emerging risk factor? [J]. British Food Journal, 2010, 112 (4): 426 –438.

[205] Haishui Jin, Jun Wu. Research on Food Supply Chain Risk and Its Management [J]. Interna - tional Journal of Food Science and Biotechnology, 2018; 3 (4): 102 -108.

[206] Haishui Jin, Jun Wu. Research on Risk Identification and Safety Supervision Management of Food Supply Chain [J]. Food Science & Nutrition Research, 2019; 2 (1): 1 -7.

[207] Haishui Jin, Yongsheng Liu. Research on Risk Behavior Choice of Food Supply Chain Enter - prises [J]. Food Science & Nutrition Research, 2019; 2 (2): 1 -7.

[208] Hall D. Food with a visible face: Traceability and the public promotion of private governance in the Japanese food system [J]. Geoforum, 2010, 41 (5): 826 -835.

[209] Harrison D A. Volunteer Motivation and Attendance Decisions: Competitive Theory Testing in Multiple Samples from a Homeless Shelter [J]. Journal of Applied Psychology, 1995, 80 (3): 371 -385.

[210] Hayes A F. Beyond Baron and Kenny: Statistical Mediation Analysis in the NewMillennium [J]. Communication Monographs, 2009, 76 (4): 408 -420.

[211] Heinze, G. , and M. Schemper. 2002. "A Solution to the Problem of Separation in Logistic Regression. " Statistics in Medicine 21: 2409 -2419.

[212] Heinze, G. , and M. Ploner. 2003. "Fixing the Nonconvergence Bug in Logistic Regression with SPLUS and SAS. " Computer Methods and Programs in Biomedicine 71: 181 -187.

[213] Hennessy, D. A. , J. Roosen, and J. A. Miranowski. 2001. "Leadership and the Provision of Safe Food. " American Journal of Agricultural Economics 83 (4): 862 -874.

[214] Hennessy D A, Roosen J, Jensen H H. Systemic failure in the provision of safe food [J]. Food Policy, 2003, 28 (1): 77 -96.

[215] Henson, S. J. , and W. B. Trail. 1993, "The Demand for Food Safety: Market Imperfections and the Role of Government." Food Policy 18 (2): 152 - 62.

[216] Hirschauer N, Bavorova M. An analytical framework for a behavioral analysis of non - compliance in food supply chains [J]. British Food Journal, 2012, 114 (9): 1212 - 1227.

[217] Hobbs, J. E. 2002. "Consumer Demand for Traceability." Paper presented at the Internation - al Agricultural Trade Research Consortium Annual Conference, Monterey CA, 7 - 9 March. 2004 "Information Asymmetry and the Role of Traceability Systems." Agribusiness 20 (4): 397 - 415.

[218] Hobbs J. Information asymmetry and the role of traceability systems [J]. Agribusiness, 2004, 20 (4): 397 - 415.

[219] Hobbs, J. E. , D. Bailey, D. L. Dickinson, and M. Haghiri. 2005. "Traceability in the Canadi - an Red Meat Sector: Do Consumers Care?" Canadian Journal of Agricultural Economics 53: 47 - 65.

[220] Hofstede, G. J. 2002. "Transparency in Netchains" Review Paper for KLICT v. 1. 6. Wagenin - gen University Information Technology Group, KLICT 3949.

[221] Hopkin P. Fundamentals of Risk Management: Understanding Evaluating and Implementing Effective Risk Management [M]. Philadelphia: Kogan Page, 2010.

[222] Hornibrook, S. A. , and A. Fearne. 2001 "The Management of Perceived Risk: A Multi - tier Case Study of a UK Retail Beef Supply Chain." Journal of Chain and Network Science 1 (2): 87 - 100

[223] Houghton J R, Rowe G, Frewer L J, et al. The quality of food risk management in Europe: Perspectives andpriorities [J]. Food Policy, 2008, 33 (1): 13 - 26.

[224] Huffman, W. E. and S. Mercier. 1991. "Joint Adoption of Microcomputer Technologies: An Analysis of Farmers Decisions." Review of Economics and Statistics 73: 541, 546. Instituto Nacional de Estatistica (INE). 1999. Recenseamento Geral da Agricultura de 1999. Instituto Nacional de Estatística, Lisboa.

[225] James, H. S., P. Klein, and M. E. Sykuta. 2005. "Markets, Contracts, or Integration? The Adoption, Diffusion, and Evolution of Organizational Form." Paper presented at the AAEA annual meeting, Providence RI, June 24 - 27.

[226] Jansen - Veullers, M. H., C. A. van Dorp, and A. Beulens. 2003 "Managing Traceability Information in Manufacture" International Journal of Information Management 23: 395 - 413

[227] Juttner U, Peck H and Christopher M. Supply chain risk management: outlining an agenda for future research [J]. International Journal of Logistics: Research and Applications, 2003, 6 (4): 199 - 213.

[228] Katchova, A. L., and M. J. Miranda. 2004. "Two - step Econometric Estimation of Farm Characteristics Affecting Marketing Contract Decisions." American Journal of Agricultural Economics 86 (1): 88 - 102.

[229] Katz, M., and C. Shapiro. 1985. "Network Externalities, Competition and Compatibility." The American Economic Review 75 (4): 424 - 40.

[230] Kautonen T, Van Gelderen M and Tornikoski E T. Predicting Entrepreneurial Behaviour: A Test of the Theory of Planned Behaviour [J]. Applied Economics, 2013, 45 (6): 697 - 707.

[231] Kennedy. P. 1998. A Guide to Econometrics - 4th Edition. Cambridge, MA: MIT Press. Kolstad, C. D., T. S. Ulen, and G. Johnson. 1990 "Ex Post Liability for Harm vs. Ex Ante Safety Regulation: Substitutes or

Complements?" The American Economic Review 80 (4): 888 -901.

[232] Krystallis A, Frewer L, Rowe G, et al. A perceptual divide? Consumer and expert attitudes to food risk management in Europe [J]. Health Risk & Society, 2007 (9): 407 -424.

[233] Laeequddin M, Sardana G D, Sahay B S, et al. Supply chain partners' trust building process through risk evaluation: the perspectives of UAE packaged food industry [J]. Supply Chain Management: An International Journal, 2009, 14 (4): 280 -290.

[234] Liddell S., Baily D. Market opportunities and threats to the U. S pork industry posed by traceability systems [J]. International Food and Agribusiness Management Review, 2001, 4 (3): 287 -302.

[235] Lockwood C M & MacKinnon D P. Bootstrapping the standard error of the mediatedeffect [A]. Proceedings of the 23rd Annual Meeting of the SAS Users Group International [C]. Cary, NC: SAS Institute, Inc., 1997: 997 -1002.

[236] Loureiro, M. L., A. Gracia, and R. M. Nayga. 2006. "Do Consumers Value Nutritional Labels?" European Review of Agricultural Economics 33 (2): 249 -268.

[237] Loureiro M L,, Umberger W J. Estimating consumer willingness to pay for country - of - origin labeling [J]. Journal of Agriculture and Resource Economics, 2003 (28): 287 -301.

[238] MacDonald, J., J. Perry, M. Ahearn, D. Banker, W. Chambers, C. Dimitri, N. Key, K. Nelson, and L. Southard. 2004. Contracts, Markets, and Prices: Organizing the Production and Use of Agricultural Commodities. Washington DC: U. S. Department of Agriculture, Economic Research Service, Agricultural Economic Report No. 837, November.

[239] Maddala, G. S. 1983. Limited - dependent and Qualitative Variables in Econometrics. New York NY: Cambridge University Press.

[240] Manning L. Development of a food safety verification risk model [J]. British Food Journal, 2013, 115 (4): 575 -589.

[241] Manning L, Baines R N and Chadd S A. Food safety management in broiler meat production [J]. British Food Journal, 2006a, 108 (8): 605 -621.

[242] Manning L, Baines R N and Chadd S A. Ethical modelling of the food supply chain [J]. British Food Journal, 2006b, 108 (5): 358 -370.

[243] Manning L, Soon J M. Mechanisms for assessing food safety risk [J]. British Food Journal, 2013, 115 (3): 460 -484.

[244] Manuj I and Mentzer J T. Global Supply Chain Risk Management [J]. Journal of Business Logistics, 2008, 29 (1): 133 -155.

[245] Manzini R, Accorsi R. The new conceptual framework for food supply chain assessment [J]. Journal of Food Engineering, 2013 (115): 251 -263.

[246] Matopoulos A, Vlachopoulou M, Manthou V, et al. A Conceptual Framework For Supply Chain Collaboration: Empirical Evidence From The Agri - Food Industry [J]. Supply Chain Management: An International Journal, 2007, 12 (3): 177 -186.

[247] Maurer T J, Weiss E M, Barbeite F G. A model of involvement in work - related learning and development activity: The effects of individual, situational, motivational, and age variables [J]. Journal of Applied Psychology, 2003, 88 (4): 707 -724.

[248] Menard, C. 2004. "The Economics of Hybrid Organizations." Journal of Institutional and Theoretical Economics 160: 345 -376.

[249] Ménard C, Valceschini E. New institutions for governing the agrifood industry [J]. European Review of Agricultural Economics, 2005, 32 (3): 421 -440.

[250] Mequita L F. Starting over when the bickering never ends: Rebuilding

aggregate trust among clustered firms through trust facilitators. Academy of Management Review, 2007, 32 (1): 72 -91.

[251] Meuwissen, M. P. M., A. G. J. Velthuis, H. Hogeveen, and R. B. M. Huirne. 2003. "Traceability and Certification in Meat Supply Chains." *Journal of Agribusiness* 21 (2): 167 -181.

[252] Moe, T. 1998 "Perspectives on Traceability in Food Manufacture." Food and Science Tech - nology 9: 211 -214.

[253] Moore C M. Integrating Food Safety Risk Assessment and Consumer - Focused Risk Commu - nication [D]. North Carolina State University, 2009.

[254] Mora, C. and D. Menozzi. 2005. "Vertical Contractual Relations in the Italian Beef Supply Chain." *Agribusiness* 21 (3): 213 -235.

[255] Nagurney, A. 1999. Network Economics: A Variational Inequality Approach. Second and revised edition. Dordrecht, The Netherlands: Kluwer Academic Publishers.

[256] Nganje W, Bier V, Han H, et al. Models of Interdependent Security along the Milk Supply Chain [J]. American Journal of Agricultural Economics, 2008, 90 (5): 1265 -1271.

[257] Neiger D, Rotaru K, and Churilov L. Supply Chain Risk Identification with Value - Focused Process Engineering [J]. Journal of Operations Management, 2009, 27 (2): 154 -168.

[258] Noomhorm A and Ahmad I. Food Supply Chain Management and Food Safety: South and East - Asia Scenario [J]. Agricultural Information Research, 2008, 17 (4): 131 -136.

[259] Oke A and Gopalakrishnan M. Managing disruptions in supply chains: A case study of a retail supply chain [J]. International Journal of Production Economics, 2009, 118 (1): 168 -174.

[260] Ostrom E, Walker J. Trust and reciprocity: interdisciplinary lessons from

experimental research [M]. New York: Russell Sage Foundation, 2003.

[261] Pape, W. R., K. W. Gjerde, Jorgenson, B., and R. D Doyle. 2005. "Farm to Fork is not a Single Chain." Food Traceability Report, January, pp. 14-15.

[262] Pavlou P A, Gefen D. Building effective online marketplaces with institution-based trust [J]. Information Systems Research, 2004, 15 (1): 37-59.

[263] Peck H. Drivers of Supply Chain Vulnerability: An Integrated Framework [J]. International journal of physical distribution & logistics management, 2005, 35 (4): 210-232.

[264] Peck H. Reconciling supply chain vulnerability, risk and supply chain management [J]. International Journal of Logistics Research and Applications, 2006b, 9 (2): 127-142.

[265] Peck H. Resilience in the food chain: a study of business continuity management in the food and drink industry [R]. Shrivenham, UK: Department for Environment, Food and Rural Affairs, Department of Defence Management & Security Analysis, Cranfield University, Final Report, 2006a: 1-193.

[266] Peris, E., and J. F. Juliá. 2005. "Production Costs of Citrus Growing in the Comunidad Valenciana (Spain): EurepGAP Protocol vs. Standard Production." Paper presented at the 92nd EAAE Seminar in Quality Management and Quality Assurance in Food Chains, Göttingen Germany, 2-4 March.

[267] Pinto, A., and A. Fragata. 2005. "O EurepGAP numa Organização de Produtores: Custos e Benefícios." Seminário FrutaConfiança, Peral Portugal, 5 December.

[268] Pouliot, S., and D. Sumner. 2006. "Traceability, Liability and Incen-

tives for Food Safety and Quality." Paper presented at AAEA annual meeting, Long Beach CA, 23 -26 July.

[269] Pouliot S, Sumner D A. Traceability, Liability, and Incentives for food safety and quality [J]. American Journal of Agricultural, 2008, 90 (1): 15 -27

[270] Rao S and Goldsby T. Supply Chain Risks: a review and typology [J]. The International Journal of Logistics Management, 2009, 20 (1): 97 -123.

[271] Robson I and Rawnsley V. Co - operation or coercion? Supplier networks and relationships in the UK food industry [J]. Supply Chain Management: An International Journal, 2001, 6 (1): 39 -47.

[272] Roosen J., Lusk J. L., J. A. Fox. A consumer demand for and attitudes toward alternative beef labeling strategies in France [J]. Agribusiness, 2003, 19 (1): 77 -90.

[273] Royer, J. S., and B. Sanjib. 1995. "Forward Integration by Farmer Cooperatives: Compara - tive Incentives and Impacts." Journal of Cooperatives 10: 33 -48.

[274] Royer, J. S., 1998. "Market Structure, Vertical Integration, and Contract Coordination." In J. S. Royer and R. T. Rogers, editors. The Industrialization of Agriculture: Vertical Coordination in the U. S. Food System. Aldershot England: Ashgate Publishing Co. SAS. Documentation: FAQ # 960. Available at http://support. sas. com/faq. Accessed May 2006.

[275] Sheffi Y, Rice Jr J B. A supply chain view of the resilient enterprise [J]. MIT Sloan Manage - ment Review, 2005, 47 (1): 41 -48.

[276] Silva, J. M., N. G. Barba, M. T. Barros, and A. Torres - Paulo. 2005. " 'Rocha' the Pear from Portugal." Proceedings IXth International Pear Symposium. Edited by K. I. Theron. Acta Horticul - turae 671,

International Society for Horticultural Science. Simonson I and Drolet A. Anchoring effects on consumers' willingness – to – pay and willingness – to – accept [J]. Journal of Consumer Research, 2004, 13: 681 –690.

[277] Smith A. , C. J. Morris – Paul, W. R, Goe, and M. Kenney, M. 2004. "Computer and Internet Use by Great Plain Farmers: Determinants and Performance Implications." Journal of Agricul – tural and Resource Economics 29 (3): 481 –500.

[278] Sporleder, T. L. , and L. E. Moss. 2002 "Knowledge Management in the Global Food System: Network Embeddedness and Social Capital." Working Paper AEDEWP –0024 –02, Department of Agricultural, Environmental, and Development Economics, The Ohio State University.

[279] Soares, J. , A. Silva, and J. Alexandre. 2001. O Livro da Pêra Rocha – Volume Primeiro. Cadaval, Portugal: Associação Nacional de Produtores de Pêra Rocha (ANP).

[280] Sodano, V. and F. Verneau. 2003. "Traceability and Food Safety: Public Choice and Private Incentives." Working Paper 5/2003. Centro per la Formazione in Economia e Politica dello Svilluppo Rurale, Dipartimento, Di Economia e Politica Agraria, Universitúdegli Studi di Napoli Federico II.

[281] Sommer L. The theory of planned behavior and the Impact of past behavior [J]. International Business & Economics Research Journal, 2011, 10 (1): 91 –110.

[282] Souza Monteiro, D. , and J. A. Caswell. 2004. "The Economics of Implementing Traceability in Beef Supply Chains: Trends in Major Producing and Trading Countries." Paper presented at NAREA Annual Meeting, Halifax NS, Canada, 20 –23 June.

[283] Speckman R E and Davis E W. Risky business: expanding the discussion on risk and the extended enterprise [J]. International Journal of Physi-

cal Distribution & Logistics Management, 2004, 34 (5): 414 –433.

[284] Standing Committee on the Food Chain and Animal Health 2004 "Guidance on the Implementation of Articles 11, 12, 16, 17, 18, 19 and 20 of Regulation (EC) N° 178/2002 on General Food Law: Conclusions". Available at http: //ec. europa. eu/food/food/foodlaw/guidance/ guidance_ rev_ 7_ en. pdf (08/2/2006)

[285] Starbird, A., and V. Amanor – Boadu. 2004 "Traceability, Inspection, and Food Safety." Paper presented at AAEA annual meeting, Denver CO, 1 –4 August.

[286] Sterns, P. A., J – M Codron, and T. Reardon. 2001. "Quality and Quality Assurance in the Fresh Produce Sector: A Case Study of European Retailers." Paper presented at AAEA annual meeting, Chicago IL, 5 –8 August.

[287] Stonebraker P, Goldhar J and Nassos G. Weak Links in the Supply Chain: Measuring Fragility and Sustainability [J]. Journal of Manufacturing Technology Management, 2009, 20 (2): 161 –177.

[288] Stringer M F, Hall M N. The Breakdowns in Food Safety Group: A generic model of the integrated food supply chain to aid the investigation of food safety breakdowns [J]. Food Control, 2007, 18: 755 –765.

[289] Sumner D, A. Traceability, liability, and incentives for food safety and quality [J]. American Journal of Agricultural Economics, 2008, 90 (1): 15 –27.

[290] Sunding, D., and D. Zilberman. 2000. "The Agricultural Innovation Process: Research and Technology Adoption in a Changing Agricultural Sector." In B. L. Gardnerand G. C. Rausser, editors. Handbook of Agricultural Economics, Volume 1A – Agricultural Production. Amsterdam, The Netherlands: Elsevier Science B. V.

[291] Tait P, Cullen R. Some External Costs of Dairy Farming in Canterbury

[A]. The 50th Australian Agricultural and Resource Economics Society annual conference [C]. Sydney, Australia, February 8 - 10, 2006.

[292] Tang C. Perspectives in Supply Chain Risk Management [J]. International Journal of Production Economics, 2006, 103 (2): 451 - 488.

[293] Tang C, Tomlin B. How much Flexibility Does it Take to Mitigate Supply Chain Risks? [A]. Supply Chain Risk: A Handbook of Assessment, Management, and Performance [C]. New York: Springer, 2009. 155 - 174.

[294] Toyofuku H. Joint FAO/WHO/IOC activities to provide scientific advice on marine biotoxins (research report) [J]. Marine Pollution Bulletin, 2006, 52 (12): 1735 - 1745.

[295] Trienekens, J. H. and A. Beulens. 2001. "The Implications of EU Food Safety Legislation and Consumers Demands on Supply Chain Information Systems." International Food and Agribusiness Management Association (IAMA), Proceedings of the 11th Annual World Food and Agribusiness Forum, Sydney, Australia.

[296] Unnvehr, L. J. 2004. "Mad Cows and Bt Potatoes: Global Public Goods in the Food System." American Journal of Agricultural Economics 86 (5): 1159 - 1166.

[297] Unnevehr L J and Jensen H H. Industry costs to make food safe: now and under a risk based system [A]. Toward Safer Food: Perspectives on Risk and Priority Setting [C]. Washington, DC: Resources for the Future, 2005. 105 - 128.

[298] US Department of Agriculture. 2003. International Trade Report: Japanese Beef Safeguard, Dairy, Livestock & Poultry Update. Washington DC: Farm Service Agency [FSA], 31 July.

[299] US Department of Agriculture. 2006. Statement by Agriculture Secretary Mike Johanns Regarding the Reopening of the Japanese Market to U. S.

Beef. Washington DC: Release No. 0265. 06, 27 July.

[300] US Department of Transportation. Federal Aviation Administration [FAA]. 1998. Detecting and Reporting Suspected Unapproved Parts. Advisory Circular 2129A. Dulles VA, February.

[301] US Department of Transportation. Federal Aviation Administration [FAA]. 1999. Data Management Strategy, Version 1. 0. Document prepared by the Information Management Division, Office of the Assistant Administrator for Information Services and Chief Information Officer. Dulles VA, September.

[302] Van Kleef E, Houghton J R, Krystallis A, et al. Consumer evaluations of food risk management quality in Europe [J]. Risk Analysis, 2007, 27 (6): 1565 - 1580.

[303] Van Rijswijk W and Frewer L J. Consumer perceptions of food quality and safety and their relation to traceability [J]. British Food Journal, 2008, 110 (10): 1034 - 1046.

[304] Varian, H. R. 1992. Microeconomics Analysis, 3rd edition. New York: W. W. Norton and Company.

[305] Verbekea W., Ronald W. Wardb. Consumer interest in information cues denoting quality, traceability and origin: an application of ordered probit models to beef labels [J]. Food Quality & Preference, 2006, 17 (6): 453 - 467.

[306] Vernede, R., F. Verdenius, and J. Broeze. 2003. "Traceability in Food Processing Chains: State of the Art and Future Developments." KLICT Position Paper Version 1. 0., Agro technology and Food Innovations b. v., Wageningen University.

[307] Verbeke, W. 2005. "Agriculture and the Food Industry in the Information Age." European Review of Agricultural Economics 32 (3): 247 - 368.

[308] Vorst, van der, J. G. A. J. 2004. "Performance Levels in Food Traceability and the Impact on Chain Design: Results of an International Benchmark Study." In Proceedings of the 6th International Conference on Chain and Network Management in Agribusiness and the Food Industry. Wageningen, The Netherlands: Wageningen University.

[309] Wagner S and Bode C. An empirical investigation into supply chain vulnerability [J]. Journal of Purchasing and Supply Management, 2006, 12 (6): 301 -312.

[310] Watson A W, Gryna F M. Quality culture in small business: four case studies [J]. Quality Progress, 2001, 34 (1): 41 -48.

[311] Whipple J M, Voss M D, Closs D J. Supply chain security practices in the food industry: Do firms operating globally and domestically differ? [J]. International Journal of Physical Distribution & Logistics Management, 2009, 39 (7): 574 -594.

[312] Williamson, O. E. 1989. "Transaction Cost Economics." In R. Schmalensee and R. D. Willig, editors. Handbook of Industrial Organization, Volume I. Amsterdam, The Netherlands: Elsevier Science Publishers B. V.

[313] Zorn. C. 2005. "A Solution to Separation in Binary Response Models." Political Analysis 13 (2): 157 -170.

[314] Zsidisin G A. Managerial Perceptions of Supply Risk [J]. Journal of Supply Chain Management, 2003, 39 (1): 14 -25.

附录

农户蔬菜生产中的质量安全信息可追溯意愿的调查

调查地：________省________市（县）________镇________村

调查者：________；调查日期：________年________月________日

尊敬的朋友：

您好！

这是一份关于蔬菜生产中质量安全信息可追溯意愿及相关质量控制行为的调查问卷。问卷中问题的答案无对错之分。对您填写的所有资料，仅限于学术研究使用，绝不外传。请您按照实际情况或想法进行选择或填写。非常感谢您的合作与参与！

食品质量信息可追溯的经济性及其管控机制研究课题组

2018 年 7 月 16 日

一、农户基本情况调查

1. 您读过几年书？________（幼儿园教育年限不计）。

2. 您全家共有几口人？________。

3. 您的年龄是________岁？

4. 您种植蔬菜多久了？________年。

5. 您种植的实际面积是________亩，复种面积是________亩（重复种植）。

6. 您种植的蔬菜是否有产地编码？有________，无________（如果有，请继续填写下列表格；如果无，则本问题结束）。

7. 您拥有产地编码种植的蔬菜占蔬菜总量约________%。

8. 您家去年全家总收入________元，其中农业收入________元，来自蔬菜种植的收入________元。

9. 您去年种植蔬菜投入的总成本大约是________元，其中种子费用________元，农药费用________元，化肥费用________元，其他（　　）________元，一年每亩能净赚________元。

10. 您家种植的蔬菜中销售的数量占蔬菜种植总量的比例大约是________%。

11. 您出售的蔬菜流向由主到次依次为：________。

① 本地市场；　　② 外地市场　　③出口日本

12. 您是否具有蔬菜田间生产档案？有________；无________。（如果有，请继续回答以下问题；如果无，则本问题结束）。

13. 您的田间生产档案记录以下信息吗？记录的打“√”

①种子或种苗来源（　　）；　　②产地环境（　　）；

③化肥使用情况（包括化肥的来源、使用次数和时间）（　　）；

④农药使用情况（包括农药的来源、使用次数和时间）（　　）；

⑤浇水情况（　　）；　　⑥农产品的采摘情况（　　）；

⑦种植者的姓名（　　）；　　⑧种植者的联系方式（　　）

除以上内容外，您还记录有：____________________。

二、蔬菜质量安全信息可追溯意愿及相关质量控制行为情况调查

14. 您种植蔬菜过程中最担心的事是什么？（可多选）

①缺乏技术；　　②没有好品种；　　③收成不好；

④没有销路；　　⑤成本太高；　　⑥履行合同难；

⑦价格下跌；　　⑧产品外观（卖相不好）；

⑨其他：____________。

15. 您认为蔬菜价格波动的最大原因是什么？（可多选）

①种植成本增加；　②种植的人太多；　③收购的厂家压低价格；

④人们对蔬菜消费的喜好发生变化；　　⑤自然气候等因素；

⑥病虫害；　　　　⑦其他：__________。

16. 平时您关心蔬菜生产中质量安全控制方面的信息吗？（比如有关农药化肥的使用等）

①十分关心；　　　　②很关心；　　　　③一般；

④不大关心；　　　　⑤从不关心。

17. 您认为当前社会上蔬菜质量安全问题严重吗？

①十分严重　　　　②很严重　　　　③一般

④不太严重　　　　⑤不严重

18. 您认为在种植中保证蔬菜的质量安全有价值吗？

①非常有价值　　　　②很有价值　　　　③一般

④不太有价值　　　　⑤没有价值

19. 目前市场上常见到无公害蔬菜、绿色蔬菜和有机蔬菜，您听说过吗？

	听过	未曾听过
无公害蔬菜	□	□
绿色蔬菜	□	□
有机蔬菜	□	□

20. 您觉得获得蔬菜认证有意义吗？（即无公害蔬菜、绿色蔬菜和有机蔬菜认证）

①很有意义　　　　②有意义　　　　③一般

④不太有意义　　　　⑤毫无意义

21. 您是否已经申请或是打算申请这些蔬菜认证中的一种？

	无公害蔬菜	绿色蔬菜	有机蔬菜
是否已经申请			
是否打算申请			

22. 您了解蔬菜产地编码制度吗？

①没有听说过　　　　②听说过，但不了解　　　　③有点了解

④比较了解　　　　⑤很了解

23. 您了解政府在蔬菜产地编码制度方面的政策吗？

①没有听说过　　②听说过，但不了解　　③有点了解

④比较了解　　⑤很了解

24. 您认为农民有必要发展蔬菜产地编码制度吗？

①没有必要　　②有必要

25. 您认为目前发展蔬菜产地编码制度困难有哪些？（可多选）

①技术难度　　②政策宣传　　③政府支持力度不大

④资金问题　　⑤其他（请说明）：____________

26. 您所在地政府有支持蔬菜产地编码制度的相关政策吗？

①不了解　　②没有　　③有

27. 您认为目前具有蔬菜产地编码制度的蔬菜的价格和没有蔬菜产地编码制度的蔬菜的价格相比将会：

①提高　　②差不多　　③降低

28. 您认为发展蔬菜产地编码制度：

①有较大风险　　②有风险，但不大　　③没有任何风险

29. 您是通过什么途径建立蔬菜产地编码制度的？

①村民介绍　　②村委会动员　　③自己主动找上门

④政府动员　　⑤其他（请说明）：____________

30. 加入后，您觉得建立蔬菜产地编码后，您在下面哪几个方面得到了好处？（请按得到好处大小在 1、2、3、4、5 中选一项打“√”）

	没有好处	好处很小	好处一般	好处较大	好处很大
①降低生产资料购买费用	1	2	3	4	5
②提高蔬菜质量	1	2	3	4	5
③提高蔬菜销售价格	1	2	3	4	5
④容易获得大型农贸市场准入许可	1	2	3	4	5
⑤降低销售费用	1	2	3	4	5

31. 您认为提高蔬菜质量安全有利于提高收入吗？

①十分有利　　②有利　　③一般
④基本无利　　⑤完全无利

32. 村里其他菜农对蔬菜质量安全的控制行为，对您的行为有影响吗？
①很有影响　　②有影响　　③一般
④基本没有影响　　⑤完全没有影响

33. 您是否参加了某个产业化组织？
①是（　　）　　②没有（　　）

34. 如果您加入了某个产业化组织，该产业化组织的合作模式是下面的哪一种？
①龙头企业 + 农户　　②专业市场 + 农户
③蔬菜专业合作社　　④基地 + 农户

35. 请问您是否同意这样的说法：参加产业化组织对提高蔬菜质量安全很有帮助？
①十分同意　　②同意　　③一般
④不太同意　　⑤完全不同意

36. 您认为产业化合作组织对蔬菜产地编码制度有帮助吗？
①有较大帮助　　②有一点帮助　　③没有任何帮助

37. 您认为产业化合作组织在建立蔬菜产地编码制度过程中的主要作用有哪些？（请按重要性的顺序依次标注 1、2、3…）
政策引导（　　）；宣传教育（　　）；
提供记录载体，如表格等（　　）；
技术辅导（　　）；　监督（　　）；　资金支持（　　）；
规范法律（　　）；　信息公布（　　）

38. 您认为政府在建立蔬菜产地编码制度过程中的主要作用有哪些？（请按重要性的顺序依次标注 1、2、3…）
政策引导（　　）；宣传教育（　　）；
提供记录载体，如表格等（　　）；
技术辅导（　　）；　监督（　　）；　资金支持（　　）；

规范法律（　　）；　　信息公布（　　）

39. 据您所知，当地有没有蔬菜产地编码制度方面的相关知识的培训？

①很多　②有一些　③偶尔有过几次

④基本上没有　⑤从来没有

40. 若有，您是否参加？

①参加过　②没有参加过　③现在没有参加，但准备参加

41. 是谁举办的？

①政府科技推广部门②加工企业　③生产资料供应商

④合作社　⑤其他（请说明）：____________

42. 与蔬菜质量安全相关的政策法规您关心吗？

①十分关心　②很关心　③一般

④不大关心　⑤从不关心

43. 您认为政府在蔬菜种植过程中的主要作用应该有哪些？（多选并排序）________

①政策引导　②宣传教育　③信息公布　④技术指导

⑤认证检测　⑥资金支持　⑦规范法律

⑧安全蔬菜生产基地申报